新时代司法职业教育“双高”建设精品教材
司法部信息安全与智能装备重点实验室丛书

智能化安防设备安装与调试

（活页式）

余莉琪　程静　黄超民◎主编

華中科技大学出版社
http://press.hust.edu.cn
中国·武汉

内 容 简 介

本书主要研究智能化视频监控系统、入侵报警系统和出入口控制系统三个典型系统及综合安防管理平台。三个典型系统设立三个场景，采用智能化新技术、新设备、新材料，按照工程识图、设备配置、设备安装、系统调试、工程验收等典型工作流程，详细描述了智能化设备安装与调试的过程。

本书采用工作手册方式，强调“做中教”“做中学”，充分提炼课程思政元素，旨在提高职校学生和安防职业人职业素质，培养“科技为民”的价值观，树立“智慧安防，以人为本”的理念。

本书不仅可以作为高职公安与司法大类中的安全防范类专业的教材和教学参考书，也可以作为安防系统安装维护员岗位等工程技术人员的参考教材和相关培训教材。

图书在版编目（CIP）数据

智能化安防设备安装与调试/余莉琪，程静，黄超民主编．—武汉：华中科技大学出版社，2024.1

ISBN 978-7-5772-0250-1

Ⅰ.①智… Ⅱ.①余… ②程… ③黄… Ⅲ.①智能化建筑-安全设备-设备安装 ②智能化建筑-安全设备-调试方法 Ⅳ.①TU89

中国国家版本馆 CIP 数据核字（2023）第 254706 号

智能化安防设备安装与调试　　　　余莉琪　程　静　黄超民　主编

Zhinenghua Anfang Shebei Anzhuang yu Tiaoshi

策划编辑：张馨芳
责任编辑：刘　平
封面设计：孙雅丽
版式设计：赵慧萍
责任校对：张汇娟
责任监印：周治超
出版发行：华中科技大学出版社（中国·武汉）　　电话：（027）81321913
　　　　　武汉市东湖新技术开发区华工科技园　　邮编：430223
录　　排：华中科技大学出版社美编室
印　　刷：武汉市洪林印务有限公司
开　　本：787mm×1092mm　1/16
印　　张：16.75　　插页：2
字　　数：360 千字
版　　次：2024 年 1 月第 1 版第 1 次印刷
定　　价：58.00 元

编写人员

主　编：余莉琪　程　静　黄超民

副主编：张　盈　孙　宏　余训锋

参　编：周　波　何　勇

主编简介

余莉琪，现为武汉警官职业学院高级工程师，信息系统项目管理师、一级造价工程师、一级建造师；全国司法职业教育行指委安全防范专业教学指导委员会副主任委员，中央司法警官学院智慧监狱研究中心委员，湖北省政府采购评审专家，湖北省职业技能鉴定高级考评员。获得省教学成果奖2项、省教师教学能力比赛奖项2项；获评第三届中国安防年度人物奖、省级技术能手称号等荣誉；主编教材4部，其中，《安全防范工程法律法规》入选国家“十四五”首批高职规划教材；主持省级以上课题2项；申请软件著作权证5个；公开发表论文十余篇。

程　静，武汉警官职业学院教师，主讲“智能化安防设备安装与调试”“智能楼宇应用”“智能化工程综合布线”等多门专业核心课程，从事一线教学20余年，为安防行业培养技术骨干数千名。省级立项A档智慧司法专业群骨干教师，省级特色专业安全防范技术骨干教师，省级安全防范技术专业教学资源库校级负责人。主编教材3部，取得软件著作权2个，公开发表论文若干篇，获得湖北省教师教学能力比赛奖2项。获评湖北省技术能手称号，多次获得校级优秀党员、优秀教师、优秀教育工作者称号。

黄超民，悠锋科技有限公司创始人、高级工程师、高级技师，湖北省安全技术防范行业协会副会长，武汉市安全技术防范行业协会青年企业家分会副会长，兼任湖北省政府采购中心评审专家、工业招标投标公共服务平台评标专家、省市安全技术防范行业协会专家、武汉警官职业学院技能名师和产业教授。先后获得全国技术能手称号、中国安防工匠人物奖、中国安防新锐领袖称号等荣誉。主持发明专利1项，主持团体标准1部，参与团体标准2部，主持软件著作权多项。

序　言

培养什么人、怎样培养人、为谁培养人是教育的根本问题，也是建设教育强国的核心课题。我们建设教育强国的目的，就是培养一代又一代德、智、体、美、劳全面发展的社会主义建设者和接班人，培养一代又一代在社会主义现代化建设中可堪大用、能担重任的栋梁之材，确保党的事业和社会主义现代化强国建设后继有人。要坚持不懈地用新时代中国特色社会主义思想铸魂育人，着力加强社会主义核心价值观教育，引导学生树立坚定的理想信念，永远听党话、跟党走，矢志奉献国家和人民。

要把服务高质量发展作为建设教育强国的重要任务。建设教育强国、科技强国、人才强国具有内在一致性和相互支撑性，要把三者有机结合起来，统筹推进，形成推动高质量发展的倍增效应。

武汉警官职业学院是全国安防职教联盟骨干院校，是湖北省安全技术防范行业协会常务理事单位，武汉市安全技术防范行业协会理事单位，湖北省安防行业人才培育基地、产教融合基地。2017 年、2019 年、2021 年和 2023 年省安协共同发起主办了“湖北工匠杯”安防职业技能大赛。2019 年至今，武汉警官职业学院和省安协签订了校企战略合作协议，在安防专项能力考核、职业技能大赛、人才培养等方面进行深度合作。自 2020 年起，学校已为安防行业开展“视频监控系统运营与维护”“入侵报警系统运营与维护”专项能力鉴定、“智能楼宇管理员”职业资格培训等，已培训安防企业在职员工超千人次。

目前，湖北省安防企业有 2500 余家，数字安防年产值 221.56 亿元，从业人员近 20 万人，安防产业人才年需求量为 10000～12000 人，其中从事安防系统工程集成、智慧安防运营维护等应用型技术技能人才缺口为每年 5000～6000 人，司法行政系统信息类人才缺口为每年 300～400 人，而全省培养的安全防范类及相关专业毕业生每年不足 500 人，人才培养数量远不能满足行业需求。学校急需在人才培养规模和职业培训规模上取得突破，满足行业需求。湖北省安全技术防范行业协会与学校在人才培养方案、课程建设、教材建设、新技术讲座等方面开展合作，共同打造全国智慧司法师资培养基地，开展全国智慧司法人才智库建设，支持开展教师企业实践流动站建设，取得了一定实效。

2021年，武汉警官职业学院智慧司法专业群立项为省级A档专业群，围绕智慧司法典型职业活动，引入行业新技术、新标准、新规范，实现课程内容与职业标准对接、课程教学与技能大赛对接、毕业证书与“1+X”证书对接标准体系下的专业群模块化共享课程教材改革。专业群教师和企业技术骨干共同开发适应行动导向教学、满足生源变化需求、对接教学资源库升级的一体化教材13本，其中“1+X”证书系列教材4本、活页式教材7本、工作手册式教材2本，最终形成可推广应用的专业群系列教材。

我们深信，任何一项改革都是一种探索、一种担当、一种奉献，改革的成果值得大家珍惜和分享。我们期待，湖北省安防职业培训越来越强大，校协企合作不断取得新的突破，获得新的成果，做出新的贡献。

湖北省安全技术防范行业协会会长 魏利

武汉警官职业学院党委书记、校长 陈风华

悠锋科技有限公司总经理（企业代表） 黄自民

前　言

本书各工作情境以安防相关标准规范为引领，充分融通安防系统安装维护员职业证书、“1+X”智能安防实施与运维证书，结合“湖北工匠杯”安防职业技能大赛内容、全国安防职业技能大赛内容，利用校企深度融合的智能化安防综合实训室的器材、工具，详细描述了典型的智能化安防设备安装与调试，指导学生“做中学”，培养安防人职业素养，达成知识、能力、素质三维教学目标。

本书由余莉琪、程静、黄超民担任主编，张盈、孙宏、余训锋担任副主编，程静负责工作情境一的编写，张盈负责审核；黄超民负责工作情境二的编写，孙宏负责审核；余莉琪负责工作情境三的编写，余训锋负责审核；何勇负责工作情境四的编写，周波负责审核；全书由黄超民负责总审核。在编写过程中，我们得到了湖北省安全技术防范行业协会的大力支持，特别是会员之家悠锋科技有限公司的大力支持和帮助；公司技术负责人何勇，工程师黄意、郑凯豪、万阳、余纪欣参与了设备安装与调试数字化教学资源拍摄的全过程，在此表示衷心的感谢。

由于编写时间仓促，编者学识有限，新技术更新迭代迅速，书中难免存在疏漏之处，欢迎专家、读者批评指正。

余莉琪

2023 年 5 月

目　录

工作情境一

智能化视频监控系统安装与调试

◆ **任务背景**

根据客户要求，需要对某项目安防系统做数字化升级，客户要求实现园区大门外有 AI 警戒预警系统，在室内重点区域、主要出入口、公共区域及室外主要通道安装高清摄像机，利用本地存储 NVR，实现视频录像查询、回放等功能的管理。

任务一　智能化视频监控系统工程识图

一、三维教学目标

任务导学

【知识目标】

记住智能化视频监控系统工程识图流程。

【能力目标】

会识读视频监控网络拓扑图。

【素质目标】

通过标准规范学习，树立学生法治精神；通过图例的识记和识图流程，树立学生严谨的职业操守。

二、岗证赛相融通

【智能安防实施与运维 1+X 证书】

能根据现场所给的拓扑图进行识图，并根据拓扑图进行设备连接。

【学校职业技能竞赛】

学校“智能安防人”职业技能竞赛。

识读视频监控系统的原理图、系统图及施工图。

三、引用标准规范

（一）引用 GB 50348—2018《安全防范工程技术标准》

7.1.2　应按照施工组织方案落实设备、器材、辅材的采购和进场。

7.1.4　进场施工前施工人员应熟悉施工图纸及有关资料，包括工程特点、施工方案、工艺要求、施工质量标准及验收标准等。

（二） GA/T 74—2017《安全防范系统通用图形符号》

4.3 安全防范视频监控系统设备图形符号

序号	设备名称	英语名称	图形符号	说明
4303	云台	pan/tilt	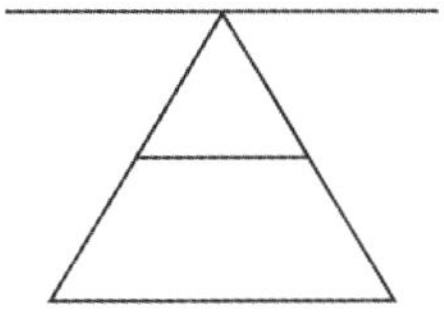	
4304	黑白摄像机	camera	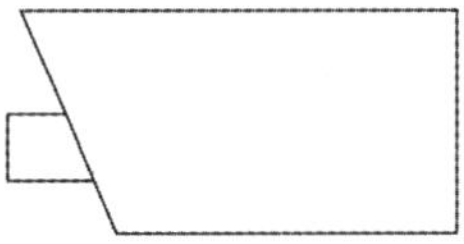	
4305	网络（数字）摄像机	network（digital）camera		见 GB/T 50786—2012 中的表 4.1.3-5
4306	彩色摄像机	color camera	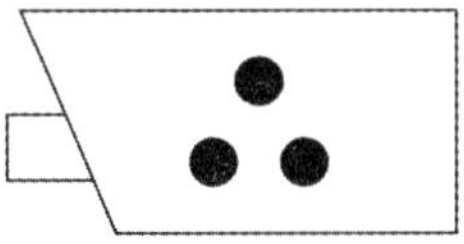	见 GB/T 28424—2012 中的 4102
4307	彩色转黑白摄像机	color to black and white camera	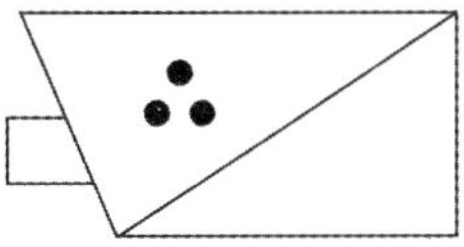	
4308	半球黑白摄像机	hemispherical camera	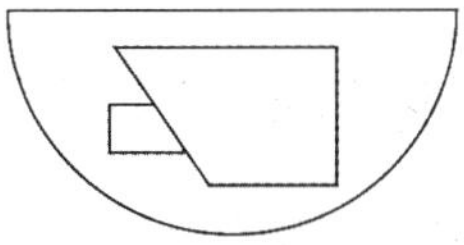	

续表

序号	设备名称	英语名称	图形符号	说明
4309	半球彩色摄像机	hemispherical color camera	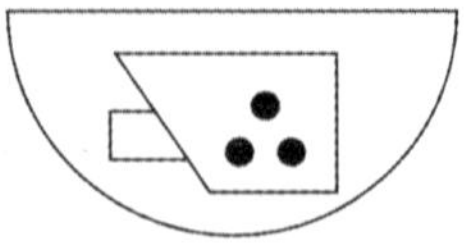	
4326	CRT 监视器	cathode ray tube TV display	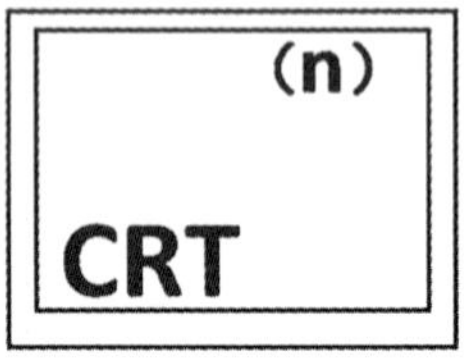	n 代表监视器规格
4327	液晶显示器	liquid crystal display	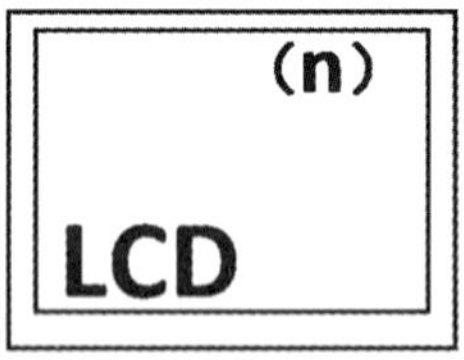	n 代表显示器规格
4330	LED 显示器	LED monitor	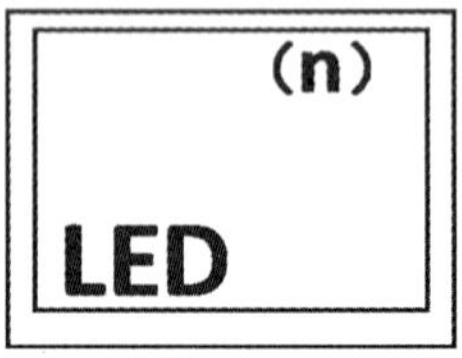	n 代表显示器规格
4336	网络硬盘录像机	network hard disk video recorder		

四、主要任务

监控系统识图流程

知识点：智能化视频监控系统识图流程

视频监控系统原理图是将各信息设备按照一定规律连接起来，可以通过它研究整个系统的来龙去脉，了解整个系统内的信号处理过程，进而分析整个系统的工作原理。图 1-1 所示是某视频监控系统原理图。

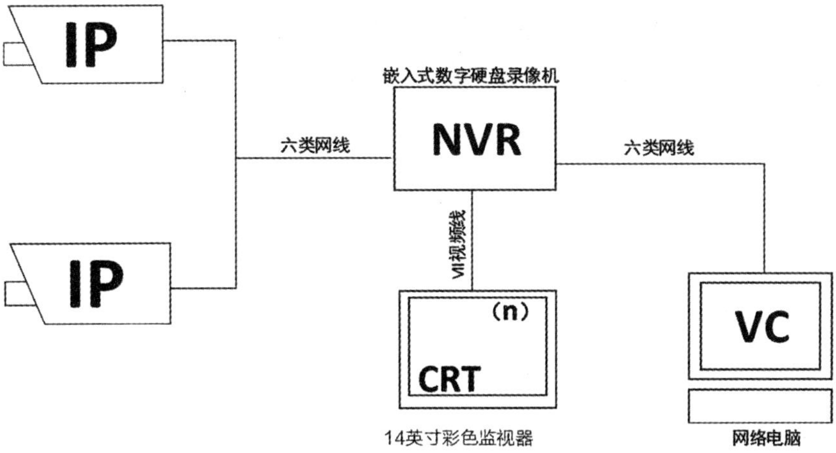

图 1-1　视频监控系统原理

系统图主要表示视频监控系统的组成，以及各组成部分设备之间信息传递的过程和途径。视频监控系统含有每层、每部分的平面图，用来表示设备的编号、名称、型号及安装位置，确立传输线的走向，线路的起始点、敷设部位、敷设方式及所用导线型号、规格、根数、管径大小等。

安全防范系统设计说明中的内容包括：① 视频监控系统的说明，它主要描述视频监控系统在建筑物各视频监控的布置及与其他安全防范子系统联动的情况，反映控制系统读取信息的方式和信息处理执行的过程及相关设备的安装方式；② 视频监控系统设备材料表，设备材料表包含系统各种设备需要的数量及型号；③ 工程概况、设计依据等信息。

识图时注意事项：① 必须注意设备安装的位置以及选用的各种线材管槽；② 必须掌握视频监控系统所涉及的各种图例类型及视频监控系统的各种图例，这是正确识图的必备基础；③ 必须注意设计说明、系统图、平面图之间要相互参阅、相互印证，这样才能做到有效识图，全面把握图中的所有细节。

技能点：视频监控网络系统图

监控网络系统图

图 1-2 为前端摄像机、NVR、VMS 管理平台、交换机、客户端 PC 等设备的系统连接图。所有设备及配件联通，前端摄像机通过网线连接至交换机，实现前端设备采集信息功能；NVR 连接到交换机，完成视频录像、存储及转发功能；VMS 一体球机连接到交换机，除完成监控设备管理功能外，还可以提供丰富的监控图像显示功能，并可直接接入 IPC、NVR、编码器、解码器、网络键盘、门禁主机、报警主机等设备，也可构建中型监控中心，具有超强的业务融合性能。

图 1-3 为视频监控系统施工平面图。根据现场实际情况绘制设备图例，在平面图中确定摄像机的点位，调整好摄像机的镜头方向，确定交换机的位置，绘制前端设备与交换机传输路线。

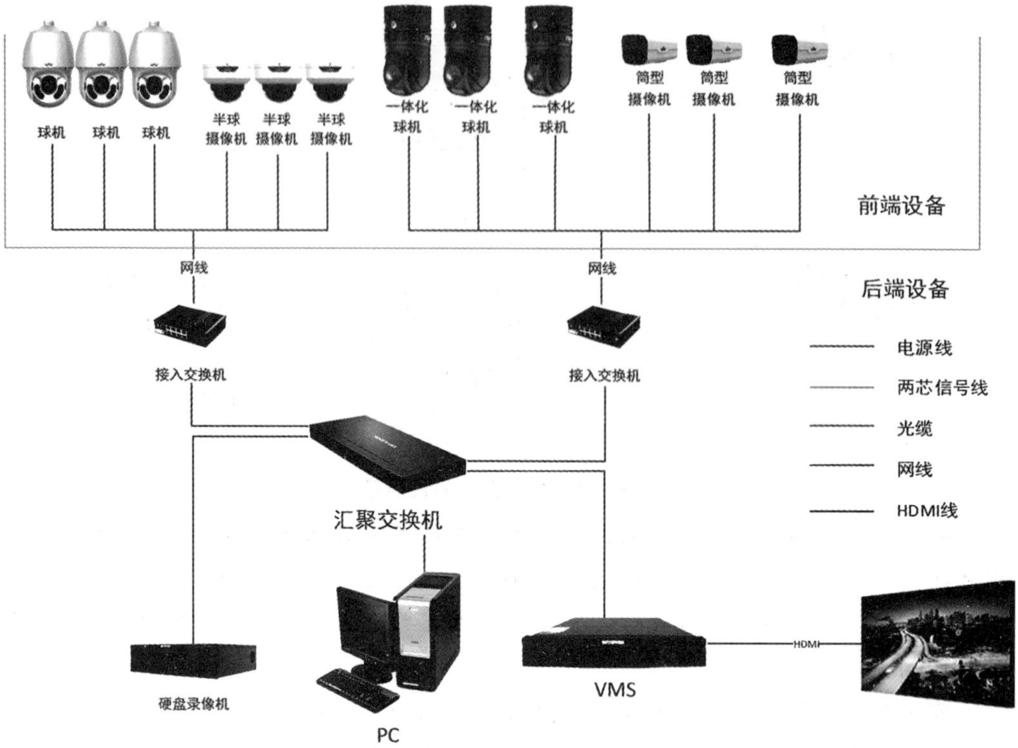

图 1-2 视频监控网络系统

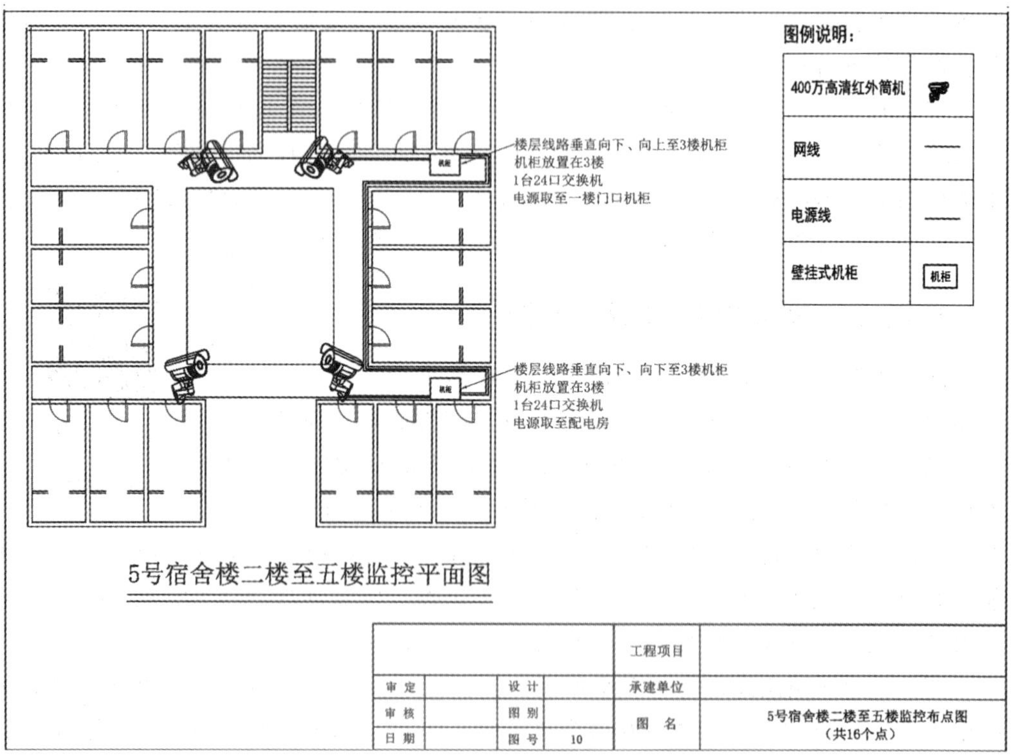

图 1-3 视频监控施工平面

五、实训报告及评价

姓名		区队	
组别		岗位	
同组成员		日期	
重点记录			
所示为智能化视频监控系统的系统图，请认真阅读，并按所学识图方法，写出识图报告，报告内容应详细全面。			
自评		组长评分	

六、课后拓展及应用

识读中小型视频监控系统拓扑图，如图 1-4 所示。

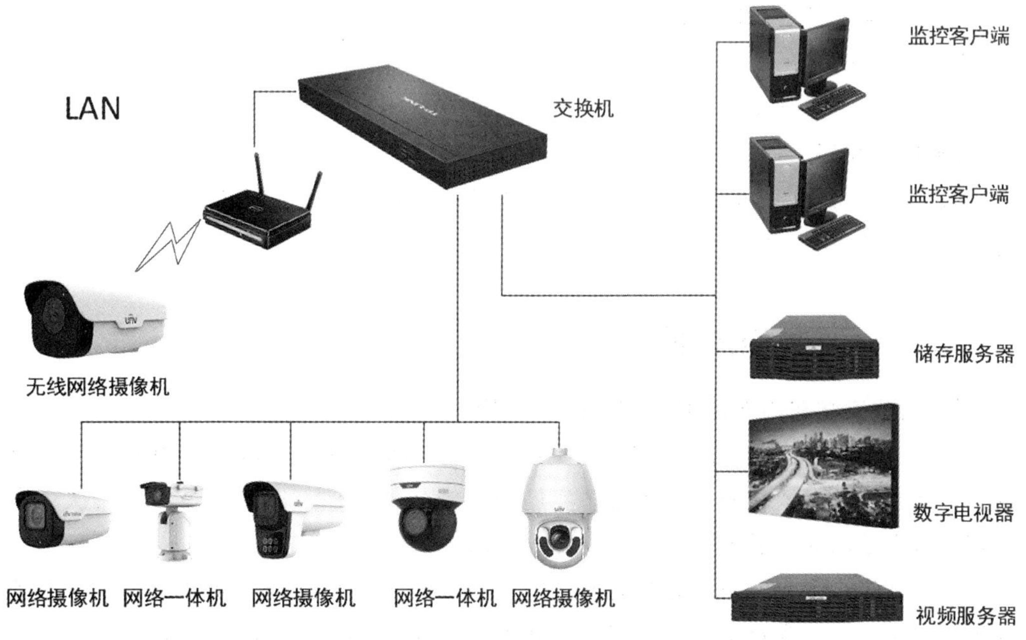

图 1-4　中小型视频监控系统拓扑

七、 1+X 证书考证题库

单选题

1. 职业作风即从业者在职业活动中表现出来的相对稳定的（　　）和职业风范。职业作风是一种无形的精神力量，对其所从事职业的成功具有重要作用。

A. 工作方法　　B. 职业态度

C. 工作态度　　D. 工作精神

2. 职业道德是从业人员在职业活动中遵循的行为准则，涵盖了（　　）、职业与职工、职业与职业之间的关系。

A. 从业人员与服务对象　　B. 政府与企业

C. 职业与家庭　　D. 国家与职业

任务二　智能化视频监控系统设备配置

任务导学

一、三维教学目标

【知识目标】

通过识别设备参数进行设备选型。

【能力目标】

会根据需求进行设备选型。

【素质目标】

通过客户需求调研，培养学生以人为本的职业操守；通过比对设备参数，严格选型，培养学生树立国家安全观。

二、岗证赛相融通

【智能化安防实施与运维 1+X 证书介绍】

智能化安防实施与运维 1+X 证书是智能化安防行业人才培养计划的一项重要内容，旨在提供专业化的智能化安防实施与运维技能培训，以满足行业多层次、多领域、多专业的人才需求。该证书主要分为以下两个层次：

（1）初级智能化安防实施与运维工程师：能够负责智能化安防方案设计，设备安装、调试、维护和日常管理等工作，并确保智能化安防系统正常运行。

（2）中级智能化安防技术工人：能够熟练掌握智能化安防系统的设备维护、检修和故障排除等工作，并能够对智能化安防设备进行拆卸、检修和组装等操作。

具体课程内容和培训方式可以根据不同培训机构和行业协会而有所不同，但通常包含以下几个方面。

（1）基础理论知识：电子电路、计算机网络、微型控制器、通信协议等基本理论知识。

（2）行业标准和规范：安防行业标准和规范，如 GA/T 161—2017 智能建筑技术规范等。

（3）设备安装和调试：视频监控、门禁、报警等智能化安防设备的安装和调试。

（4）系统维修和故障排除：智能化安防系统设备的维修和故障排除技能。

（5）管理与维护：智能化安防系统的日常管理与维护技能等。

智能化安防实施与运维 1+X 证书的获得可以增强从业人员的职业竞争力和市场认可度，同时有利于智能化安防行业的发展，为行业注入更多的人才和新鲜血液。

【省级安防职业技能竞赛】

“湖北工匠杯”安防职业技术竞赛。

根据所给设备参数，进行设备的辨识及选型。

三、引用标准规范

智能化视频监控系统引用的标准规范主要有以下几个方面。

（1）监控设备质量标准：GB/T 28181—2016、GB 35114—2017 等国家标准，要求监控设备在出厂前进行质量检测。

（2）数据格式与传输标准：例如，H. 264、MPEG—4、H. 265 等标准规范，以及 TCP/IP、FTP 等网络传输协议标准。

（3）视频监控系统设计标准：GB 50395—2007、GA/T 900—2010 等标准规范，包括视频监控系统设计参数、设备选型、电源布局、网络布局、信号转换和分布等。

（4）监控设备安装和调试标准：GB 50348—2018 等标准规范，要求监控设备的安装、调试、调整和测试要遵循标准规范，确保设备安全、稳定。

（5）视频图像处理标准：GA/T 2000. 256—2019、GA 1766—2021、GA/T 1783—2021 等标准规范，要求对视频图像进行预处理、增强、分析和存储，以达到更好的效果。

（6）数据存储和备份标准：GB/T 34977—2017、GB/T 37722—2019、GB 4943.23—2012 等标准规范，要求对监控数据进行存储、备份和恢复，防止数据丢失或损坏。

（7）安全标准和规范：GB/T 42016—2022、GB/T 41819—2022 等标准规范，要求对视频监控系统进行安全管理，包括设备防护、网口安全、数据加密等。

在智能化视频监控系统的设计、安装、调试、运行和维护过程中，应严格遵循这些标准规范，确保系统的安全性、可靠性和稳定性。

四、主要任务

知识点：识别设备参数进行设备选型

识别设备参数与选型

根据甲方所提供的设备名称及参数（见表 1-1），寻找对应的厂家进行咨询，或根据“爱采购”等相关网站对照设备参数选型。

表 1-1　设备参数

设备名称	设备参数	设备数量
视频综合管理平台	3U 机身 支持 H.264/H.265/超级 265 解码； 可接入管理≥512 台设备，≥1000 路视频通道； 支持接入并管理 IPC. NVR、门禁、道闸、车辆识别设备、人脸识别设备、解码器、网络键盘、出入口等设备； 自带 16 存储盘位，支持 256 路视频存储，存储带宽 512Mbps； 支持 PC 客户端（C/S、B/S）、移动客户端（IOS、Android）； 支持基本视频业务、门禁管理、考勤管理、访客管理、异常报警、测温应用、客流统计、混行检测、人脸识别、车辆管理等业务	1
硬盘录像机	8 盘位 64 路高性能 NVR； 64 路 IPC 接入，接入带宽 384Mbps，最大支持 1200 万摄像机接入，支持满接 800 万 H.265 摄像机接入。 解码能力： 2×12MP@30，4×4K@30，8×4MP@30，9×4MP@25，16×1080P@30，32×960P@25，36×720P@30，64×D1； 最大支持 4K 高清网络视频的预览、存储与回放； 2 个 RJ45 千兆以太网口，1 个 USB 3.0 接口； 支持按键面板，支持 1 路音频输入、1 路音频输出，支持语音对讲，支持 16 路报警输入、4 路报警输出；	

续表

设备名称	设备参数	设备数量
硬盘录像机	1路RS485，1路RS232接口，1路eSATSA接口； 支持H.264编码、H.265编码、超级265智能编码技术； 支持ONVIF、RTSP、国标（GB/T 28181—2016）协议； 支持智能搜索、回放功能，有效提高录像检索与回放效率； 支持人脸检测、区域入侵、越界检测、音频检测等多种智能侦测接入和联动，支持对人脸图片的实时检索和备份，支持客流量统计，支持鱼眼后端矫正	1
筒型摄像机	≥300万像素1/2.8″双光筒型网络摄像机； 3MP（2304×1296）@25FPS；0.003Lux（F1.6，AGCON，彩色），0 Lux（开启红外）；4.0/6.0mm定焦； 双码流，最大码流6路；内置Mic/扬声器，支持双向语音对讲； 10M/100M自适应网口；两颗红外灯、两颗暖光灯：红外补光50m，白光补光20m； 支持人形检测；智能双光、红外补光、白光补光三种补光模式，可根据场景需要一键切换； 支持声音/灯光联动报警，内置10条语音报警信息，支持1条自定义导入，支持灯光报警时间自定义配置； 支持人形检测（国标模式下不支持）； 供电方式：DC12V（±25%）、PoE； 工作温湿度：－30～60℃，≤95%RH； 功耗：10W Max； 防护等级：IP67； 支持4KV防雷	3
半球摄像机	≥400万像素1/3″双光海螺半球网络摄像机； 4MP（2560×1440）@25FPS；0.003Lux（F1.6，AGCON，彩色），0 Lux（开启红外）； 2.8/4.0/6.0mm定焦； 双码流，最大码流6路；内置Mic； 10M/100M自适应网口；一颗红外灯、一颗暖光灯：红外补光30m，白光补光10m； 支持人形检测； 供电方式：DC12V（±25%）、PoE； 工作温湿度：－30～60℃，≤95%RH； 功耗：7W Max； 防护等级：IP67； 支持4KV防雷	3

续表

设备名称	设备参数	设备数量
一体化球形摄像机	≥200 万像素 1/2.8″星光级球型网络摄像机； 2.7～13.5mm 电动 5 倍光学变焦； 双光补光：红外模式 50m，白光模式 10m； 10M/100M 自适应网口，4G/有线两种方式接入，自带红蓝警灯支持声光警戒、人形检测、自动跟踪、人形/运动检测，并联动警前警后存储； 内置 Mic/扬声器，支持双向语音对讲； 光学宽动态范围：120dB；2MP（1920×1080）@30FPS； 支持越界检测、进入区域、离开区域、区域入侵 4 种布防模式，可对机动车、非机动车、行人目标分类检测布防； 支持对指定区域的人脸进行检测，可支持 8 张人脸并发检测、抓拍优选，自动筛选出抓拍质量最优的图片； 支持对画面中的机动车、非机动车、行人目标进行分类跟踪，达到预设跟踪时间后返回初始位置； 供电方式：DC12V（±25%）； 工作温湿度：−20～60℃，≤95%RH； 功耗：14W Max； 防护等级：IP66	3
云台摄像机	≥500 万像素 1/2.7″星光级球型网络摄像机； 4.5～148.5mm 电动 33 倍光学变焦； 红外补光≥150m； 音频 1 入 1 出，告警 2 入 1 出，1 路 RS485，10M/100M 自适应网口； 0.003Lux（F1.5～F4.0，AGCON）；0Lux（开启红外）； 光学宽动态范围：120dB； 5MP（2880×1620）@30FPS； 支持越界检测、进入区域、离开区域、区域入侵 4 种布防模式，可对机动车、非机动车、行人目标分类检测布防； 支持对指定区域的人脸进行检测，可支持 8 张人脸并发检测、抓拍优选，自动筛选出抓拍质量最优的图片； 支持对画面中的机动车、非机动车、行人目标进行分类跟踪，达到预设跟踪时间后返回初始位置； 供电方式：DC12V（±10%）； 工作温湿度：−40～65℃，≤95%RH； 功耗：29W Max； 防护等级：IP66	3

续表

设备名称	设备参数	设备数量
8口 交换机	8个百兆PoE电口（7，8为电口上行口）； 钢壳桌面型，内置电源78W，支持一键Extend，1～4口250m远距离传输	1
24口 交换机	24个百兆PoE电口，2个千兆上行电口； 11寸钢壳桌面/机架型，内置电源250W，支持单口30W供电输出（安防专用）	1

技能点：根据需求进行设备选型

我们以宇视科技有限公司产品为例，进行智能化视频监控系统设备清单（见表1-2）配置，具体见学校综合实训室实训平台。

表1-2 设备清单

序号	名称	型号	数量	单位
1	视频综合 管理平台	VMS-B200	1	台
2	硬盘 录像机	NVR308-64X-DT	1	台
3	筒型 摄像机	IPC2A3S-FW-ACF40-G-DT	3	台
4	半球 摄像机	IPC3A4S-FW-AF28-H-DT	3	台
5	一体化球形 摄像机	IPC-672I	3	台
6	云台 摄像机	IPC635I-R-X33U-DT	3	台
7	设备 电源	国产	17	个
8	8口 交换机	可选	2	台
9	24口 交换机	可选	1	台
10	网线	国产	若干	米

五、实训报告及评价

姓名		区队	
组别		岗位	
同组成员		日期	
重点记录			
制作智能化视频监控系统设备清单配置			
自评		组长评分	

六、课后拓展及应用

根据清单在爱采购网查找设备价格。（图 1-5 为爱采购网截图）

序号	名称	型号	数量	单位	单价	总价
1	视频综合管理平台	VMS -B200	1	台		
2	硬盘录像机	NVR308-64X-DT	1	台		
3	筒型摄像机	IPC2A3S -FW-ACF40-G -DT	3	台		
4	半球摄像机	IPC3A4S -FW-AF28-H-DT	3	台		
5	一体化球形摄像机	IPC-672I	3	台		
6	云台摄像机	IPC635I-R-X33U-DT	3	台		
7	设备电源		17	个		
8	8 口交换机		2			
9	24 口交换机		1	台		
10	网线		若干	米		
11	水晶头		若干	个		

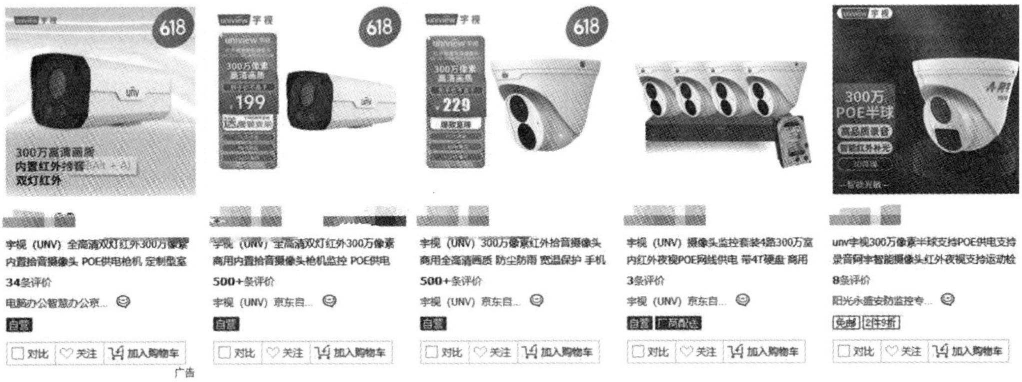

图 1-5　爱采购网截图

七、1+X 证书考证题库

单选题

1. 视频安全防范监控系统由前端设备、（　　）、处理/控制设备和显示/记录设备四个部分构成。

A. 传输设备　　　　B. 加密设备

C. 储存设备　　　　D. 无线设备

2. 适合工作于室内无照明场所的摄像机是（　　）。

A. 针孔摄像机　　　　B. 红外摄像机

C. 广角摄像机　　　　D. 彩色摄像机

任务三　智能化视频监控系统设备安装

一、三维教学目标

任务导学

【知识目标】

记住前端设备、传输设备、后端及中心设备的安装规范及安装流程、日常维护注意事项、安装质量查验流程。

【能力目标】

会前端设备、传输设备、后端及中心设备安装规范及流程；会进行前端设备、传输设备、后端及中心设备的电源线及网线连接；会使用能手测试仪进行网线连通测试；会进行前端设备、传输设备、后端及中心设备安装质量测试。

【素质目标】

通过学习设备安装的规范流程，培养学生安全为上的职业操守；通过设备安装的实践技能训练，提高学生的劳动素质，培养学生团队协作的职业操守。

二、岗证赛相融通

【安防系统安装维护员岗位】

五级/初级工：

(1) 能安装前端设备；

(2) 能安装设备支架；

(3) 能连接前端设备线缆。

四级/中级工：

能使用工具测试线缆质量。

三级/高级工：

能制作超五类双绞线接头。

【智能安防实施与运维 1+X 证书】

规范使用工具对摄像机进行安装，规范使用网线和电源线进行连接，在网络连接处加装防水套件。

会使用网线制作工具进行网络的制作，会使用测试工具进行线缆测试。

能规范地使用工具对硬盘录像机、管理平台进行安装，并正确地使用网线和电源线进行连接。

【全国安防职业技能竞赛】

园区大门与周界警戒系统的安装。

在园区大门外安装监控摄像机，摄像机带警戒功能，有访客进入警戒区域后，后台视频录像机会有预警信号产生。访客进入园区内，人脸抓拍摄像机进行人脸抓拍比对，确定访客身份信息，是否为园区内工作人员或外来人员，并进行实况录像。

涉及的设备有警戒摄像机、视频录像机、交换机、人脸抓拍摄像机、各种线缆等。

1. 任务要求

(1) 将警戒摄像机、视频录像机、交换机、人脸抓拍摄像机分别安装在比赛提供的网孔板上，位置牢固、美观。

(2) 根据区域布局图完成电源线、信号线的敷设。

(3) 按照功能要求完成设备接线。

2. 完成以上任务后请做以下步骤

(1) 会使用网线制作工具对网络线缆进行接头制作，并使用测试工具测试线缆的连通性。

（2）会将防水套件安装到需要的接口上，并测试是否牢固不松动。

（3）规范地使用各种工具对硬盘录像机、管理平台在指定的场景中进行安装，并正确地使用网线和电源线进行连接并通电。

三、引用标准规范

引用 GB 50348—2018

6.13.2 传输线缆的选择应符合下列规定

（1）应结合传输信号特性、传输距离和使用环境等因素，选择适当类型的安防线缆。具体选择方法可按现行行业标准《安防线缆应用技术要求》GA/T 1406 有关规定执行。具体线缆选型可按现行行业标准《安防线缆》GA/T 1297 有关规定执行。

（2）传输线缆的衰减、弯曲、屏蔽、防潮等性能应满足深化设计要求。

7.2.5 设备安装应符合下列规定

（1）设备安装前应对设备进行规格型号检查、通电测试。设备安装应平稳、牢固、便于操作维护，避免人身伤害，并与周边环境相协调。

（4）视频监控设备安装应符合下列规定：

1）摄像机、拾音器的安装具体地点、安装高度应满足监视目标视场范围要求，注意防破坏。

四、主要任务

前端设备的安装

知识点 1：前端设备安装的安全规范要求

前端设备安装的规范要求

（1）在运输、保存及安装过程中，应避免挤压、振动和受潮，安装时尽量远离振动源。若电源适配器与设备之间的电源线过长，则会导致设备的电压偏低，容易造成设备工作异常。若需要对电源线加长，则参见电源线要求进行。

（2）搬移设备时，不能通过手拎尾线来承重，以免设备电缆接口松脱。

（3）对外连接端口，要用既有的连接端子进行连接，电缆端子（锁扣/卡扣）良好并紧固到位；安装过程中电缆拉扯不要过度，保持一定的裕量，防止因为振动、晃动而导致端口松脱。

（4）接触不良或松脱。连接报警输入接口时，保证报警输入的高电平信号不超过直流 5V（DC5V），若设备安装在墙上或天花板上，则要确保安装稳固；为防止设备在安装时掉落，要在安装过程中使用安全绳。

（5）在周转、运输过程中，需要对前脸进行特别防护，避免摩擦、划伤、污染等。为了保持前脸清洁，在安装过程中不要取下前脸外层的透明保护膜，确认安装完成后取下该透明保护膜即可。

（6）前脸镜头处有静电是业界存在的普遍现象，为了避免前脸镜头处的静电吸附灰尘，建议在取下透明保护膜后，使用防静电手套擦拭一下前脸镜头处。

知识点 2：日常维护注意事项

（1）前脸无污斑，轻度沾灰时，可使用吹风皮球（气吹）吹落。

（2）前脸沾染油脂或有灰尘结斑时，将油污或灰尘结斑用眼镜棉布自中心向外轻轻擦拭，如果无法擦拭干净，则用眼镜棉布蘸家用洗洁精后自中心轻轻向外擦拭，直到干净为止。

（3）禁止使用有机溶剂（苯、酒精等）对透明前脸镜头进行除尘、清洁。

注意：擦拭过程中眼镜棉布要清洁，避免擦拭过程中造成二次污染。

技能点 1：网络筒式摄像机的安装

网络筒式摄像机的安装

1. 设备、工具和耗材

网络筒式摄像机、摄像机支架、十字螺丝刀、防护手套、冲击钻、记号笔、打标机，如图 1-6 所示。

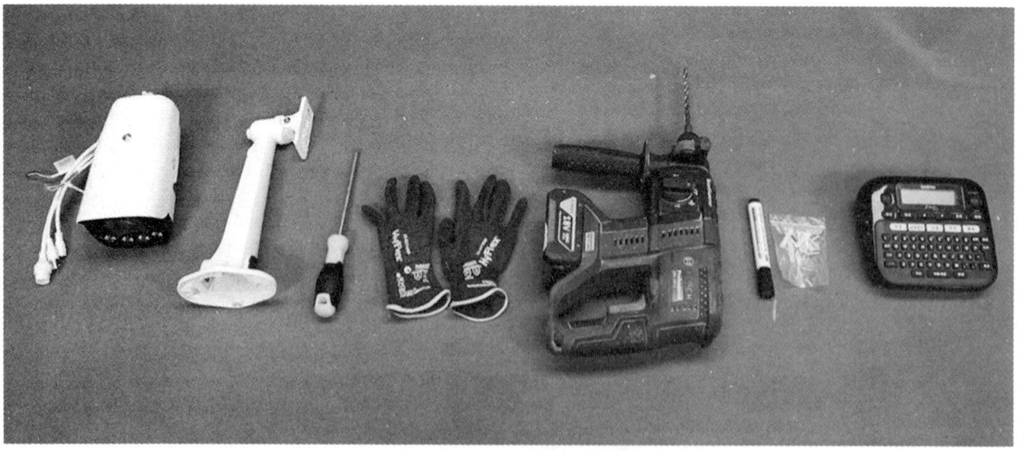

图 1-6　网络筒式摄像机的安装工具及耗材

2. 实操步骤

步骤 1：根据现场安装环境选择合适的支架，如图 1-7 所示。

步骤 2：将壁装支架上的万向接头（视频上做标记）拆卸下来，如图 1-8 和图 1-9 所示。

步骤 3：将万向接头安装到摄像机底座上面，如图 1-10 所示。

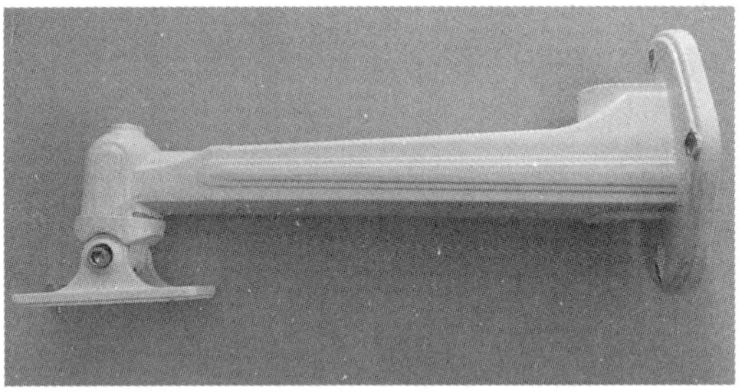

图 1-7　网络筒式摄像机支架选择

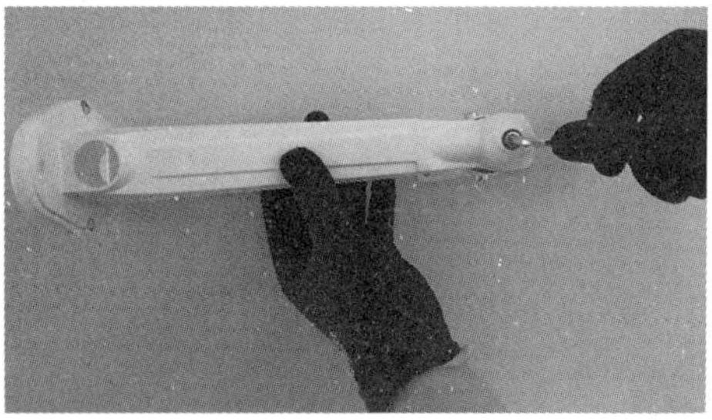

图 1-8　拆卸万向接头

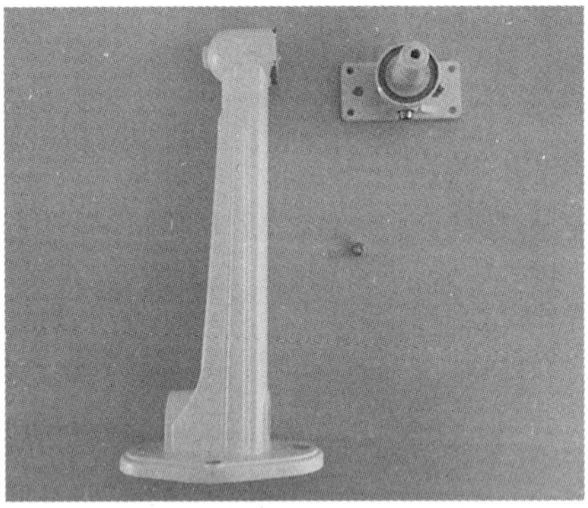

图 1-9　将支架万向接头拆下

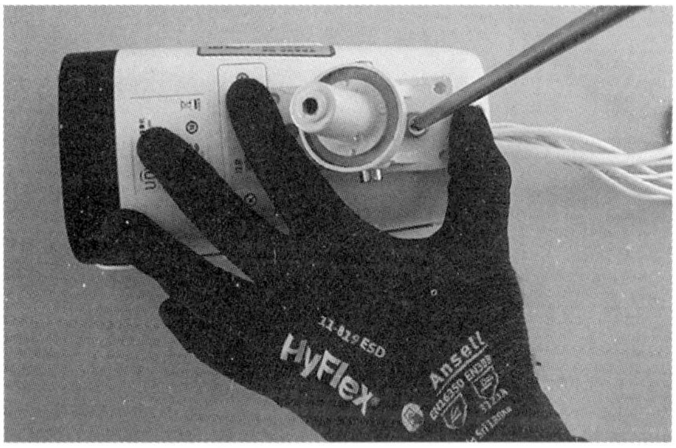

图 1-10　网络筒式摄像机万向接头安装

步骤 4：确认好安装位置（确认位置时应找较为平整的墙面，且要高度符合现场安装环境要求），如图 1-11 所示。

步骤 5：将支架底座与墙面贴平，用记号笔在支架底座安装孔上做好标记，如图 1-12 所示。

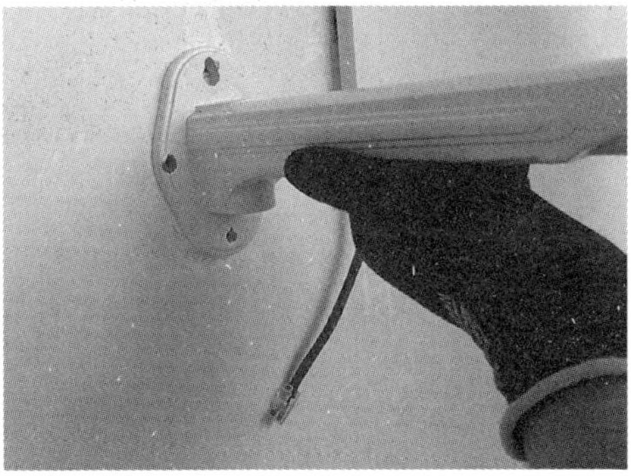

图 1-11　确定安装位置

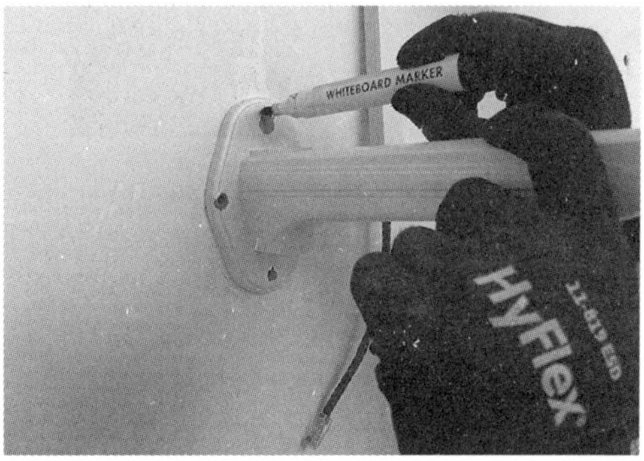

图 1-12　确定打孔位置

步骤 6：用冲击钻在标记处钻孔（① 使用冲击钻时应注意做好防护措施，戴好手套。② 双手紧握冲击钻把手。③ 钻孔时应将冲击钻水平打入，防止孔洞变形），如图 1-13 所示。

步骤 7：将胶塞固定在孔内（放入胶塞时应注意胶塞放入孔洞内是否牢固，若有松动，应使用填充物将胶塞进行加固），如图 1-14 所示。

图 1-13　墙面打孔

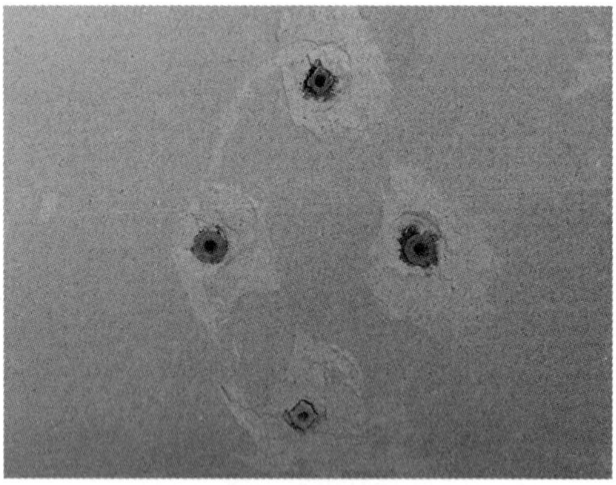

图 1-14　胶塞安装

步骤 8：将底座安装孔位与胶塞对齐，用自攻螺丝与底座固定（将 4 颗螺丝依次放到孔位中，再使用螺丝刀拧紧），如图 1-15 所示。

步骤 9：将摄像机底座的万向接头与壁装支架连接，调整摄像机方位符合监控场景需求后固定（固定后要轻轻晃动摄像机，看摄像机与支架是否牢固），如图 1-16 所示。

图 1-15　支架固定

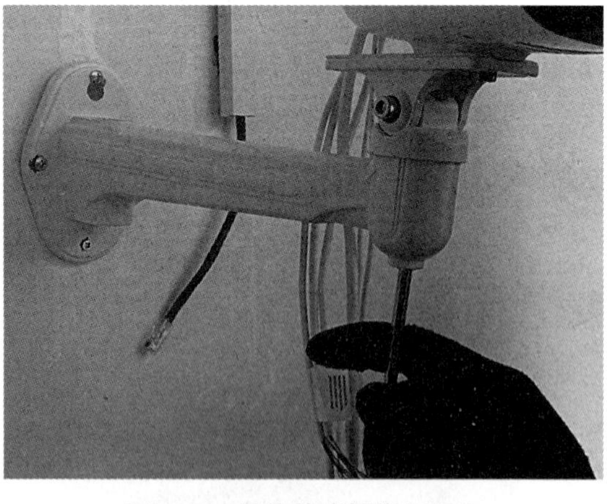

图 1-16　网络筒式摄像机固定

步骤 10：在网线连接头上安装防水胶塞，如图 1-17 所示。

步骤 11：将预留线缆与摄像机线缆进行连接（电源线和网线），如图 1-18 所示。

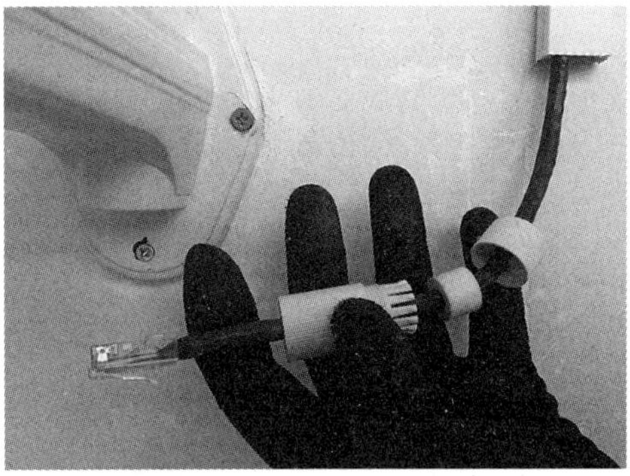

图 1-17　防水胶塞安装

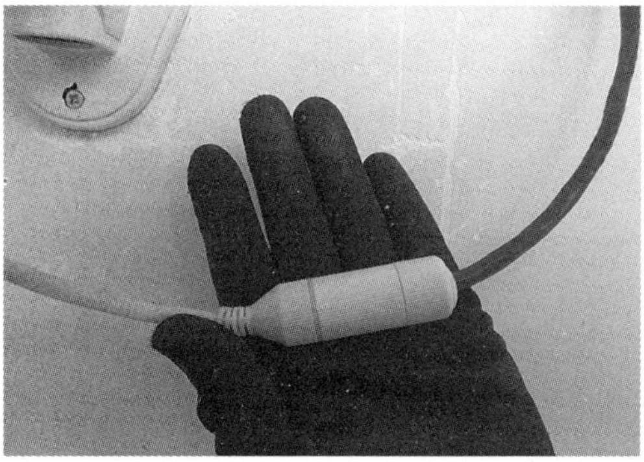

图 1-18　设备接线

步骤 12：将线缆进行绑扎处理。安装完成后，使用打标机进行标签制作，并贴到对应的设备及线缆上，如图 1-19 和图 1-20 所示。

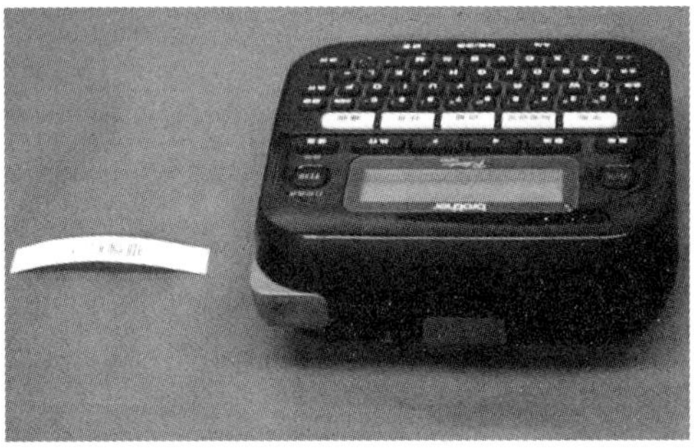

图 1-19　打印标签

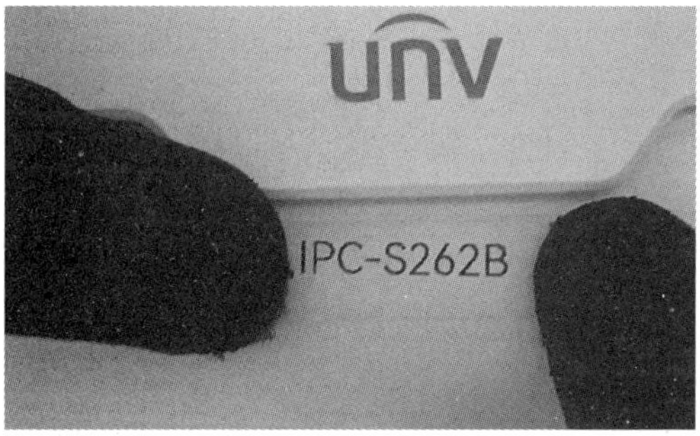

图 1-20　贴标签

技能点 2：一体化球形摄像机的安装

一体化球形摄像机的安装

1. 设备、工具和耗材

一体化球形摄像机、支架、抱箍、十字螺丝刀、螺丝、打标机，如图 1-21 所示。

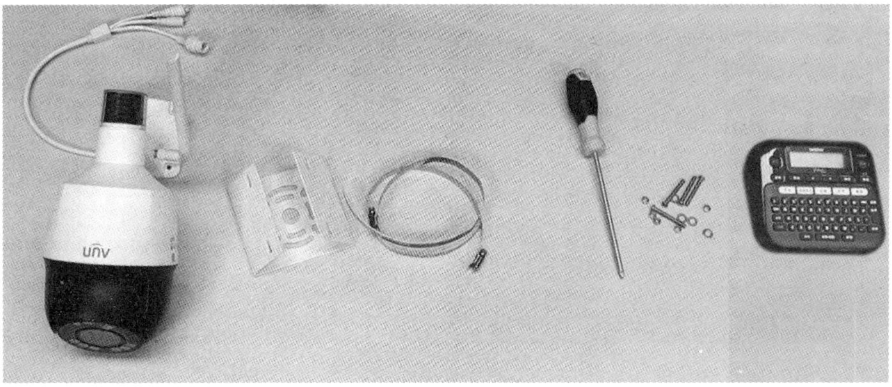

图 1-21　一体化球形摄像机设备、工具和耗材

2. 实操步骤

步骤 1：根据现场安装环境选择合适的支架，如图 1-22 所示。

步骤 2：确认好安装位置，如图 1-23 所示。

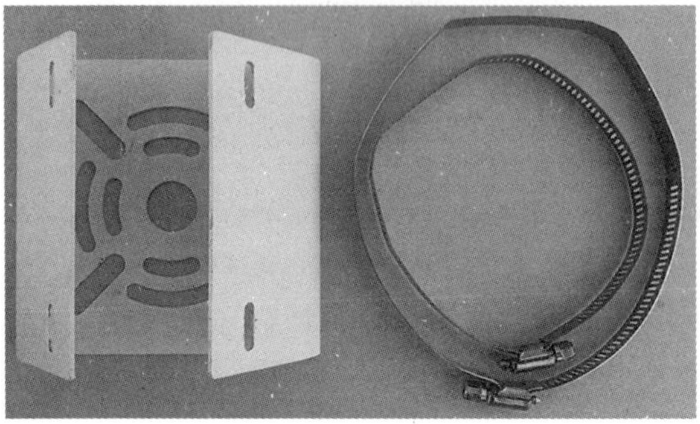

图 1-22　一体化球形摄像机支架选择

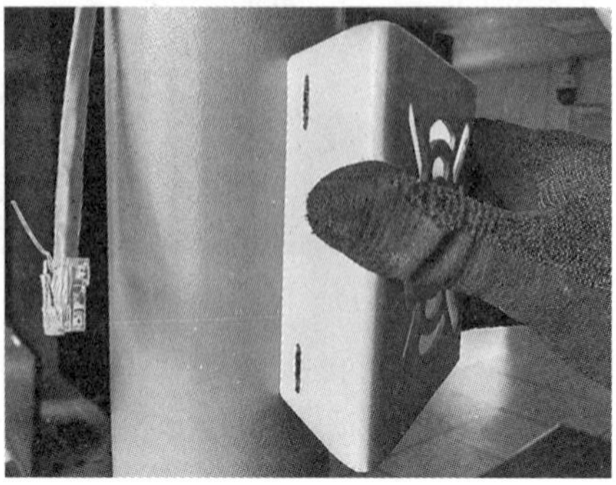

图 1-23　确认安装位置

步骤 3：将一体化球形摄像机支架底座与抱箍支架进行连接，如图 1-24 所示。

步骤 4：将抱箍穿过抱箍支架，再将抱箍跟监控杆进行连接，如图 1-25 所示。

图 1-24　底座与抱箍支架连接

图 1-25　与监控杆连接

步骤 5：与监控杆安装完成后，要检查摄像机安装是否牢固，如图 1-26 所示。

步骤 6：进行接线，如图 1-27 所示。

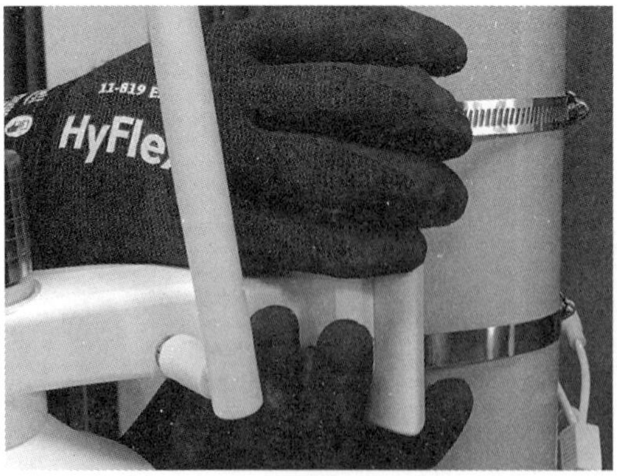

图 1-26　确认是否牢固

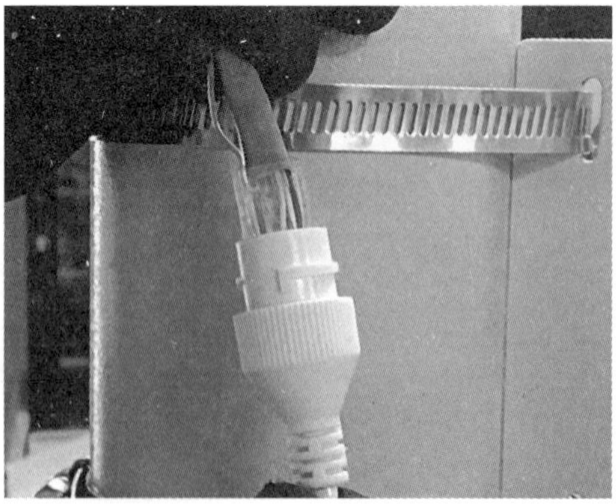

图 1-27　接线安装

步骤 7：安装完成后，使用打标机进行标签制作，并贴到对应的设备及线缆上，如图 1-28 和图 1-29 所示。

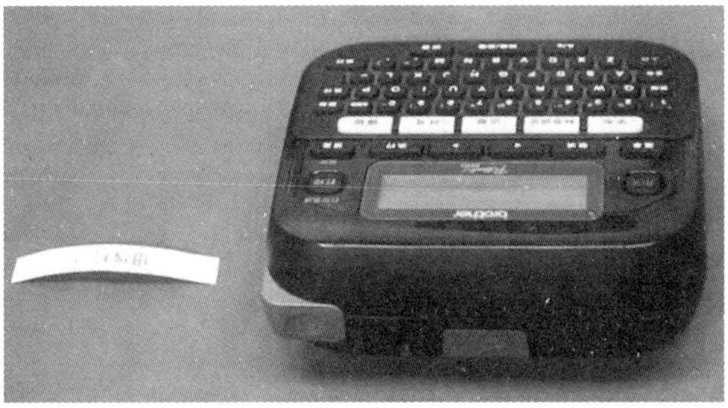

图 1-28　打印标签

图 1-29　贴标签

技能点 3：云台摄像机的安装

1. 设备、工具和耗材

云台摄像机的安装

云台摄像机、支架、十字螺丝刀、防护手套、冲击钻、记号笔、膨胀螺丝、六角扳手、扳手、打标机，如图 1-30 所示。

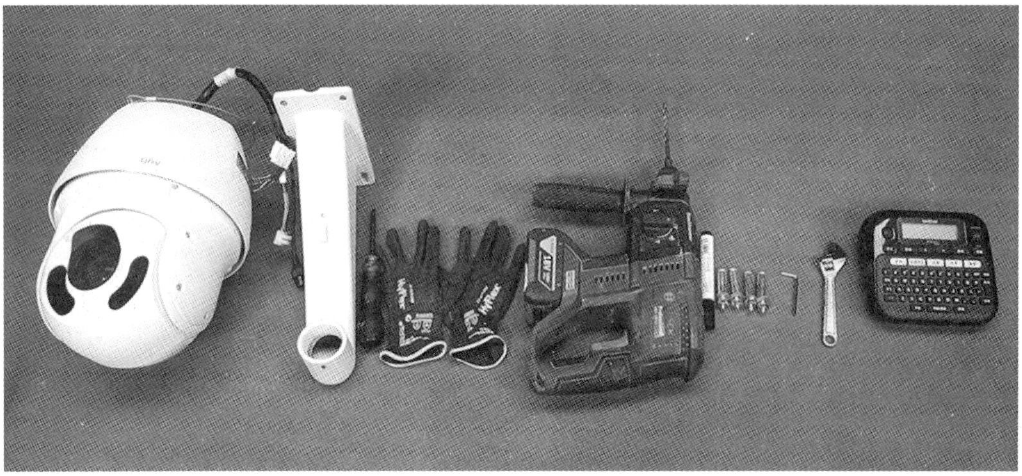

图 1-30　云台摄像机的安装工具及耗材

2. 实操步骤

步骤 1：根据现场安装环境选择合适的支架，如图 1-31 所示。

步骤 2：确认好安装位置（确认位置时应找较为平整的墙面），如图 1-32 所示。

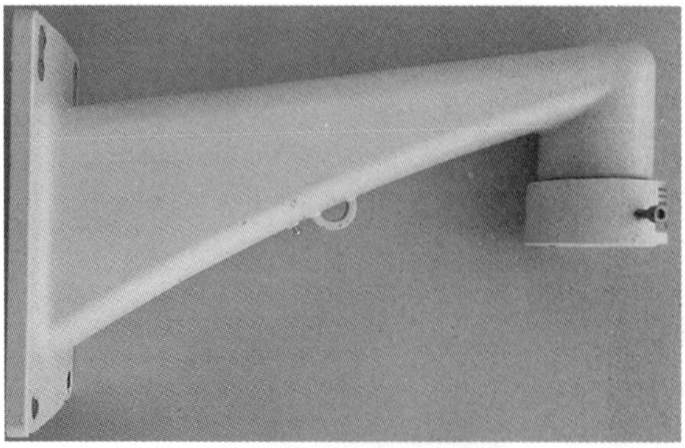

图 1-31　选择对应的云台摄像机支架

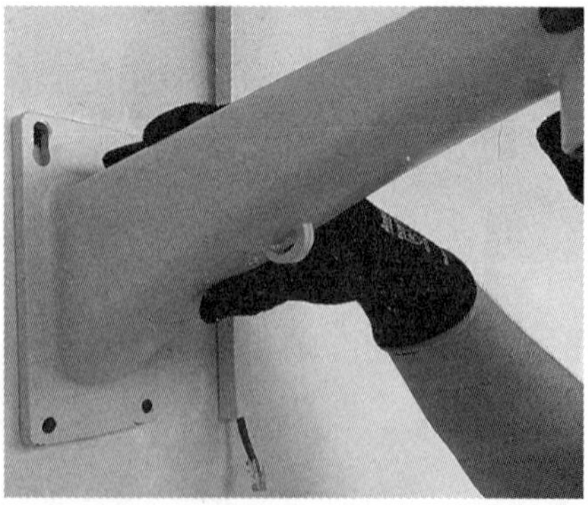

图 1-32　确认云台摄像机支架安装位置

步骤 3：将云台摄像机支架底座与墙面贴平，用记号笔在支架底座安装孔内做好标记，如图 1-33 所示。

步骤 4：用冲击钻在标记处钻孔（① 使用冲击钻时应注意做好防护措施，戴好手套。② 双手紧握冲击钻把手。③ 钻孔时应将冲击钻水平打入，防止孔洞变形），孔的深度最好与螺栓的长度相同，将膨胀螺栓固定在孔内（打膨胀螺栓时应注意胶塞打进去是否牢固，若比较松动，应使用填充物将膨胀螺栓进行加固），如图 1-34 和图 1-35 所示。

步骤 5：将支架上的预留检修孔位处的螺丝拧开，如图 1-36 所示。

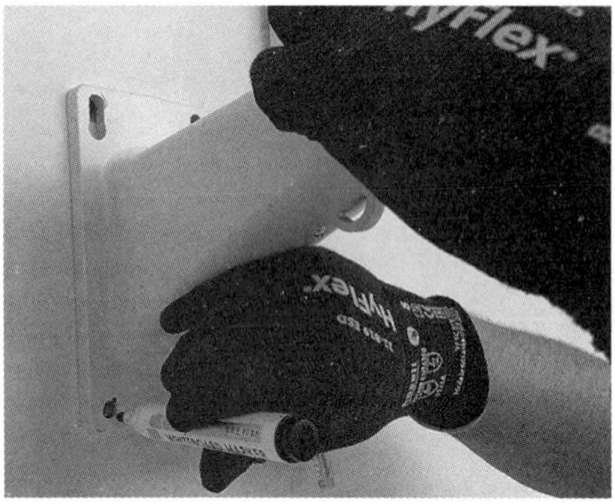

图 1-33　确认打孔位置

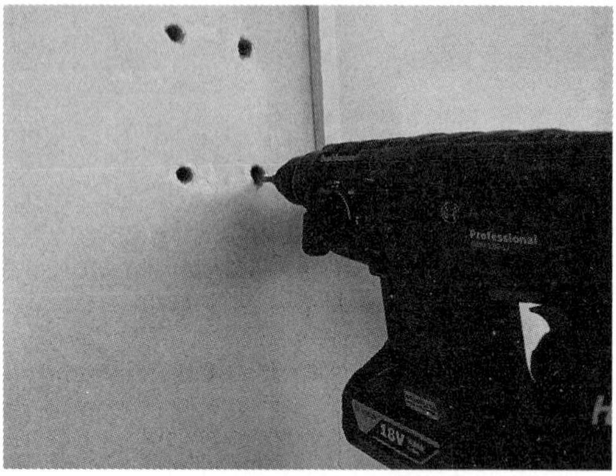

图 1-34　使用冲击钻打孔

图 1-35　安装膨胀螺丝

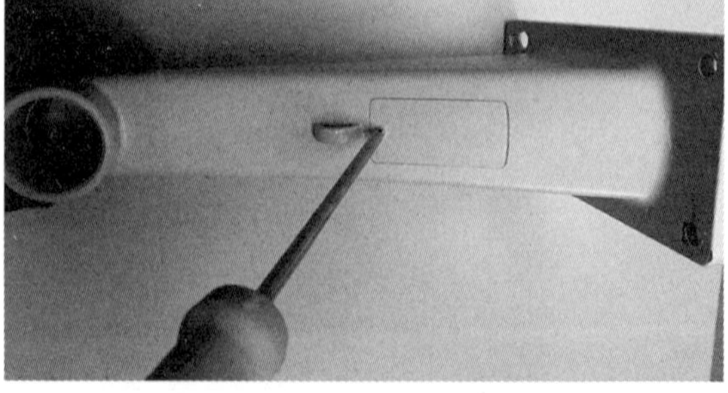

图 1-36　打开检修孔处的螺丝

步骤 6：把预留的线缆从底座穿入预留检修孔位，如图 1-37 所示。

步骤 7：把支架底座孔位放置在膨胀螺丝上，用扳手固定（固定后要检查是否拧紧），如图 1-38 所示。

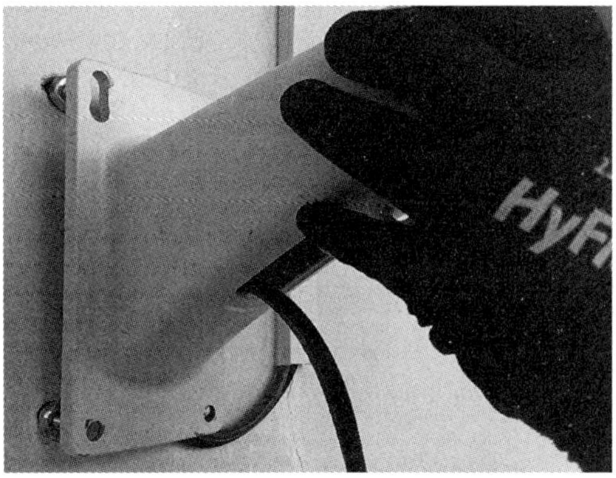

图 1-37　预留线缆穿过检修孔

图 1-38　固定支架

步骤 8：将云台摄像机的安装挂钩挂在支架上，线缆从支架穿入检修孔位，用六角扳手将云台摄像机固定在支架上（固定后要检查是否拧紧），如图 1-39 所示。

图 1-39　安装云台摄像机

步骤 9：进行接线，网线装好防水胶塞（电源线和网线），如图 1-40 所示。

步骤 10：接线完成后，将线缆放入支架内，将预留检修孔位处的螺丝拧紧（固定后要检查是否拧紧），如图 1-41 所示。

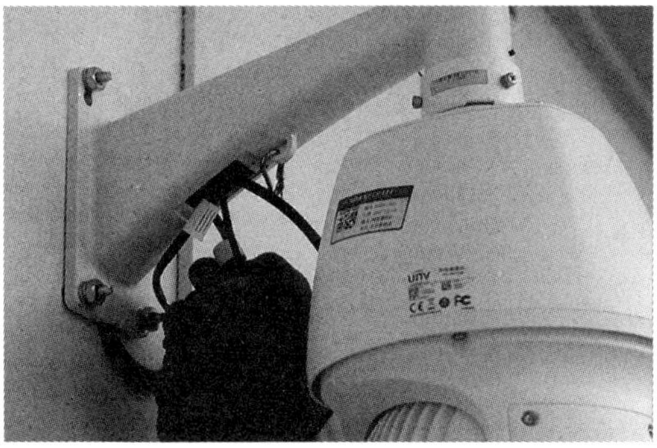

图 1-40　云台摄像机接线

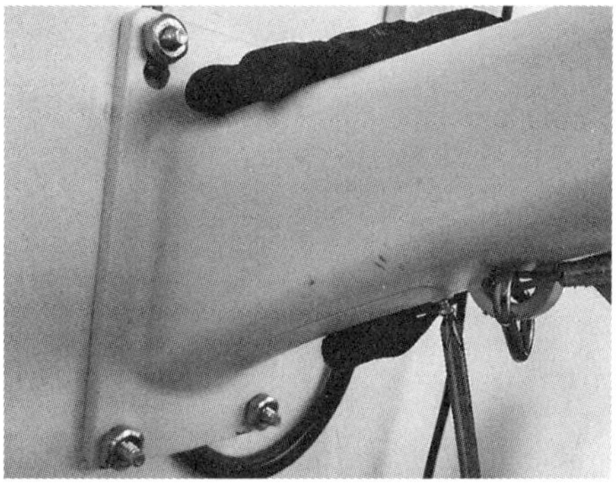

图 1-41　关紧检修口

步骤 11：将线缆进行绑扎处理，安装完成后，使用打标机进行标签制作，并贴到对应的设备及线缆上，如图 1-42 和图 1-43 所示。

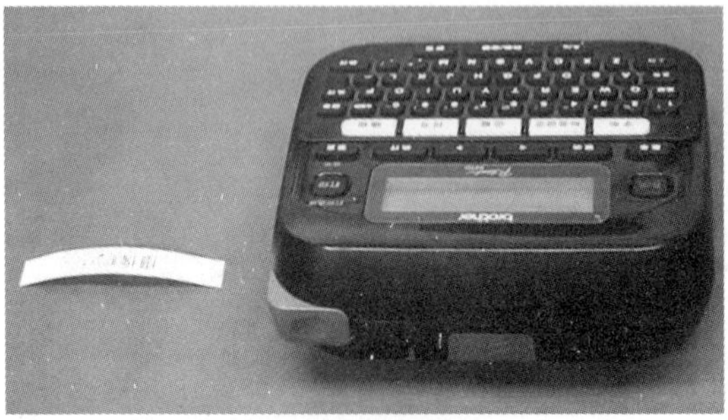

图 1-42　打印标签

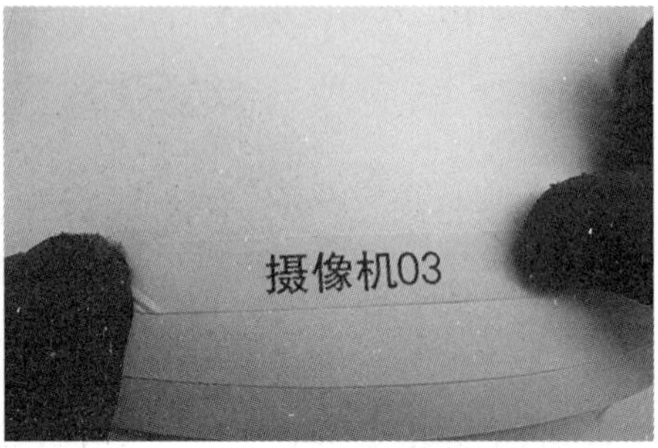

图 1-43　贴标签

技能点 4：半球摄像机吸顶的安装

半球摄像机吸顶的安装

1. 设备、工具和耗材

半球摄像机、支架、十字螺丝刀、防护手套、冲击钻、记号笔、膨胀螺栓、六角扳手、扳手、打标机，如图 1-44 所示。

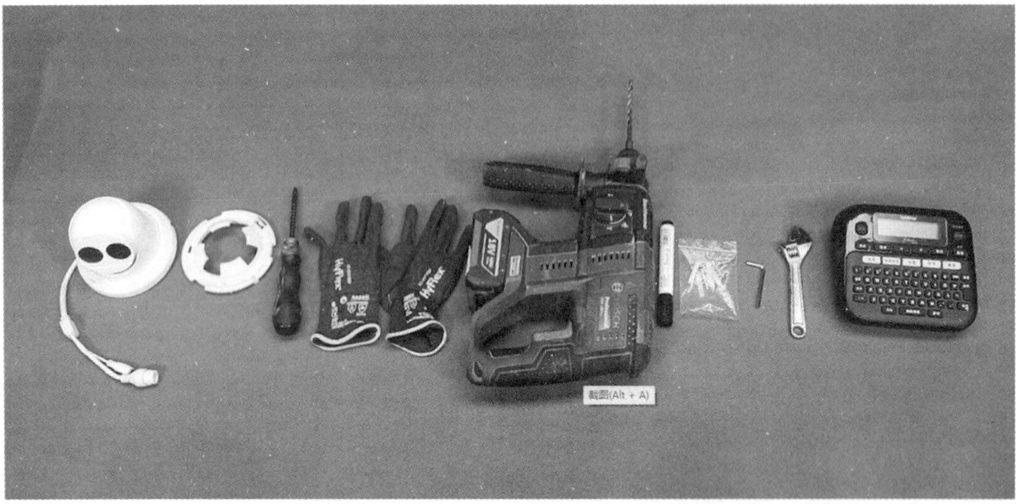

图 1-44　半球摄像机的安装工具及耗材

2. 实操步骤

步骤 1：根据现场安装环境选择合适的支架，如图 1-45 所示。

步骤 2：确认好安装位置（预留线缆及孔洞），如图 1-46 所示。

步骤 3：将半球摄像机的网线及电源线跟提前预留的线缆进行连接，并给网线和电线套上防水胶塞，如图 1-47 所示。

步骤 4：将摄像机的保护罩拆下来，如图 1-48 所示。

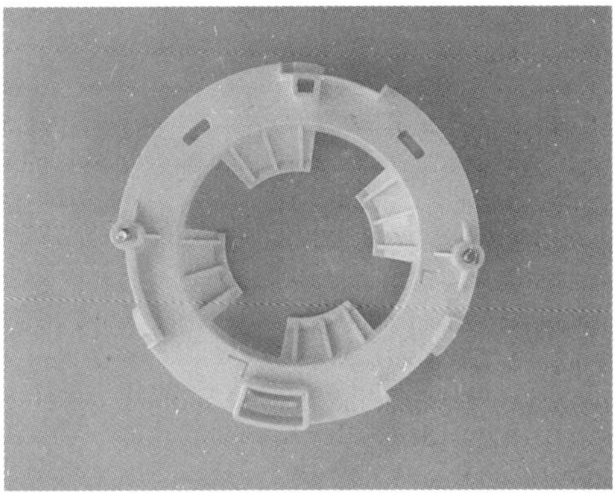

图 1-45 选择适合半球摄像机的支架

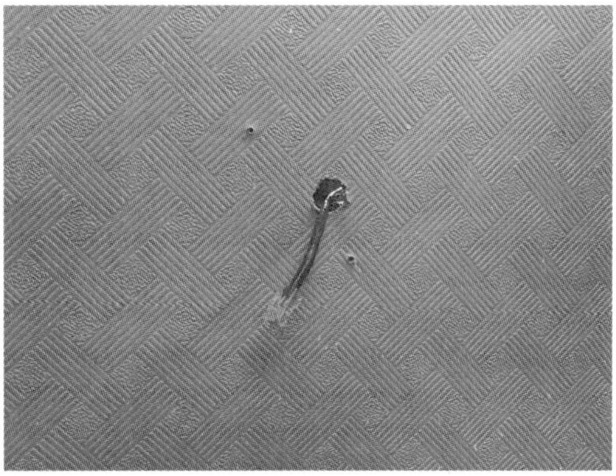

图 1-46 确认半球摄像机的吊顶安装位置

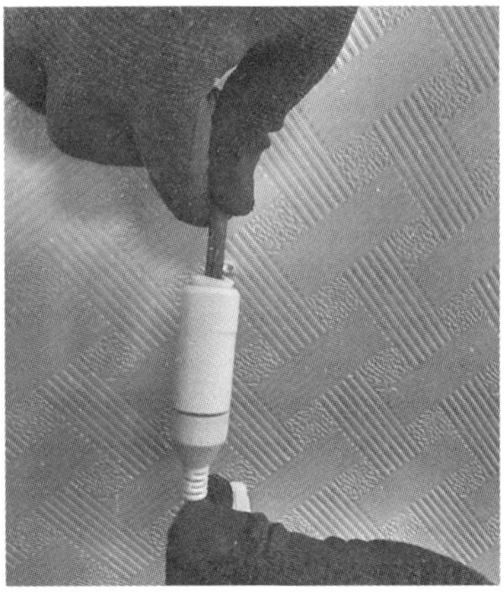

图 1-47 接线并套好防水胶塞

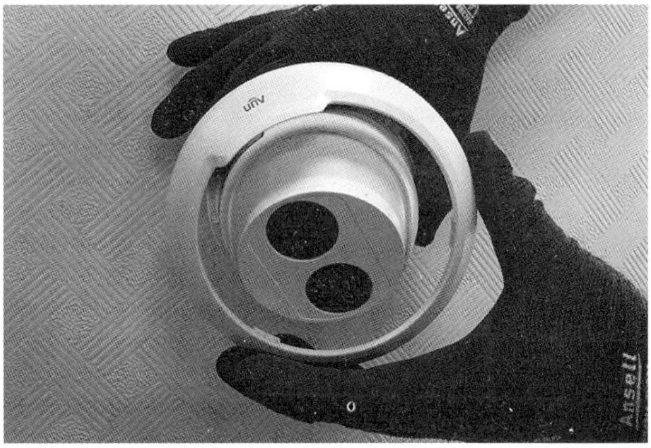

图 1-48 拆除半球摄像机的保护罩

步骤 5：将支架底座与墙顶贴平，将支架底座两个螺丝使用螺丝刀拧紧到吊顶上面，如图 1-49 和图 1-50 所示。

图 1-49 半球摄像机安装

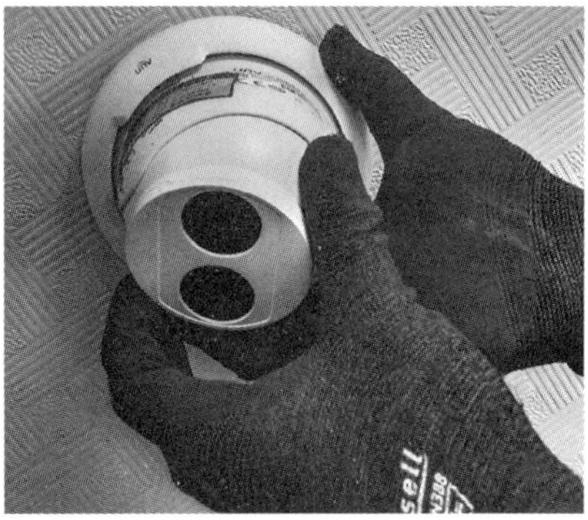

图 1-50 半球摄像机保护罩安装

步骤 6：安装完成后，使用打标机进行标签制作，并贴到对应的设备及线缆上，如图 1-51 和图 1-52 所示。

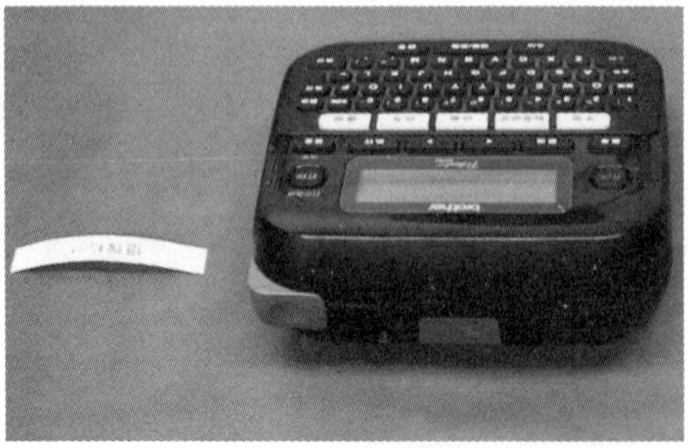

图 1-51　打印标签

图 1-52　贴标签

3. 实训收尾

回收工具，打扫现场。

传输系统的安装

技能点：网线的制作

1. 设备、工具和耗材

水晶头、双绞线、剪线钳、压线钳、拨线器、卷尺。

网线的制作

2. 实操步骤

568A 线序排列自左向右依次为：绿白、绿、橙白、蓝、蓝白、橙，棕白，棕，如图 1-53 所示。

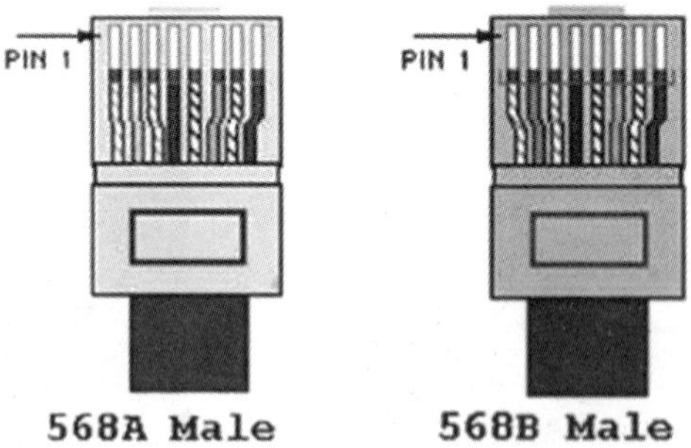

图 1-53　线序图

568B 线序排列自左向右依次为：橙白、橙、绿白、蓝、蓝白、绿、棕白、棕。

步骤 1：用剥线器剥去外层 PVC 护套（大约 5cm），特别注意不要割破 4 对线芯的绝缘层，然后把 4 对双绞线分别拆开，同时把每根线理直，按照 568B/568A 标准线序排列整齐，如图 1-54 和图 1-55 所示。

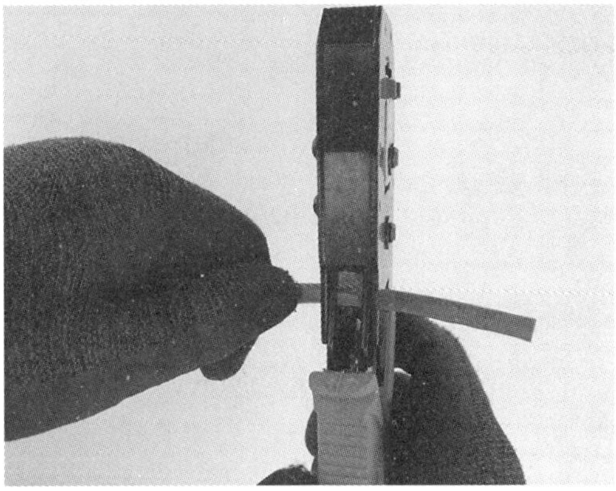

图 1-54　剥线

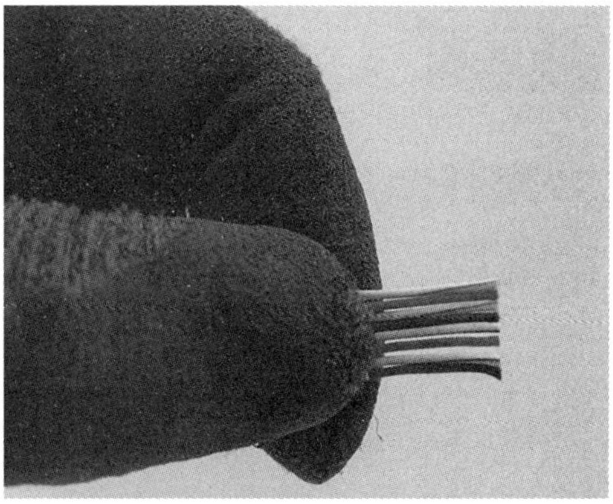

图 1-55　568B 线序理线

步骤 2：剪去多余的线，留下不超过 1.3cm 的线，如图 1-56 所示。

步骤 3：把水晶头有耳朵的一面背对着自己，将双绞线 8 根线芯平齐对准插入水晶头内，从水晶头的侧面或头部检查线芯是否顶到位，如图 1-57 所示。

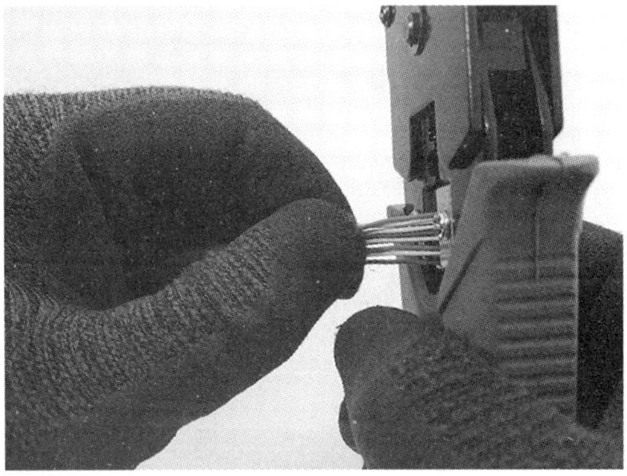

图 1-56　使用剪线钳剪线

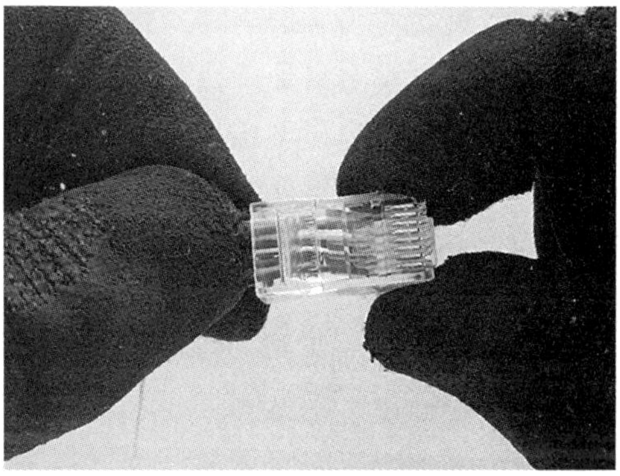

图 1-57　装上水晶头

步骤 4：确定完毕后，将水晶头放入压线钳对应的压接口中用力压即可完成。重复步骤 1 到步骤 4，完成另一端的制作，如图 1-58 所示。

图 1-58　使用压线钳压紧

后端设备的安装

知识点：后端及中心设备安装整体要求

后端及中心设备安装整体要求

后端及中心设备安装整体要求如下。

（1）具备机柜安装条件的项目或设备，必须安装在机柜中。

（2）设备在机柜中的摆放应合理、美观，确保安全。

（3）4U及以上高度的设备安装时必须使用导轨或机柜托板，确保安全。

（4）设备之间必须预留散热空间，保证机柜的散热风扇正常运行，机柜周围的环境应当适宜空气流通，保证良好的散热环境。

（5）机柜钥匙应由用户或项目经理妥善保管，严禁随意外借，不需要调试设备时机柜须处于锁闭状态。

（6）设备应当采取合理、规范的方式予以编号，统一编号规则，便于识别和管理。基本信息应包括地理位置、功能、设备品牌、型号等相关信息（见后端设备标签规范及制作流程机柜标签规范）。

（7）设备包装箱及其附件须及时整理收集，确保机房整洁与消防安全。

（8）设备安装完成后，必须绘制机柜布置图。

技能点1：硬盘录像机的安装

硬盘录像机的安装

1. 设备、工具和耗材

数字硬盘录像机、电源线、硬盘、十字螺丝刀、数据线、打标机、防护手套、显示屏，如图1-59所示。

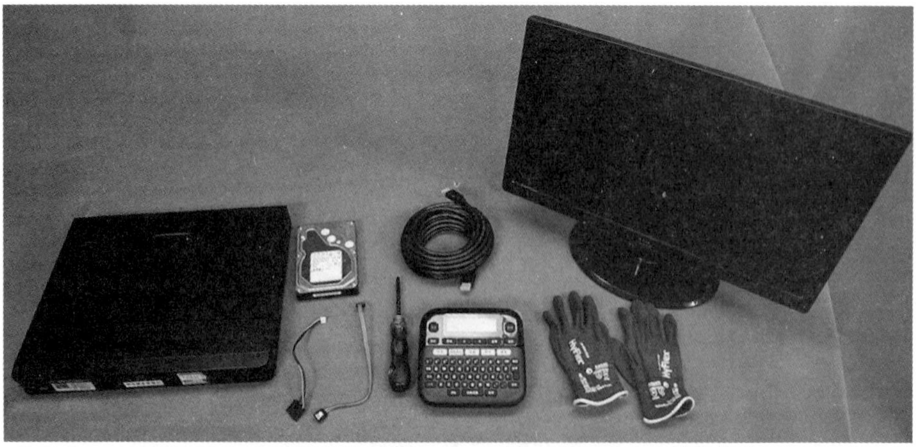

图1-59　硬盘录像机设备、工具和耗材

2. 实操步骤

步骤 1：安装前先检查硬盘录像机 NVR 的外观是否完好，如图 1-60 所示。

步骤 2：拧开硬盘录像机背部和侧面的螺栓（戴好手套注意安全防护措施），如图 1-61 所示。

图 1-60　检查外观

图 1-61　拧下螺栓

步骤 3：取下盖板，将数据线分别接至主板和硬盘的数据口，电源线分别接至主板和硬盘的电源口，如图 1-62 所示。

步骤 4：用螺丝将硬盘固定到主板上，如图 1-63 所示。

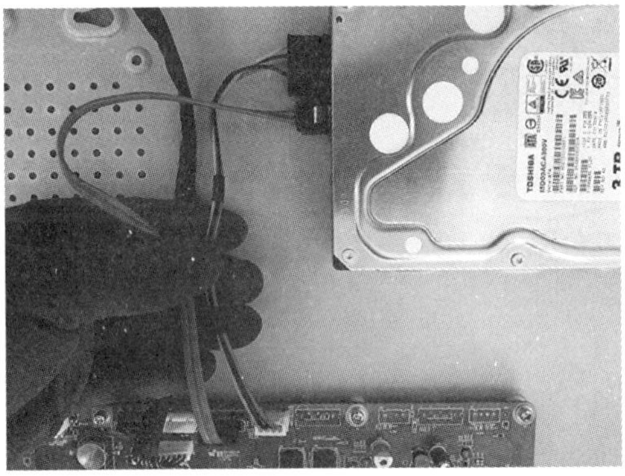

图 1-62　电源、数据线连接

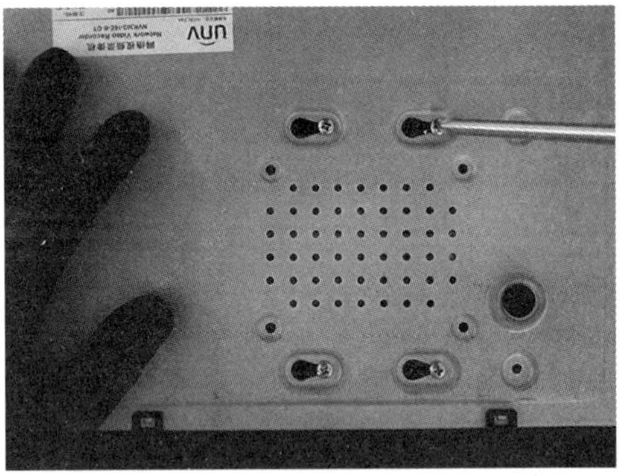

图 1-63　硬盘固定

步骤 5：盖好机身盖板，用螺栓固定好（固定后要检查是否拧紧），如图 1-64 所示。

步骤 6：将跳线一端接入 NVR 网络端口，一端接入交换机，如图 1-65 所示。

步骤 7：将视频线一端接入视频端口，一端接入显示设备或主机，如图 1-66 所示。

步骤 8：安装完成后，使用打标机进行标签制作，并贴到对应的设备及线缆上，如图 1-67 所示。

图 1-64　拧上螺栓

图 1-65　接网线

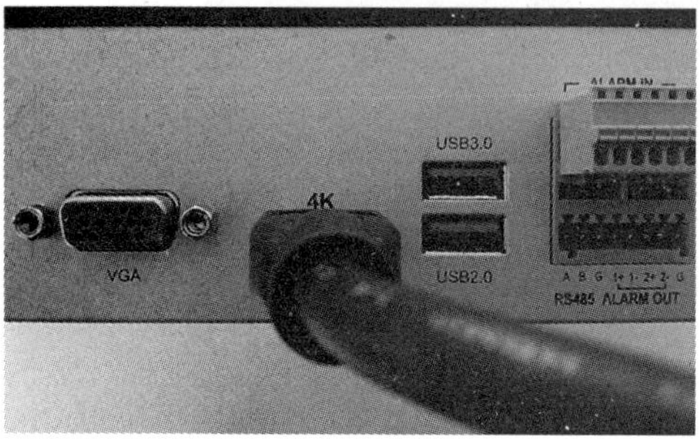

图 1-66　接 HDMI 线

图 1-67　贴标签

技能点 2：管理平台的安装

1. 设备、工具和耗材

VMS-B200、交换机、工具包、网线。

2. 实训实施

管理服务器安装步骤如下。

步骤 1：打开 VMS-B200 的包装盒，查看设备外观，如图 1-68 所示。

步骤 2：取出电源线接到 VMS-B200 后面的电源插口上通电开机（注意要点：安装时应该注意使用手套进行防护），如图 1-69 所示。

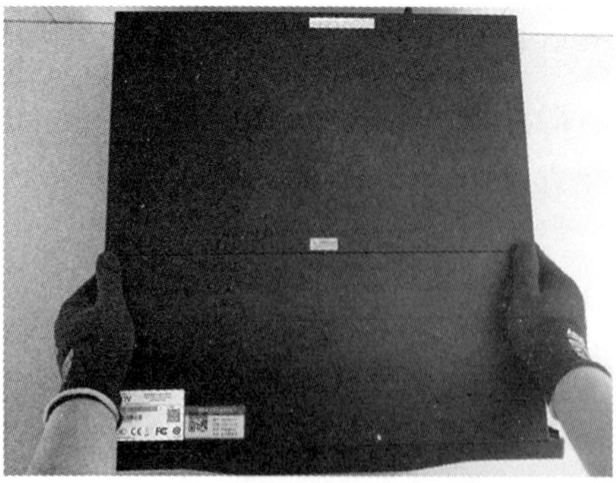

图 1-68　VMS-B200 外观查看

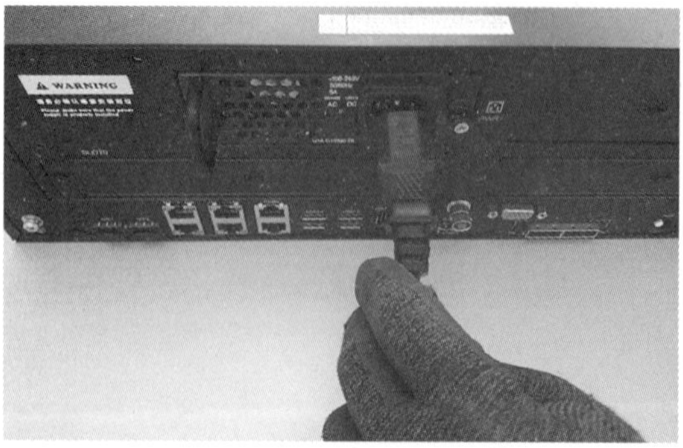

图 1-69　VMS-B200 电源接线

步骤 3：VMS-B200 网线连接，如图 1-70 所示。

步骤 4：将 VMS-B200 设备进行通电启动，如图 1-71 所示。

图 1-70　VMS-B200 网线连接

图 1-71　VMS-B200 加电

3. 实训收尾

回收工具，打扫现场。

五、实训报告及评价

姓名		区队	
组别		岗位	
同组成员		日期	
重点记录			
完成技能操作，用到的标准规范、注意事项、工具、流程步骤等			

续表

<table>
<tr><td>自评</td><td></td><td>组长评分</td><td></td></tr>
<tr><td colspan="4">操作实践</td></tr>
<tr><td>类型</td><td colspan="2">比例（比例可调）</td><td>分值</td></tr>
<tr><td>自评</td><td colspan="2">30%</td><td></td></tr>
<tr><td>组内互评</td><td colspan="2">20%</td><td></td></tr>
<tr><td>组间互评</td><td colspan="2">20%</td><td></td></tr>
<tr><td>教师评价</td><td colspan="2">30%</td><td></td></tr>
<tr><td>总评分
（线上线下同步）</td><td colspan="2"></td><td></td></tr>
</table>

六、课后拓展及应用

半球摄像机壁挂的安装

半球摄像机壁挂的安装

1. 设备、工具和耗材

半球摄像机、十字螺丝刀、摄像机支架、防护手套、冲击钻、记号笔、膨胀螺丝、打标机，如图 1-72 所示。

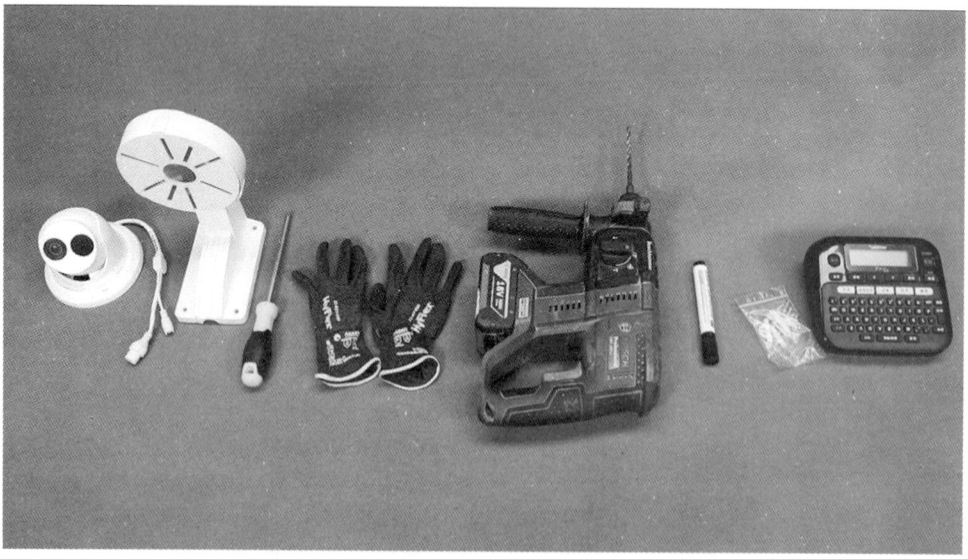

图 1-72　半球摄像机的安装工具及耗材

2. 实操步骤

步骤 1：根据现场安装环境选择合适的支架，如图 1-73 所示。

步骤 2：将半球摄像机的底盘防护罩拆卸掉，如图 1-74 和图 1-75 所示。

步骤 3：将壁装支架底盘拆卸下来（注意安全防护措施，戴好手套），如图 1-76 所示。

图 1-73　安装支架选用

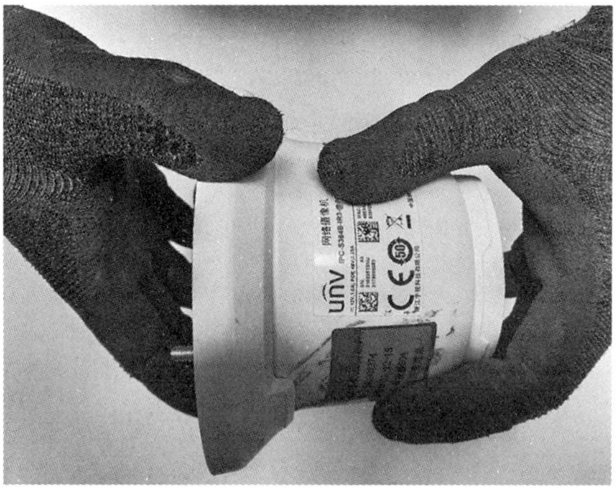

图 1-74　拆卸半球保护罩

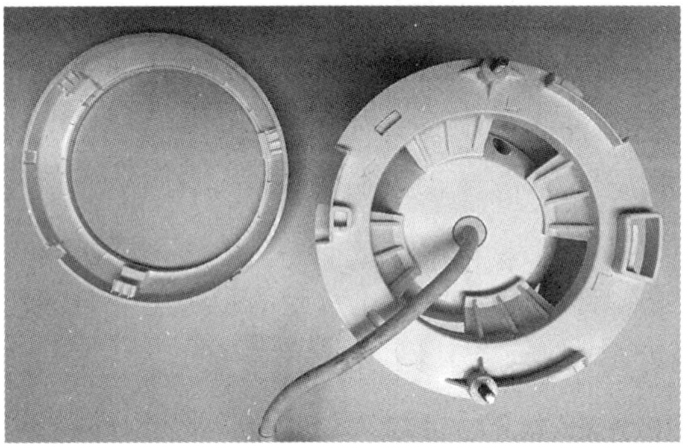

图 1-75　保护罩拆开

图 1-76　拆卸支架底盘

步骤 4：将壁装支架底盘拆卸下来，用螺丝将摄像机底座与支架底盘进行固定，如图 1-77 所示。

步骤 5：将半球摄像机的线缆穿入支架内，然后将壁装支架底座对准支架上的底盘卡口位置进行旋转固定，并将壁装支架底座上的三个螺丝与支架进行固定，如图 1-78 所示，最后连接支架内的线缆，并在网线连接头上装好防水胶塞。

步骤 6：确认好摄像机的安装位置，将支架底座与墙面贴平，用记号笔在支架底座安装孔上做好标记，如图 1-79 和图 1-80 所示。

图 1-77　支架底盘和摄像机底座连接

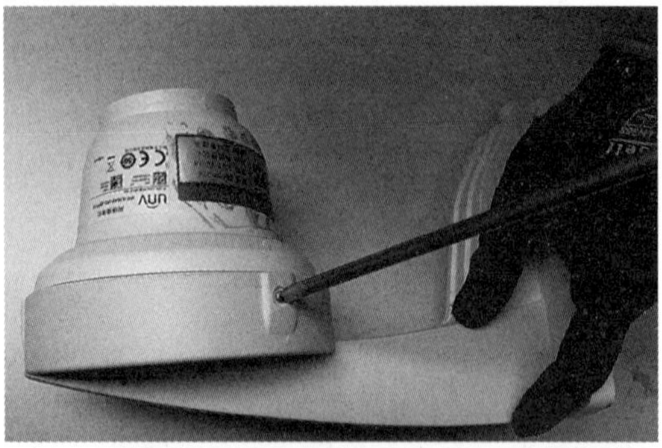

图 1-78　将摄像机固定到支架上

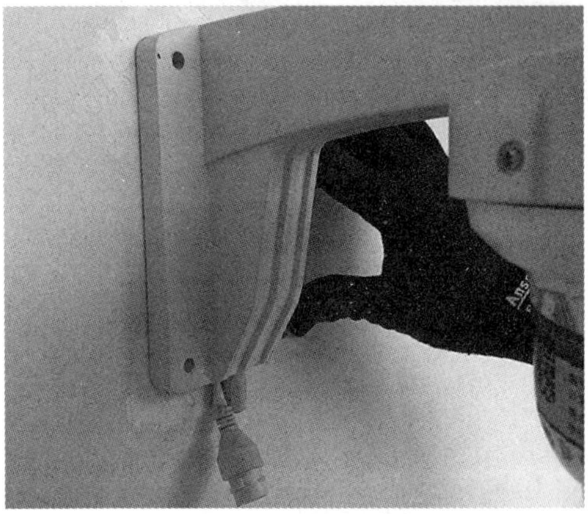

图 1-79　确认打孔位置

图 1-80　标记打孔位置

步骤 7：用冲击钻在标记处钻孔（① 使用冲击钻时应注意做好防护措施，戴好手套。② 双手紧握冲击钻把手。③ 钻孔时应将冲击钻水平打入，防止孔洞变形），如图 1-81 所示。

步骤 8：将膨胀胶塞固定到钻孔内（安装膨胀胶塞时应注意膨胀胶塞是否牢固，若有松动，应使用填充物将膨胀胶塞进行加固），如图 1-82 所示。

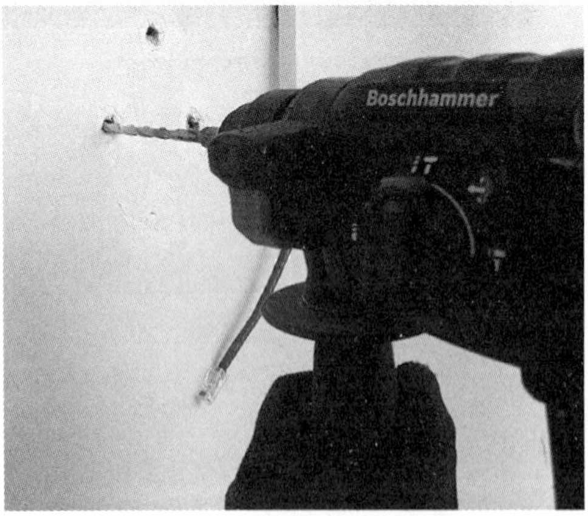

图 1-81　使用冲击钻打孔

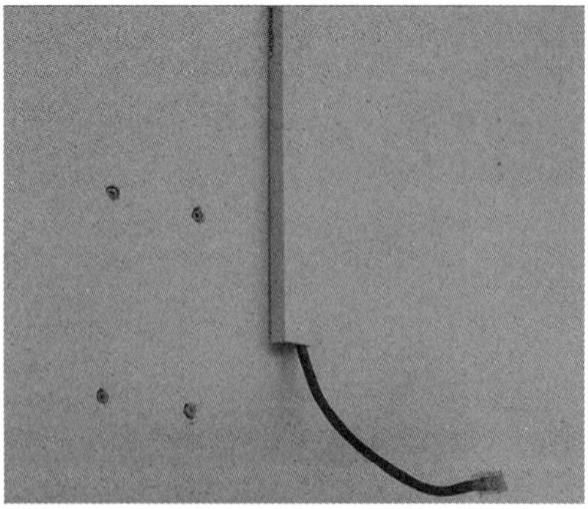

图 1-82　塞入膨胀胶塞

步骤 9：将支架底座安装孔位与墙面孔位对齐并用螺帽固定，再调整相机位置（固定后要轻轻晃动摄像机，看摄像机与支架是否牢固），如图 1-83 所示。

步骤 10：将线缆进行绑扎处理，安装完成后，使用打标机进行标签制作，并贴到对应的设备及线缆上，如图 1-84 所示。

图 1-83　固定支架

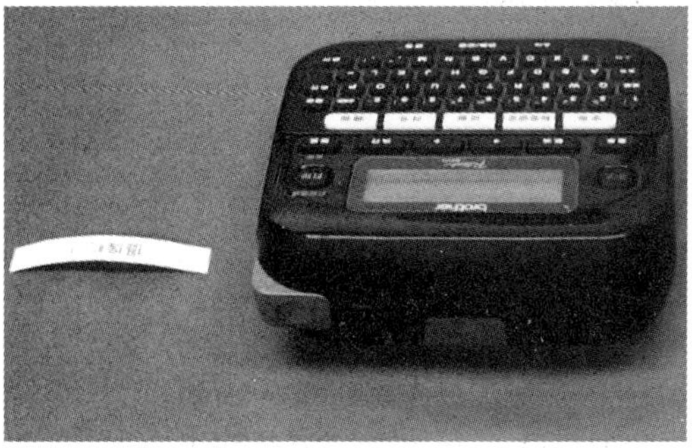

图 1-84　打印标签

防水套件的安装

1. 设备、工具和耗材

防水套件包、网线。

防水套件的安装

2. 实操步骤

步骤 1：先将防水套件包装拆开，如图 1-85 所示。

步骤 2：将密封圈套在电口上，如图 1-86 所示。

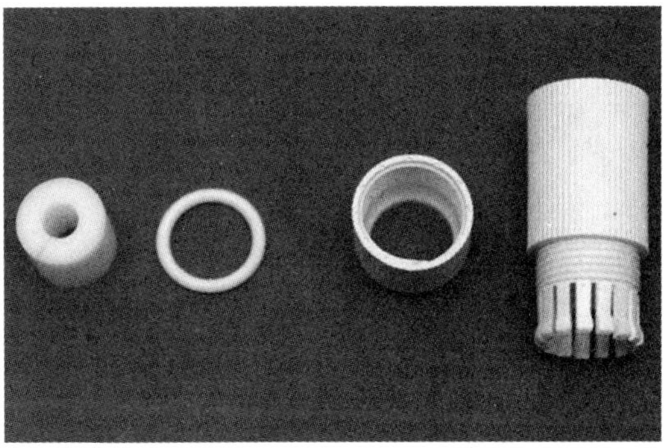

图 1-85　拆开包装

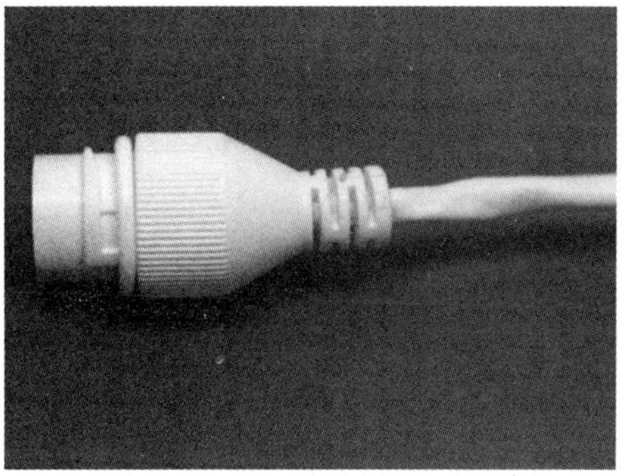

图 1-86　将密封圈套在电口上

步骤 3：依次套入防水部件，如图 1-87 所示。

步骤 4：将筒形防水圈塞入防水螺栓中，如图 1-88 所示。

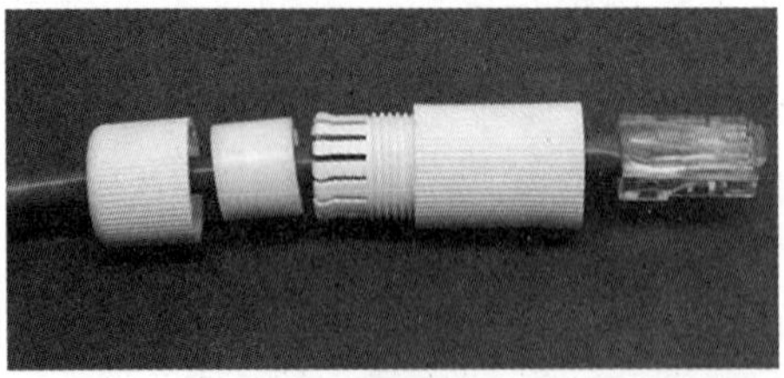

图 1-87　依次套入防水部件

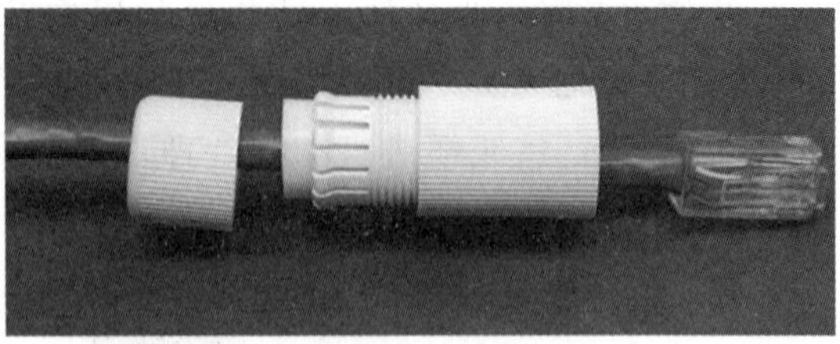

图 1-88　塞入防水螺栓

步骤 5：将网线插入电口，并按照电口上的螺纹，将防水螺栓拧上，如图 1-89 所示。

步骤 6：将防水螺帽拧在防水螺栓上，如图 1-90 所示。

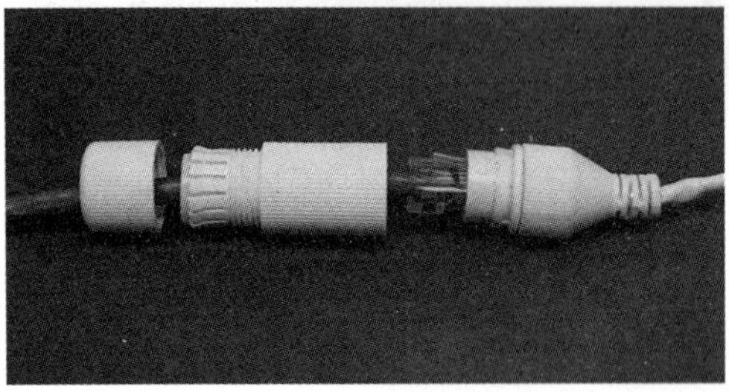

图 1-89　网口连接

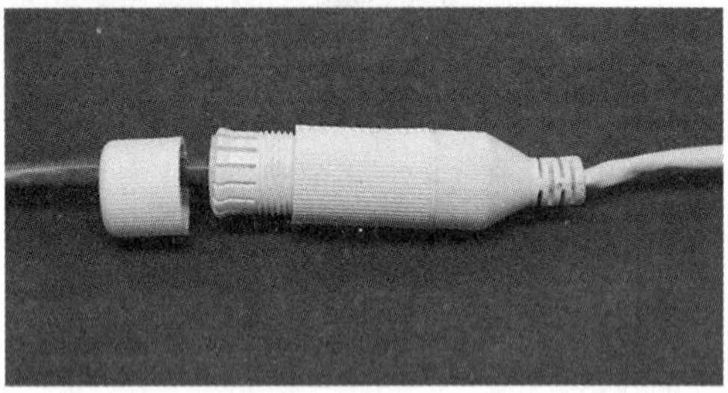

图 1-90　将防水螺帽拧在防水螺栓上

步骤 7：完成网线防水连接，如图 1-91 所示。

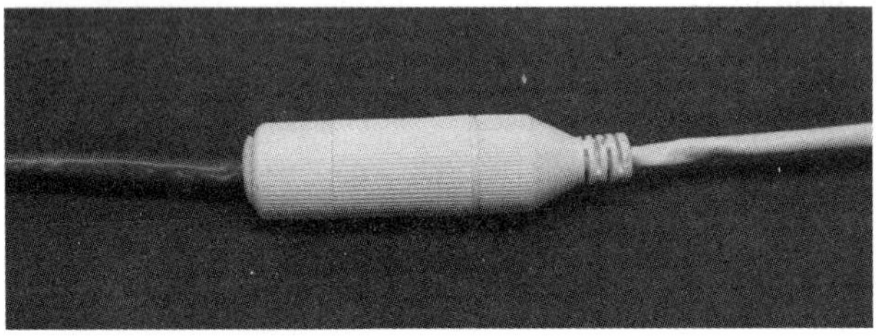

图 1-91　安装完成

七、 1+X 证书考证题库

单选题

1. （　　）系统主要是指通过摄像机获得现场图像，然后集中传输到监控中心，进行实现监控和信息存储的系统。

A. 入侵探测　　B. 视频监控

C. 出入口控制　　D. 电子巡查

2. 安全防范系统的主要子系统为（　　）、视频监控和出入口控制。

A. 入侵探测　　B. 地理信息

C. 信息存贮　　D. 通信调度

3. 安全防范系统必须具备的三个要素是探测、（　　）和反应。

A. 制止　　B. 保护

C. 延迟　　D. 入侵

4. 按照摄取图像种类可将摄像机分为以下哪两类？（　　）

A. 彩色摄像机和低照度摄像机　　B. 普通摄像机和低照度摄像机

C. 广角摄像机和微光摄像机　　D. 黑白摄像机和彩色摄像机

5. 以下关于云台的描述中正确的是（　　）。

A. 云台可控制摄像机的镜头焦距

B. 云台转动方向由解码器指令决定

C. 轻型云台安装时可不考虑防振措施

D. 云台预置数据位信息存储在客户端的软件系统或矩阵中

6. 摄像机的最低照度小于 10Lux 大于 0.1Lux 的我们一般称为（　　）。

A. 普通摄像机　　B. 低照度摄像机

C. 微光摄像机　　D. 弱光摄像机

任务四　智能化视频监控系统设备调试

一、三维教学目标

任务导学

【知识目标】

记住使用人机界面、Web 界面进行前端设备、后端设备配置的操作流程。

【能力目标】

会通过人机界面、Web 界面进行前端设备、后端设备的配置。

【素质目标】

通过系统调试的规范流程学习，培养学生国家安全观。通过系统调试的实践训练，培养学生树立严守法纪的警务素养。

二、岗证赛相融通

【安防系统安装维护员岗位】

四级/中级工：

（1）能设置视频监控系统的 OSD 参数、时间参数、IP 地址。

（2）能设置视频监控系统的录像功能。

三级/高级工：

（1）使用摄像机进行云台配置。

（2）在硬盘录像机上进行报警配置。

【智能安防实施与运维 1+X 证书】

（1）会在摄像机的 Web 页面进行初始 IP 地址、初始密码及 OSD 的修改，并使用免费软件进行摄像机云台的调试。

（2）操作硬盘录像机在管理平台的 Web 页面中进行手动添加和自动添加、实况和录像回放，并使用硬盘录像机进行报警配置。

（3）登录到硬盘录像机的人机界面进行手动添加和自动添加操作，并进行实况和录像回放。

【校、省、国安防职业技能竞赛】

全国安防职业技能竞赛题。

1. 区域警戒调试配置

园区大门警戒摄像机安装完成后，对摄像机与 NVR 在搭建完链路环境之后，需要在监控设备上做参数调试，使之完成此项智能业务，满足区域警戒功能，需要对摄像机和 NVR 完成以下相关参数配置。

2. 任务要求

（1）根据“监控设备 IP 表”，修改警戒摄像机和 NVR 的默认 IP 地址和用户名密码。

（2）登录 NVR 使用私有协议添加警戒摄像机，并保证警戒摄像机在 NVR 上在线。

（3）使用 IE 浏览器登录警戒摄像机，根据实际场景，划定警戒区域。

（4）登录到硬盘录像机和管理平台的 Web 页面进行手动添加和自动添加、实况和录像回放，并使用硬盘录像机进行报警配置。

三、引用标准规范

引用 GB 50348—2018

7.3.4　系统调试准备应符合下列规定

（4）应对各种有源设备逐个进行通电检查，工作正常后方可进行系统调试。

（5）应根据业务特点对网络、系统的配置进行合理规划，确保交换传输、安防管理系统的功能、性能符合设计要求，并可承载各项业务应用。

四、主要任务

前端设备的调试

技能点 1：摄像机 Web 页面的初始密码和 IP 修改

前端设备的调试

要求：

根据 IP 地址和设备密码规划表，进行密码、IP 地址设置，见表 1-3。

表 1-3　IP 地址规划表

名称	初始 IP	初始账号	初始密码	修改后 IP	修改后密码	子网掩码	网关
筒型摄像机	192.168.1.13	Admin	123456	192.168.1.100	Admin123@	255.255.255.0	192.168.1.1
半球摄像机	192.168.1.13	Admin	123456	192.168.1.101	Admin123@	255.255.255.0	192.168.1.1
球型摄像机	192.168.1.13	Admin	123456	192.168.1.102	Admin123@	255.255.255.0	192.168.1.1
一体化球型摄像机	192.168.1.13	Admin	123456	192.168.1.103	Admin123@	255.255.255.0	192.168.1.1
硬盘录像机	192.168.1.30	Admin	123456	192.168.1.104	Admin123@	255.255.255.0	192.168.1.1
调试要点	调试时注意修改密码和 IP 后应该用笔记本进行记录，或用表格进行记录。调试完成后记得恢复出厂设置。						

调试过程：

步骤 1：摄像机初始 IP 为 192.168.1.13，将电脑 IP 地址修改为和摄像机相同的网段地址，不冲突即可，然后打开网页，在网页上输入摄像机的 IP 地址 http//192.168.1.13，如图 1-92 所示。

步骤 2：初始账号是 admin，初始密码是 123456，进入登录摄像机界面，如图 1-93 所示。

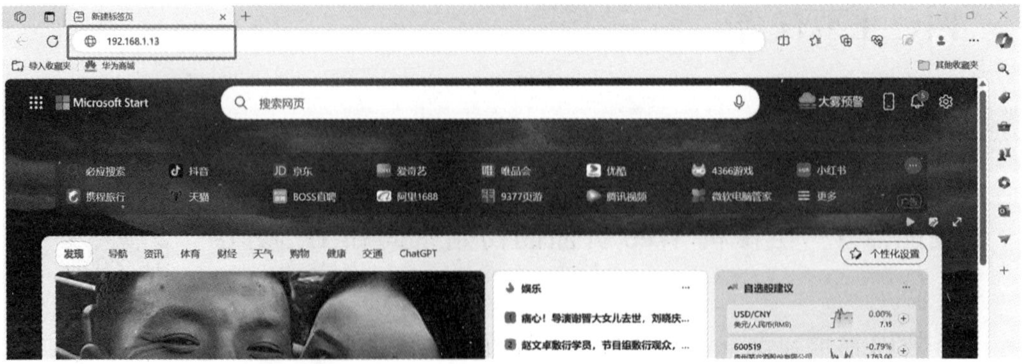

图 1-92　在浏览器上输入摄像机的初始 IP 地址

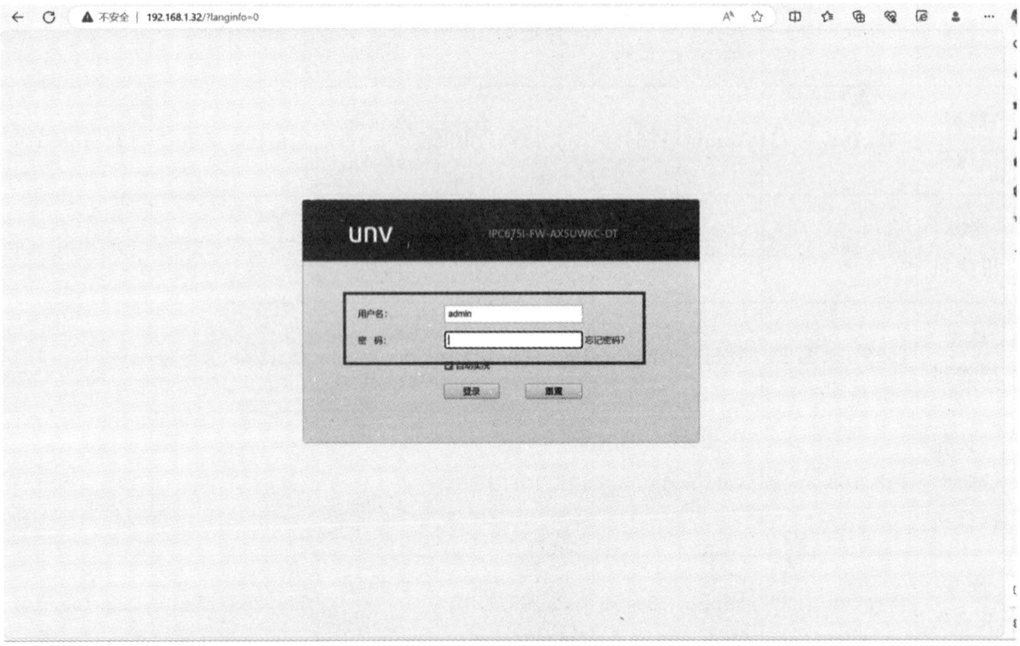

图 1-93　在浏览器上输入摄像机的初始账号和初始密码

步骤 3：单击配置→常用→用户，单击选择 admin 用户，单击编辑修改密码，修改摄像机密码为 Admin123@。注意：新密码应由大小写字母、数字及特殊符号组成，如图 1-94 所示。

步骤 4：单击配置→网络配置→网口配置，修改摄像机 IP 地址。获取 IP 方式选择静态地址、IP 地址、子网掩码、默认网关，根据表 1-3 IP 地址规划表修改。在 IPC 网口配置中，根据实验要求，IP 地址按照图上的要求进行修改，但要确保局域网内 IP 地址唯一，子网掩码为 255.255.255.0，默认网关填写 192.168.1.1 即可，如图 1-95 所示。

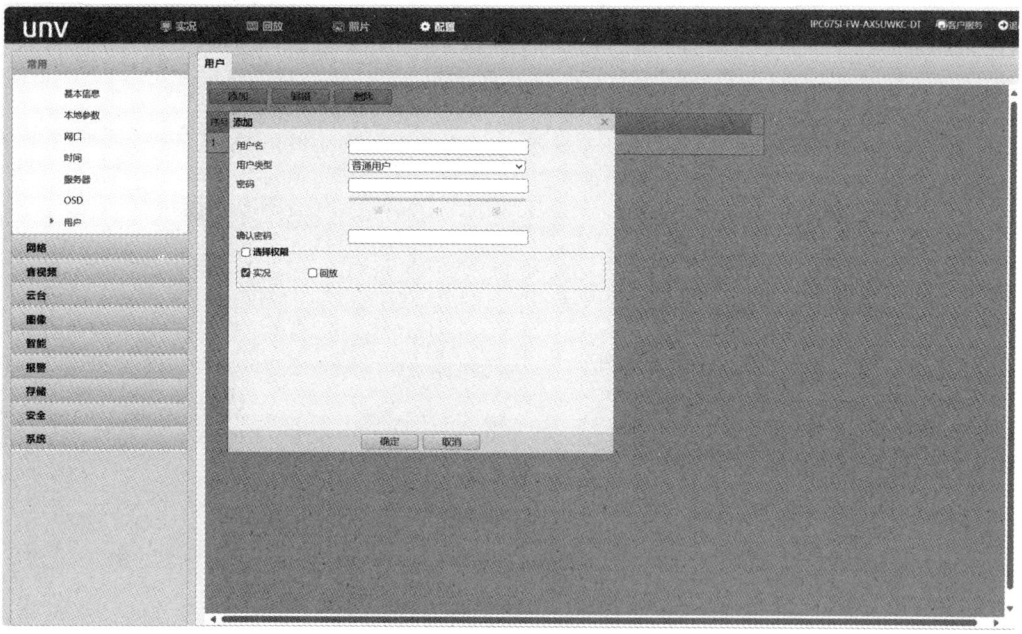

图 1-94　修改 admin 用户的密码

图 1-95　进入摄像机的网络配置界面

步骤 5：单击网络配置，进入网口设置界面，获取 IP 方式选择静态地址、IP 地址、子网掩码、默认网关，根据表 1-3 IP 地址规划表修改。IPC 网口配置中，根据实验要求，IP 地址按照图上的要求进行修改，但要确保局域网内 IP 地址唯一，子网掩码为 255.255.255.0，默认网关填写 192.168.1.1 即可，如图 1-96 所示。

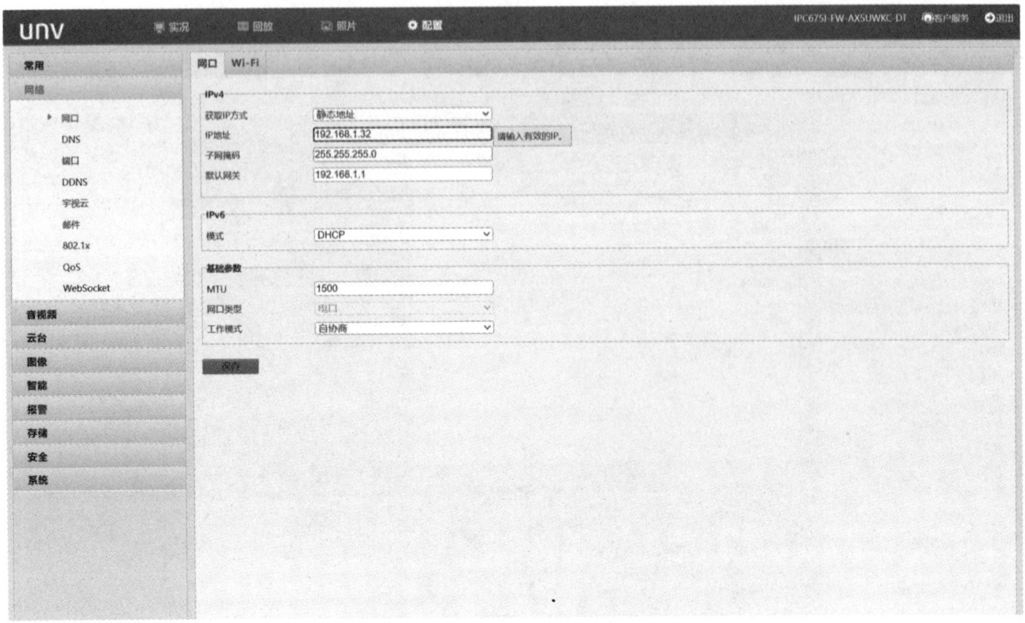

图 1-96　修改摄像机的初始 IP

技能点 2：云台配置

要求：

使用 EZStation 软件对云台进行预置位、视频巡航和轮切设置。

调试过程：

1．预置位设置

步骤 1：使用 EZStation 软件登录摄像头，初始账户为 admin，初始密码为 123456，如图 1-97 所示。

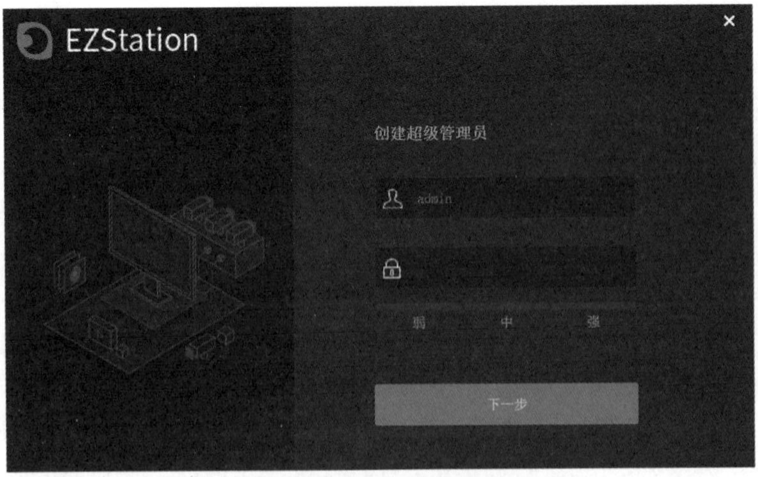

图 1-97　登录 EZStation

步骤 2：登录后通过软件界面可以看到多项功能选择，如图 1-98 所示。

图 1-98 **EZStation 面板**

步骤 3：进入设备管理界面，单击“添加”，添加在线设备，如图 1-99 所示。

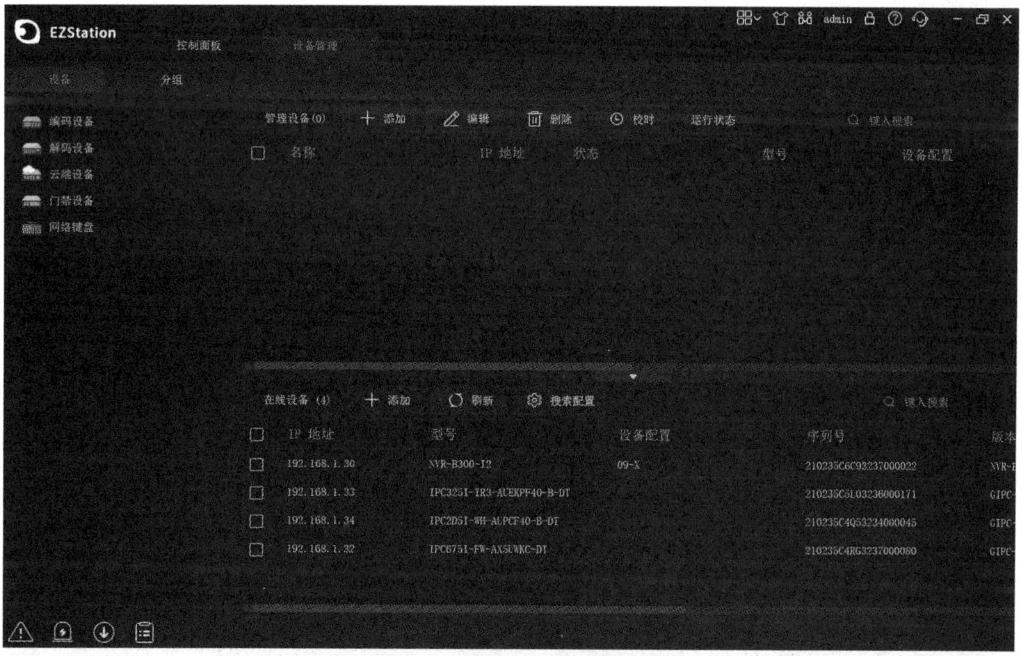

图 1-99 **EZStation 添加云台摄像机**

步骤 4：设备添加完成后，单击设备面板，进入实况界面，如图 1-100 所示。

图 1-100　云台摄像机实况界面

步骤 5：单击要编辑的摄像头，使用轮盘调整摄像头的位置，单击“＋”按钮添加预置位，如图 1-101 所示。

图 1-101　云台设置

步骤 6：调整画面，用图中方向按钮和聚焦按钮调整画面到合适的位置；设置预置位，单击预置位设置按钮，第一个预置位设置成功；单击查看预置位按钮，摄像头自动找到并停止在该预置位；单击图中删除预置位按钮，删除对应的预置位。添加预置位以此类推，如图 1-102 所示。

图 1-102　添加预置位

· 视频巡航和轮切设置

步骤 1：设置视频巡航，单击“预置位”右端“巡航”按钮添加预置位设置，完成巡航，单击“确定”按钮保存，如图 1-103 所示。

图 1-103　添加巡航

步骤 2：设置视频轮切，进入轮巡资源，如图 1-104 所示。

图 1-104　进入轮巡资源

步骤 3：单击“添加”按钮，添加选中的视频通道，如图 1-105 所示。

图 1-105　添加选中的视频通道

步骤 4：选择添加的通道，单击“确定”按钮，设置完成，如图 1-106 所示。

图 1-106　单击确定，设置完成

技能点 3：摄像机的 OSD 配置

要求：

添加摄像机的 OSD 时间及名称。

实训步骤：

步骤 1：进入摄像机的 Web 界面，如图 1-107 所示。

图 1-107　进入摄像机的 Web 界面

步骤 2：单击配置→常用→OSD 配置，如图 1-108 所示。

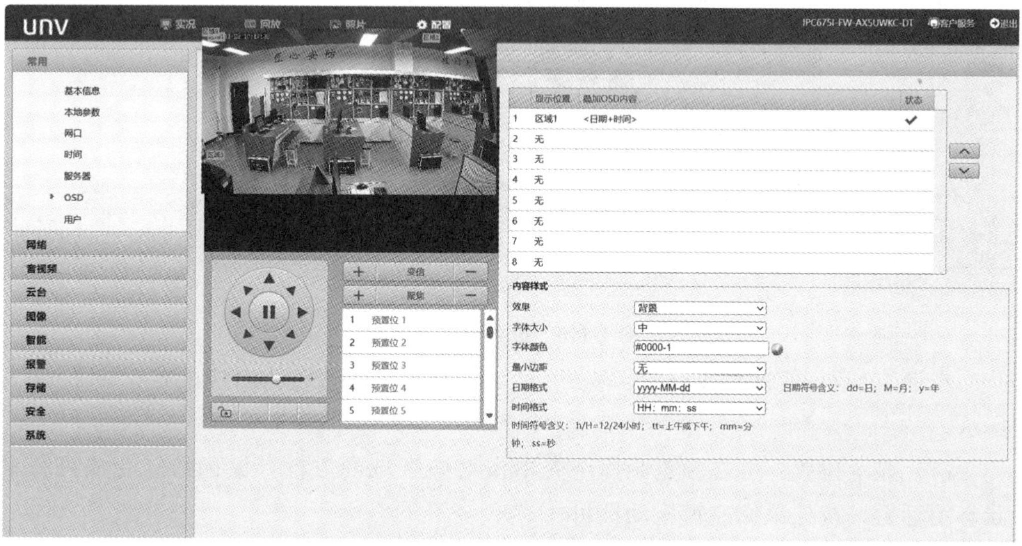

图 1-108　进入 OSD 设置

步骤 3：选定右边的显示位置，选择区域 1，叠加区域内容选择“〈日期＋时间〉”单击后面选择确定，如图 1-109 所示。

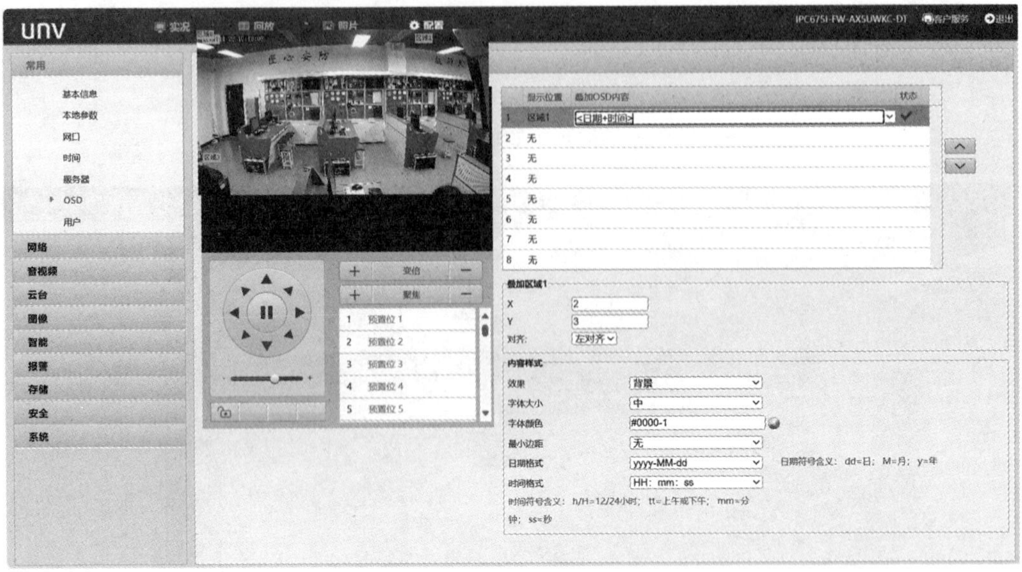

图 1-109　进入设置区域 1

步骤 4：选定右边的显示位置，选择区域 2，叠加区域内容输入自定义内容“〈实训室〉”单击后面选择确定，如图 1-110 所示。

图 1-110　进入设置区域 2

步骤 5：返回实况界面查看区域 1、区域 2 是否已经修改为对应内容，如图 1-111 所示。

（1）显示位置：可在预览画面中先单击对应区域的方框，鼠标指针变成可移动状态图标后，按住鼠标左键拖动即可。

（2）叠加 OSD 内容：可以选已有的时间、预置位、方位信息等，也可以自定义。

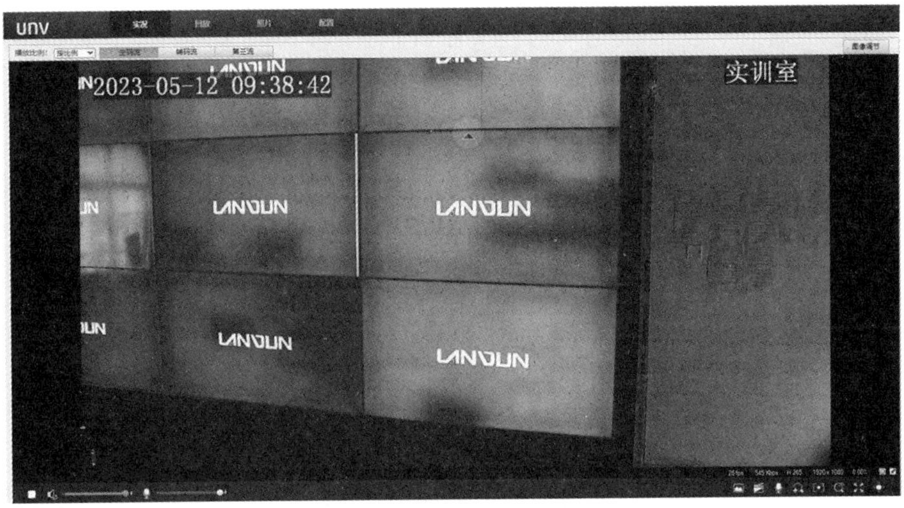

图 1-111　查看实况界面

（3）内容样式：OSD 的效果、字体大小、字体颜色、最小边距、日期格式等信息可以根据实际需要进行配置。

后端设备的调试

技能点 1：硬盘录像机 Web 界面的调试

在 NVR 网页端添加 IPC

要求：

以手动添加和网段搜索两种方式添加 IPC 到 NVR；能通过显示器访问接入 NVR 的图像。

实训步骤：

先单击通道配置按钮，再单击 IPC 配置，如图 1-112 所示。

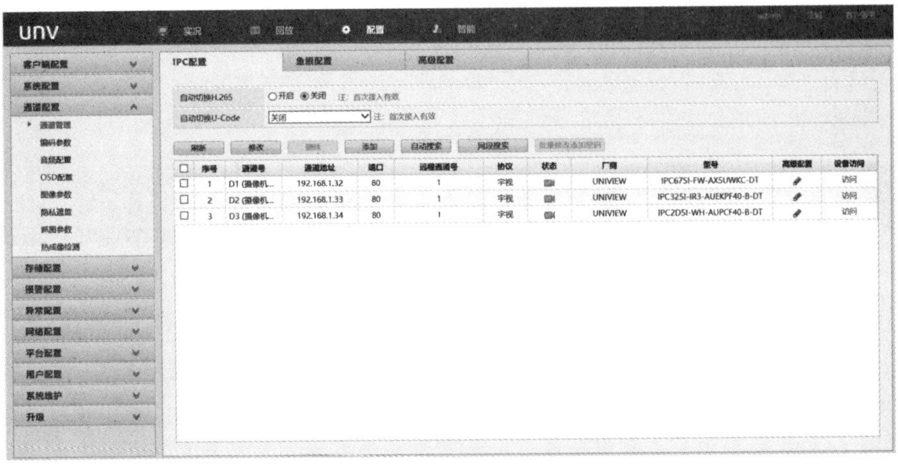

图 1-112　进入 IPC 配置界面

(1) 手动添加

单击“添加”按钮后出现如图 1-113 所示界面，界面中的协议选择宇视，IP 地址填写摄像机的 IP 地址，端口填写 80，用户名和密码填写摄像机的用户名和密码。填写完成后，单击“保存”按钮即可。

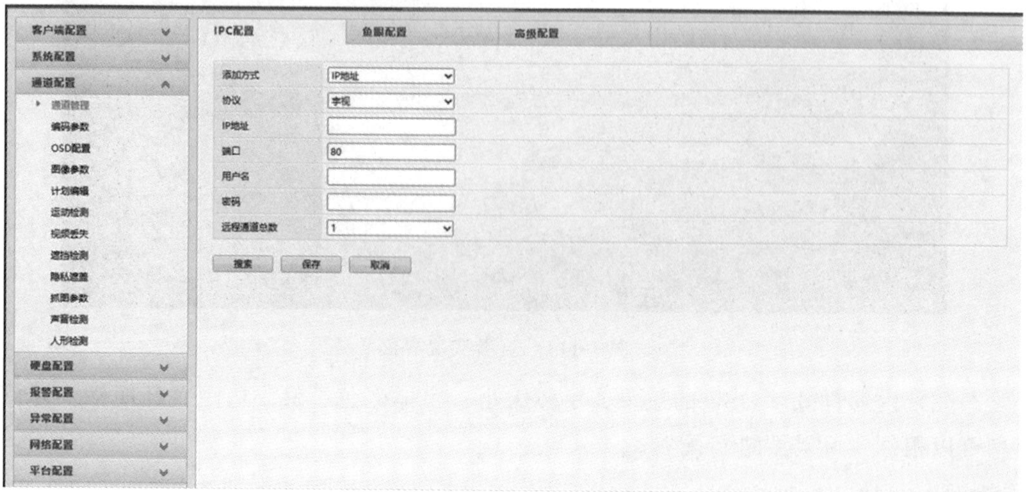

图 1-113　手动添加 IPC 摄像机

(2) 网段搜索添加

步骤 1：单击“网段搜索”按钮，弹出的界面如图 1-114 所示，勾选需要添加的设备，单击“确定”按钮即可。

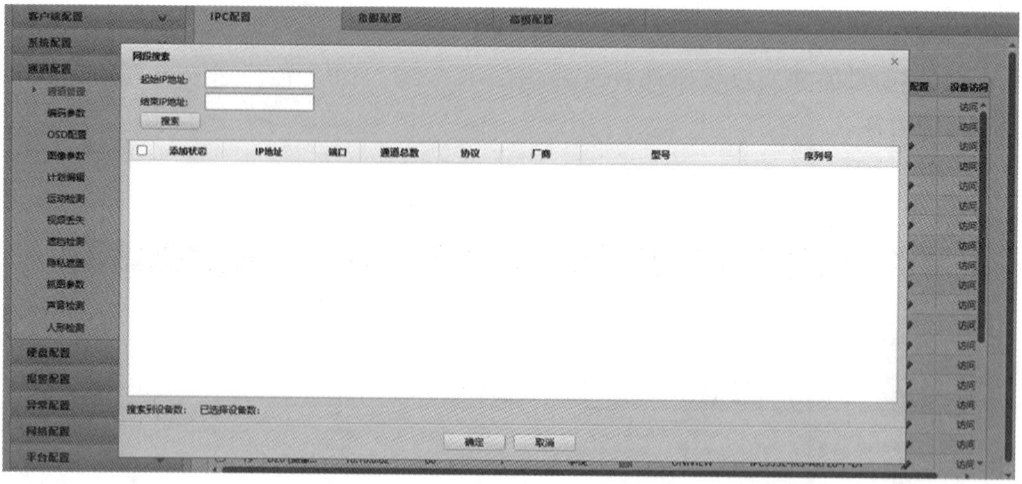

图 1-114　搜索到同网段的摄像机

步骤 2：添加完成后，在“IPC 配置”界面中可以看到刚添加的摄像机，如图 1-115 所示，状态一栏的图标为绿色，表示已经在线。在高级配置中可以修改该摄像机的 IP 地址、子网掩码、默认网关。单击“访问”链接，可以访问该摄像机的网页端并获取图像。添加在线后，NVR 默认全天主码流存储录像，如果有需求要做修改，则在硬盘配置里做相应配置。

图 1-115　查看摄像机状态

技能点 2：　NVR 视频录像检索和回放

要求：

完成对前端 4 路图像的录像进行回放，且会使用普通回放。

实训步骤：

步骤 1：单击“回放”按钮，打开“回放”界面，如图 1-116 所示。

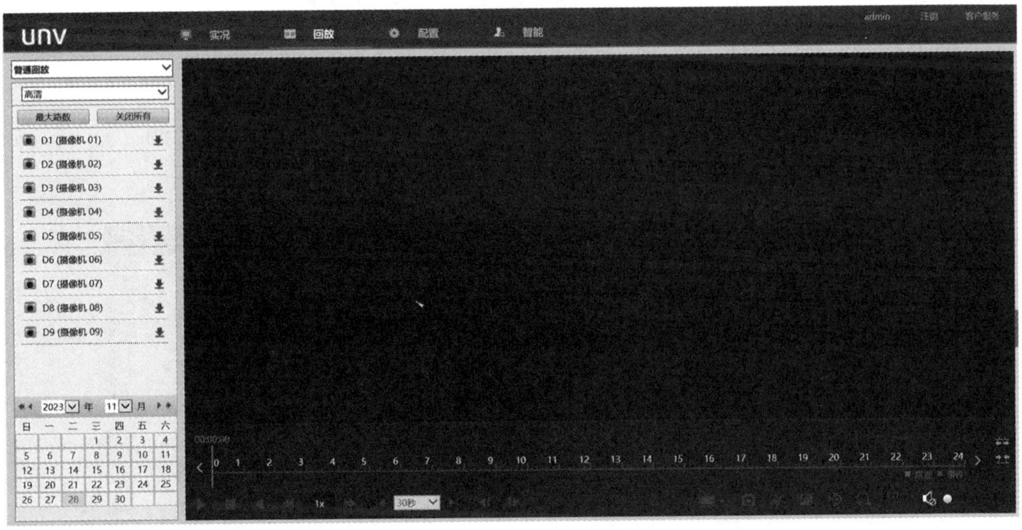

图 1-116　打开“回放”界面

步骤 2：选择某个通道或多个通道摄像机进行回放，如图 1-117 所示。

步骤 3：选择需要回放的时间，如图 1-118 所示。

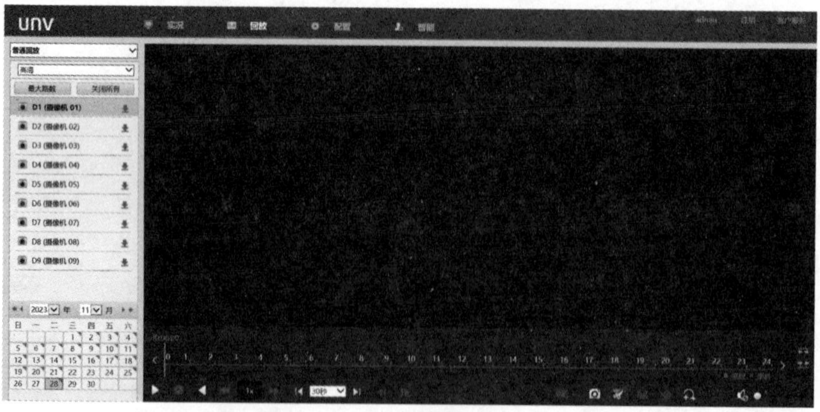

图 1-117　按通道回放

图 1-118　选择回放时间

技能点 3:硬盘录像机 Web 界面报警配置

要求：

会设置 NVR 端的智能检测，包括区域入侵、越界检测等。

实训步骤：

[区域入侵]

步骤 1：单击“主菜单”命令，选择“报警配置”下的“智能检测”选项，如图 1-119 所示。

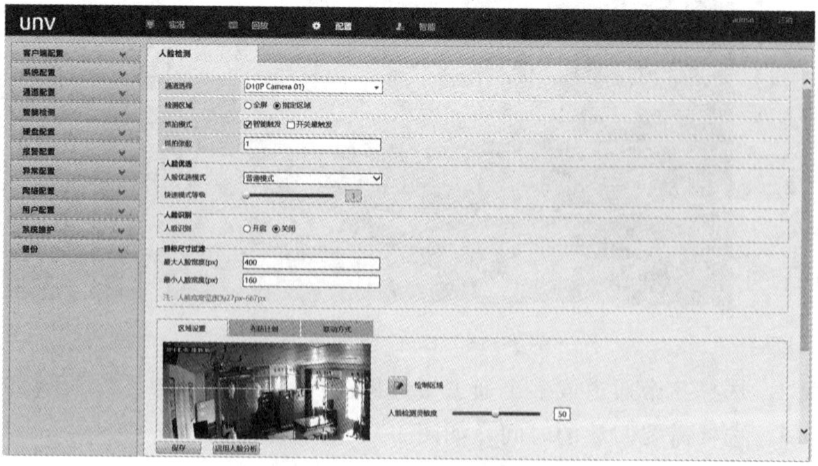

图 1-119　进入报警配置

步骤 2：进入区域入侵设置界面，选择通道，启用区域检测，绘制规则区域，可以针对不同规则，设置灵敏度、时间阈值等参数。最后设置联动方式和布防计划，如图 1-120 所示。

图 1-120　配置区域入侵

［越界检测］

步骤 1：单击“主菜单”命令，选择“报警配置”下的“智能检测”选项，如图 1-121 所示。

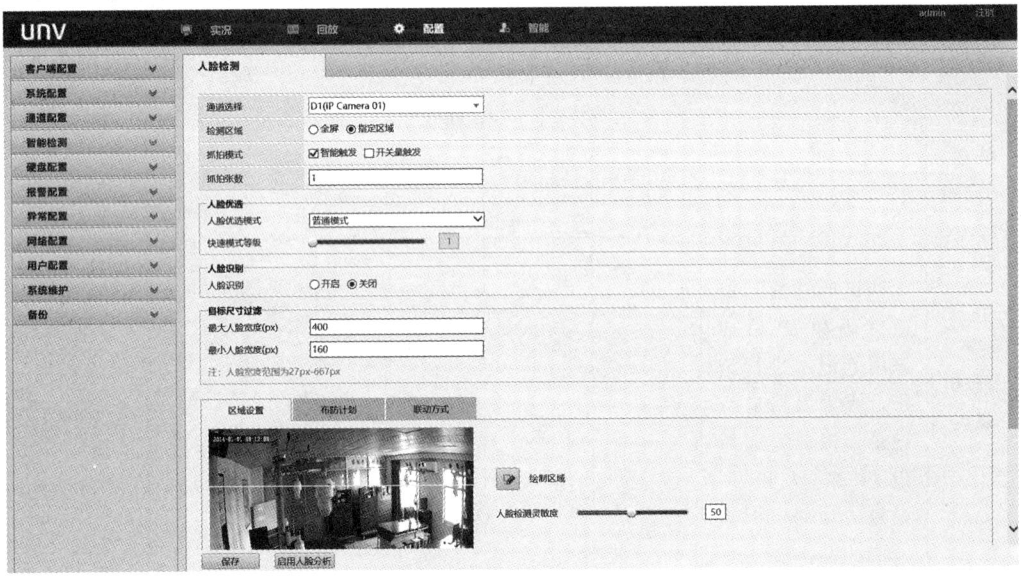

图 1-121　进入报警配置

步骤 2：进入越界检测设置界面，选择通道，启用越界检测，绘制规则，可以针对不同规则设置方向和灵敏度，如图 1-122 所示。最后设置联动方式和布防计划。

图 1-122　配置越界检测

技能点 4:硬盘录像机人机界面 IP 地址修改

要求：

登录到硬盘录像机的人机界面，按照表 1-4 要求修改硬盘录像机的 IP 地址。

表 1-4　硬盘录像机 IP 规划表

名称	初始 IP	初始账号	初始密码	修改后 IP	子网掩码	网关
硬盘录像机	192.168.1.30	admin	123456	192.168.1.109	255.255.255.0	192.168.1.1
调试要点	调试时注意，修改密码和 IP 后应该用笔记本进行记录，或用表格进行记录。调试完成后记得恢复出厂设置。					

实训步骤：

步骤 1：鼠标右键单击实况界面，唤出主菜单，单击主菜单，进入主菜单，如图 1-123 所示。

步骤 2：选择“网络配置”，点击“网卡”，如图 1-124 所示。

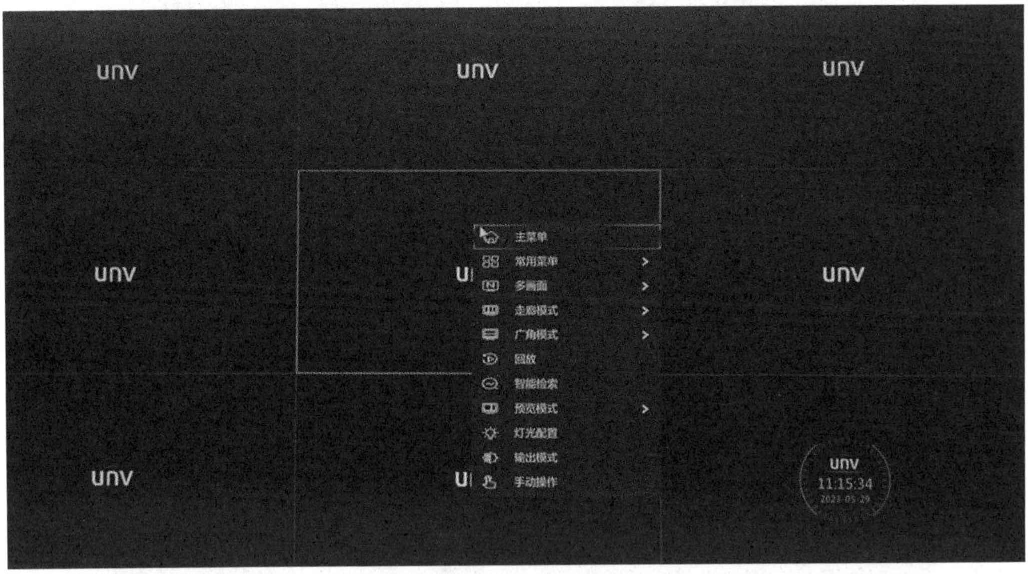

图 1-123　进入主菜单

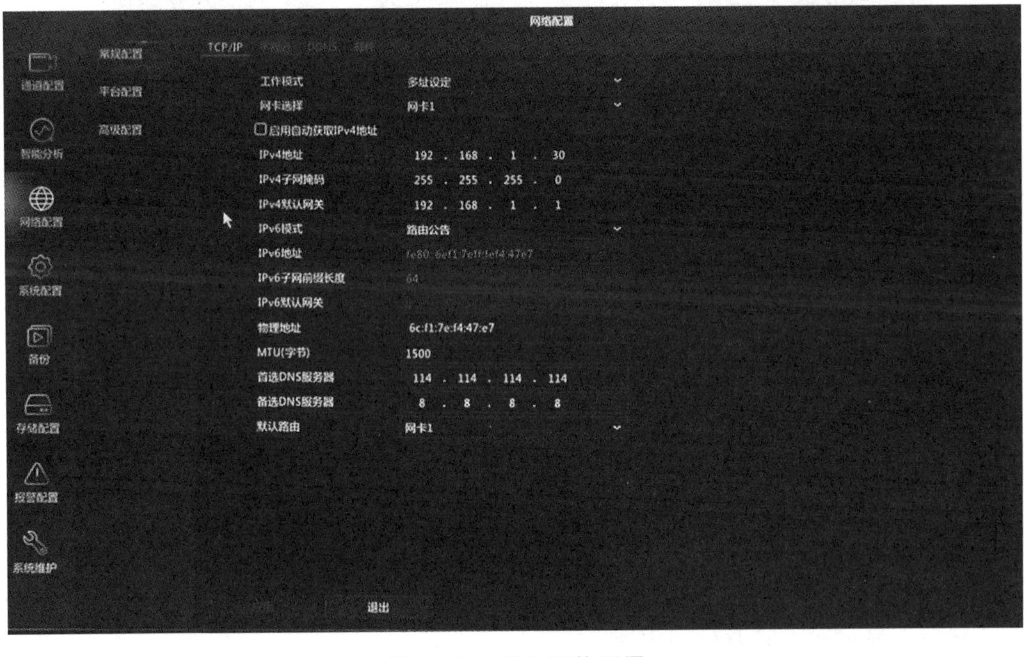

图 1-124　进入网络配置

步骤 3：将 IPv4 修改为表 1-4 中所述的 IP 地址、子网掩码、网关，如图 1-125 所示。

步骤 4：单击保存设置，如图 1-126 所示。

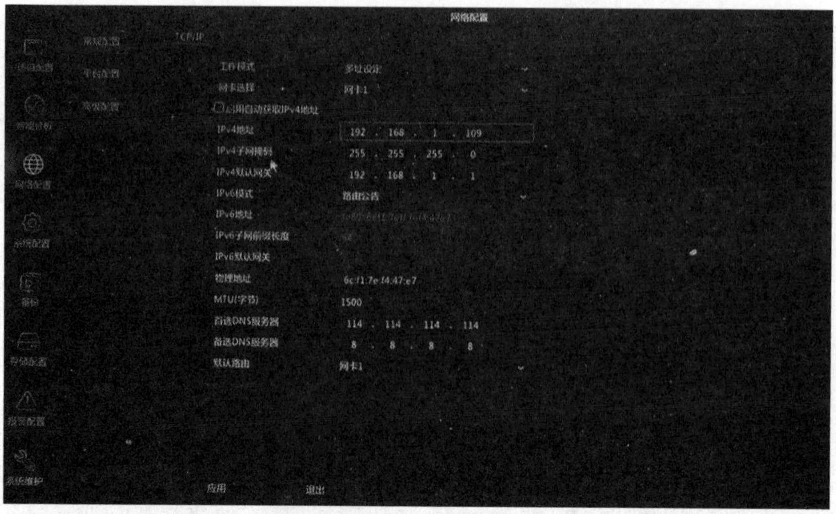

图 1-125　修改网卡 1 地址

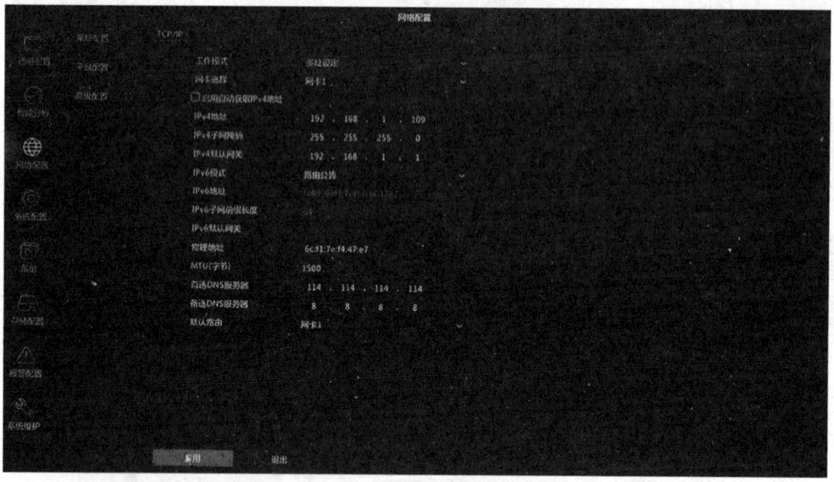

图 1-126　保存设置

技能点 5:硬盘录像机人机界面添加摄像机的调试

要求：

在 NVR 监视器端通过网段搜索自动添加 IPC 和手动添加 IPC 两种方式，并且在监视器上显示接入的 IPC 图像。

实训步骤：

在 NVR 监视器端添加 IPC 至相应通道，有快速添加 IP 通道、搜索添加 IP 通道、手动添加 IP 通道多种途径。

1. 快速添加 IP 通道

步骤 1：在实况预览界面，单击实况界面中间的“+”按钮，进入“添加 IP 通道”界面，如图 1-127 和图 1-128 所示。

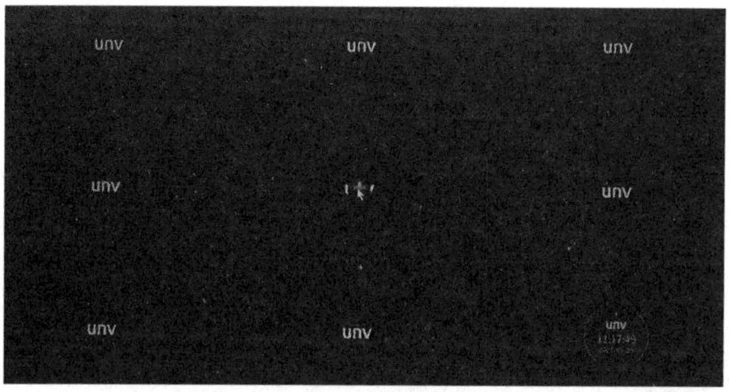

图 1-127 进入添加 IP 通道界面

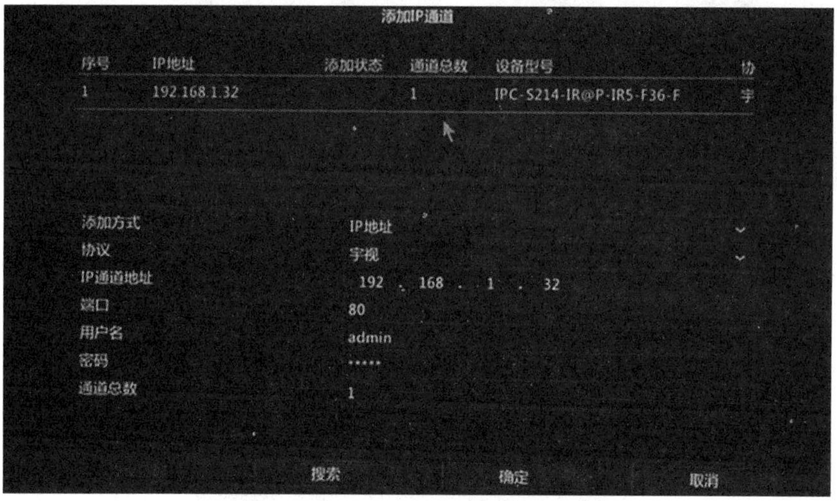

图 1-128 “添加 IP 通道”界面

步骤 2：选择摄像机，输入摄像机的协议、端口、用户名、密码，然后单击“确定”按钮，摄像机就会上线，如图 1-129 所示。

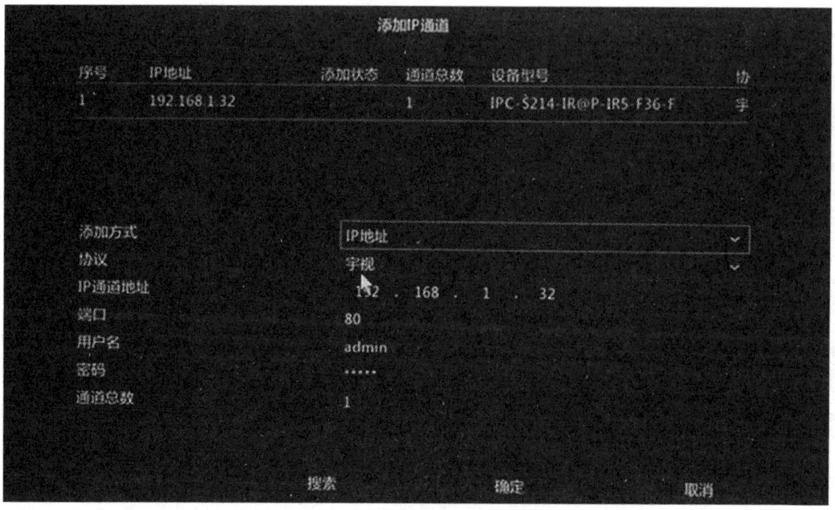

图 1-129 选择需要的摄像机

2. 搜索添加 IP 通道

步骤 1：鼠标右键单击实况界面，唤出主菜单，单击主菜单，进入主菜单，如图 1-130 所示。

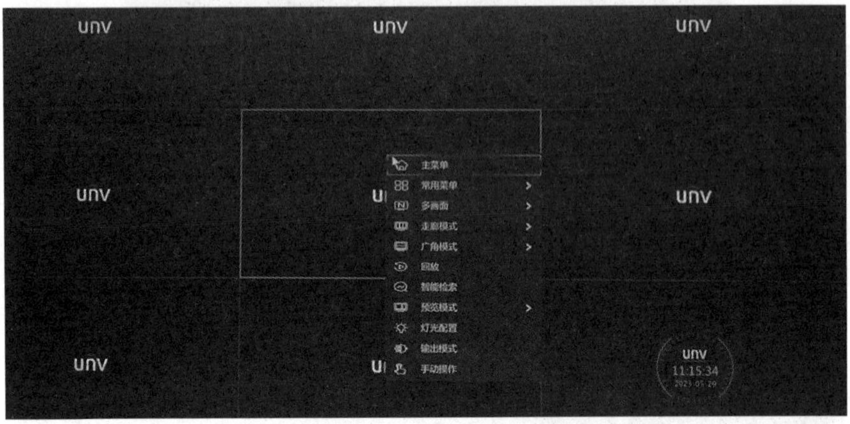

图 1-130　进入主菜单

步骤 2：在“通道配置”界面中，单击“网段搜索”按钮，弹出“网段搜索”界面，可以指定网段搜索 IPC，输入指定的 IP 网段，单击“搜索”按钮，如图 1-131 所示。

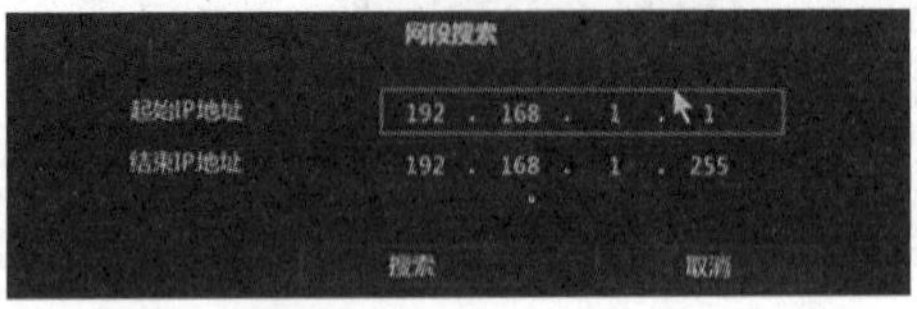

图 1-131　网段搜索

步骤 3：从搜索出来的摄像机中选择一个，单击“添加”按钮，进入“添加 IP 通道”界面，如图 1-132 所示。

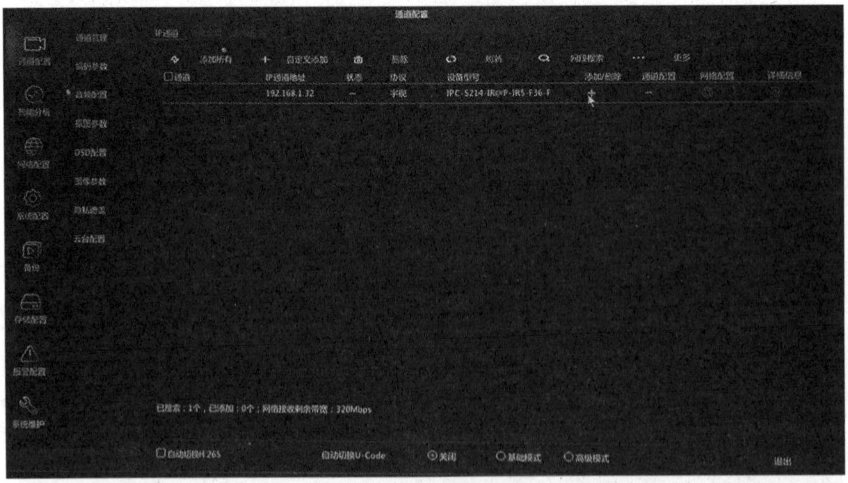

图 1-132　搜索添加

步骤 4：单击“添加”按钮，IPC 将被添加到设备上，如果选择多个 IPC，可单击“添加”按钮，进入“添加 IP 通道”界面，单击“确定”按钮，IPC 将被添加到设备上，如图 1-133 所示。

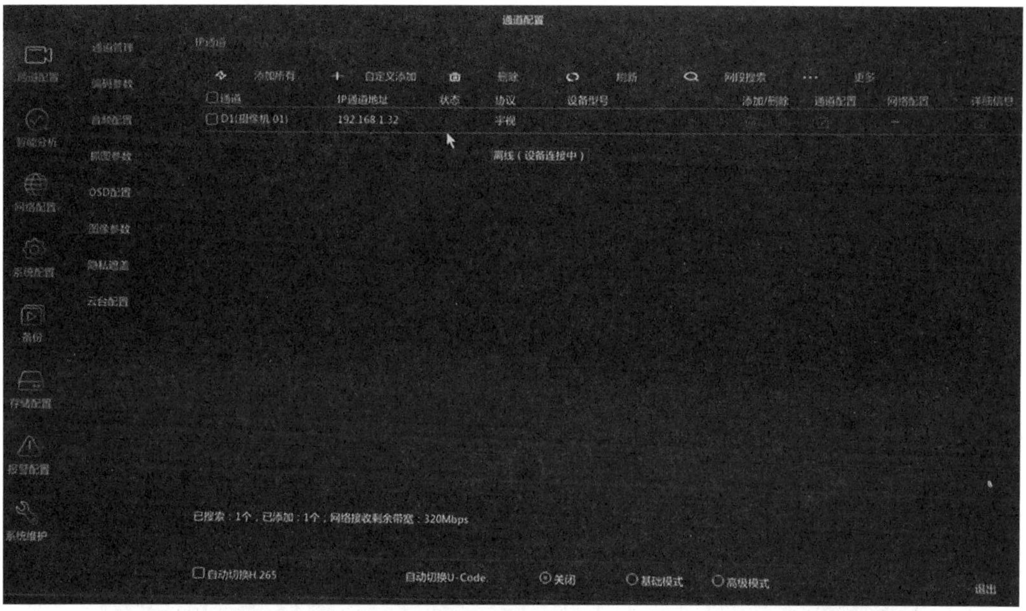

图 1-133　摄像机添加

步骤 5：在“IP 通道”界面中查看连接状态，如图 1-134 所示。

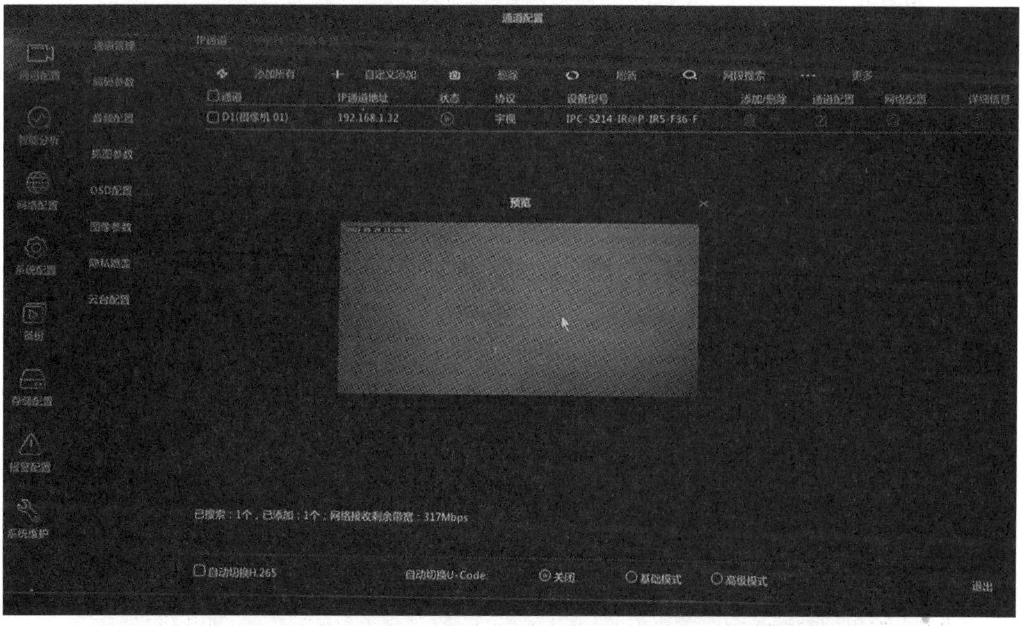

图 1-134　摄像机添加成功

在不超过设备路数的情况下，搜索到的所有 IPC 都能被添加到 NVR 中。如果“状态”为“在线”，则表明添加成功；否则，检查网络或 IPC 用户名、密码等信息是否正确。

3. 手动添加 IP 通道

步骤 1：在实况预览界面，选择“添加 IP 通道”选项，进入“添加 IP 通道”界面，如图 1-135 所示。

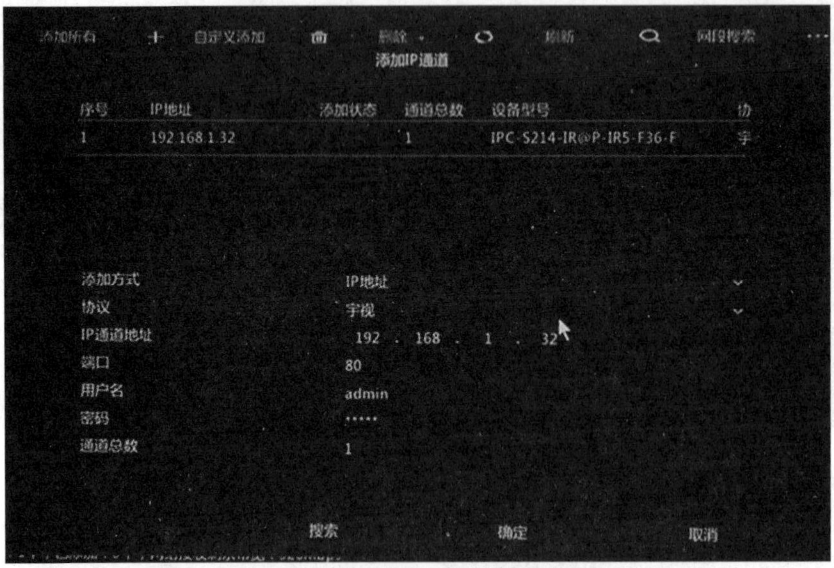

图 1-135　手动添加通道配置

步骤 2：输入接入协议为“宇视”，设备编码为自定义，输入设备端口、用户名和密码，单击“确定”按钮，如图 1-136 所示。

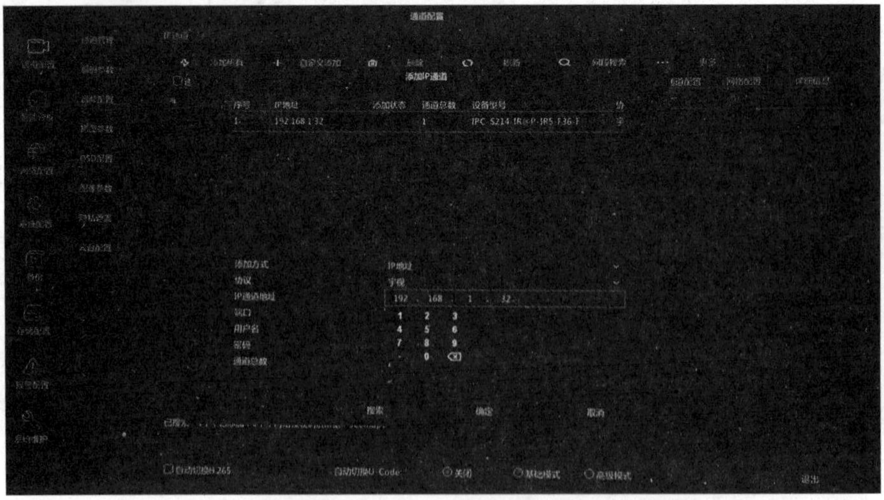

图 1-136　手动添加参数配置

步骤 3：选择设备接入协议类型，并且编辑相应参数，配置完成后，单击“确定”按钮。如果“状态”为“在线”，则表明添加成功；否则，检查网络或 IPC 用户名、密码等信息是否正确，如图 1-137 所示。

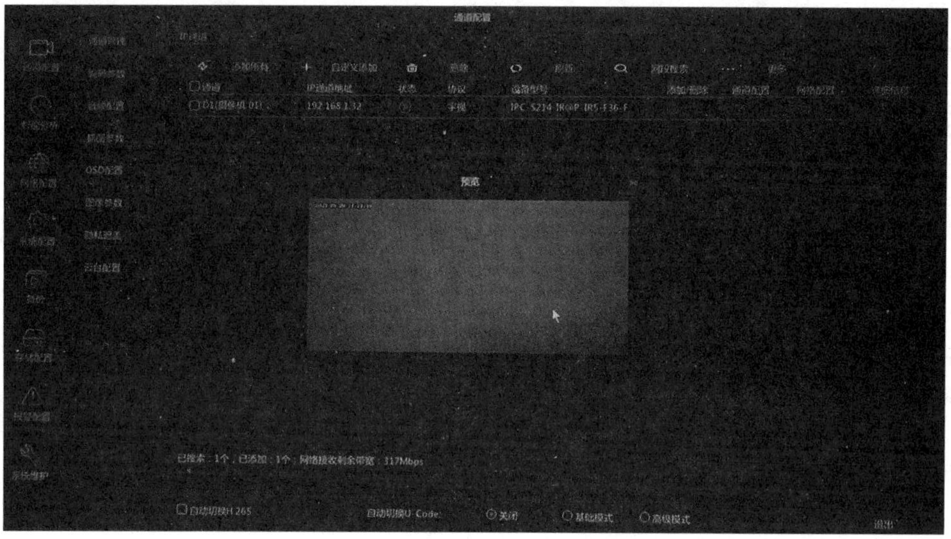

图 1-137　摄像机添加成功

技能点 6：硬盘录像机人机界面遮挡检测的调试

要求：

在人机界面配置摄像机遮挡检测，设置联动方式为蜂鸣声并将计划时间设置为周一至周日，调试完成后使用手遮挡来触发蜂鸣声。

实训步骤：

步骤 1：单击报警配置→遮挡检测，如图 1-138 所示。

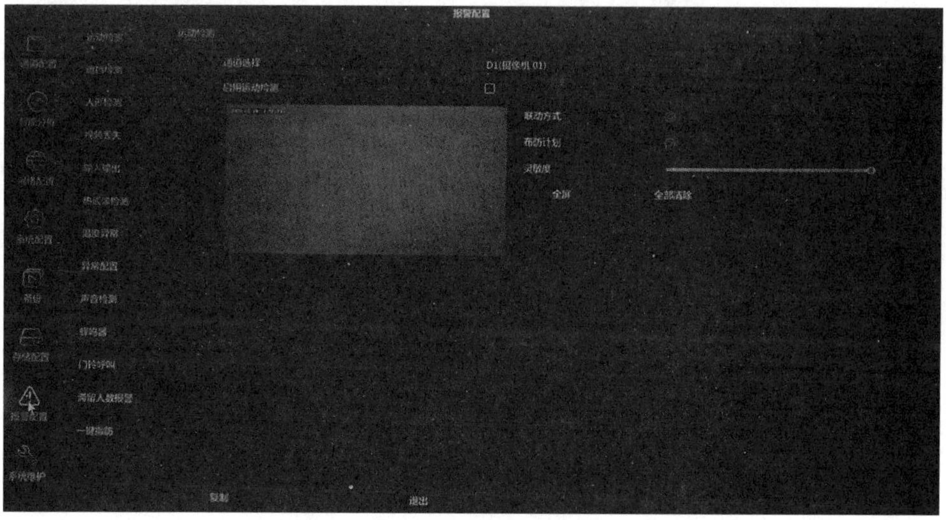

图 1-138　单击报警配置

步骤 2：选择需要配置遮挡检测的摄像机，如图 1-139 所示。

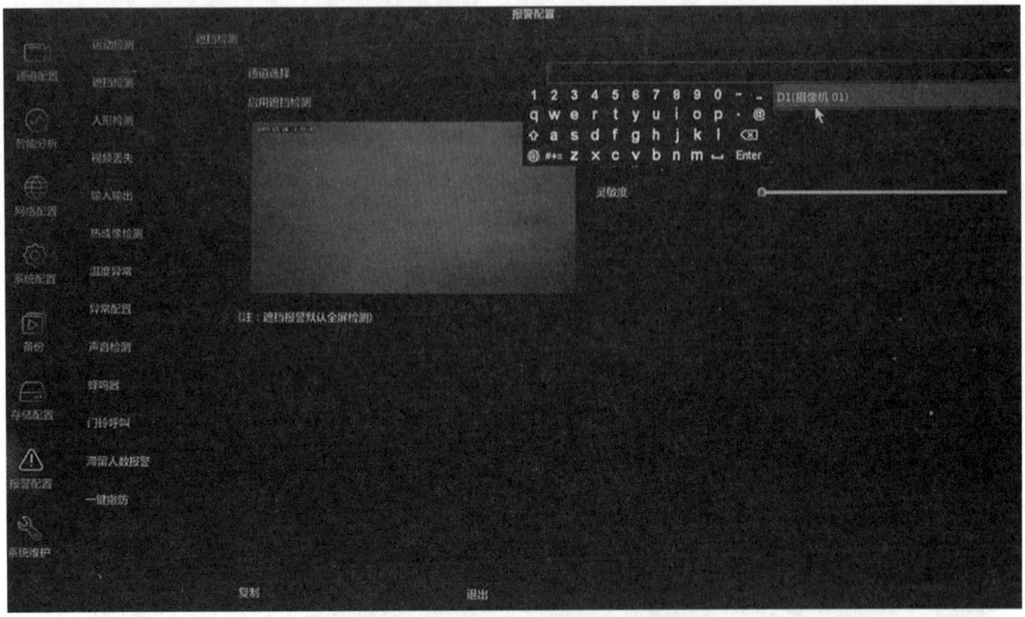

图 1-139 选择需要配置遮挡检测的摄像机

步骤 3：选择联动方式，勾选“蜂鸣声”，单击“确定”按钮，如图 1-140 所示。

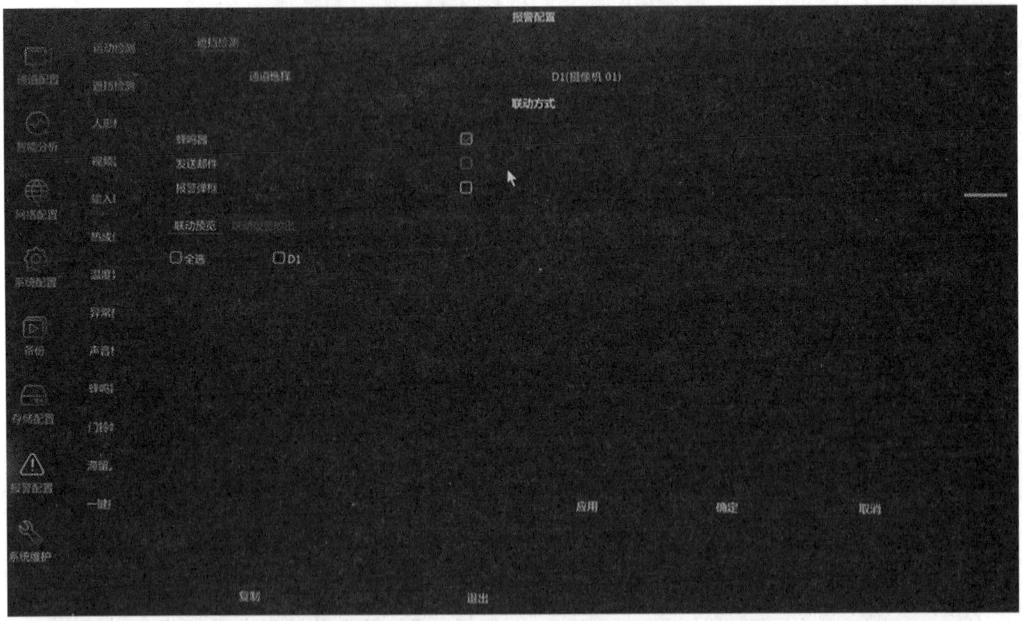

图 1-140 选择联动方式

步骤 4：单击计划时间，选择对应摄像机，选择布防计划（默认即可），选择复制到每一天，单击“确认”按钮保存，如图 1-141 所示。

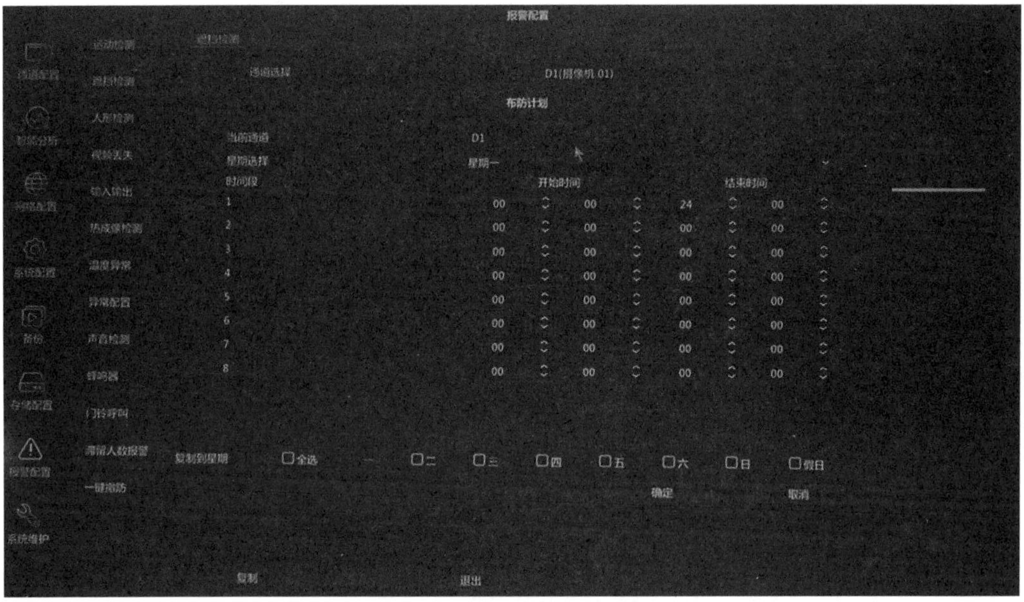

图 1-141　选择计划时间

步骤 5：勾选“启用遮挡检测”选项，单击“应用”按钮，如图 1-142 所示。

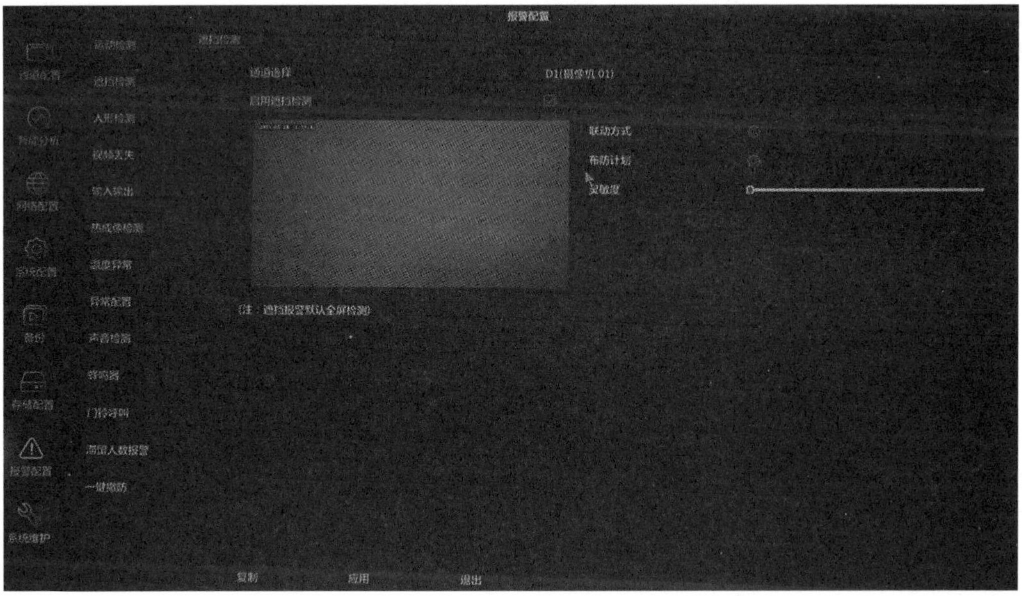

图 1-142　勾选“启用遮挡检测”选项

步骤 6：使用遮挡物在摄像机镜头前进行遮挡镜头测试，硬盘录像机发出蜂鸣声。

五、实训报告及评价

姓名		区队	
组别		岗位	
同组成员		日期	
重点记录			
完成技能操作用到的标准规范、注意事项、工具、流程步骤等			
自评		组长评分	

操作实践		
类型	比例（比例可调）	分值
自评	30%	
组内互评	20%	
组间互评	20%	
教师评价	30%	
总评分（线上线下同步）		

六、课后拓展及应用

添加到智 U。

技能点：创建联动实况预案

报警发生时，弹出窗口播放关联摄像机的实况。

首先单击左下角的图标，在页面顶部勾选“显示联动实况”开启联动实况功能。

其次在“报警配置>报警预案”页面，单击“添加”按钮后进行以下操作。

（1）完成预案基本信息配置。时间模板在网页客户端上配置。新建的预案默认处于启用状态。根据需要启用声音报警，如图 1-143 所示。

图 1-143　报警预案设置

（2）设置一个或多个报警源及对应报警类型。可输入关键字查找报警源。可单击“删除”按钮，删除已添加的报警源。

以运动检测为例，如图 1-144 所示。

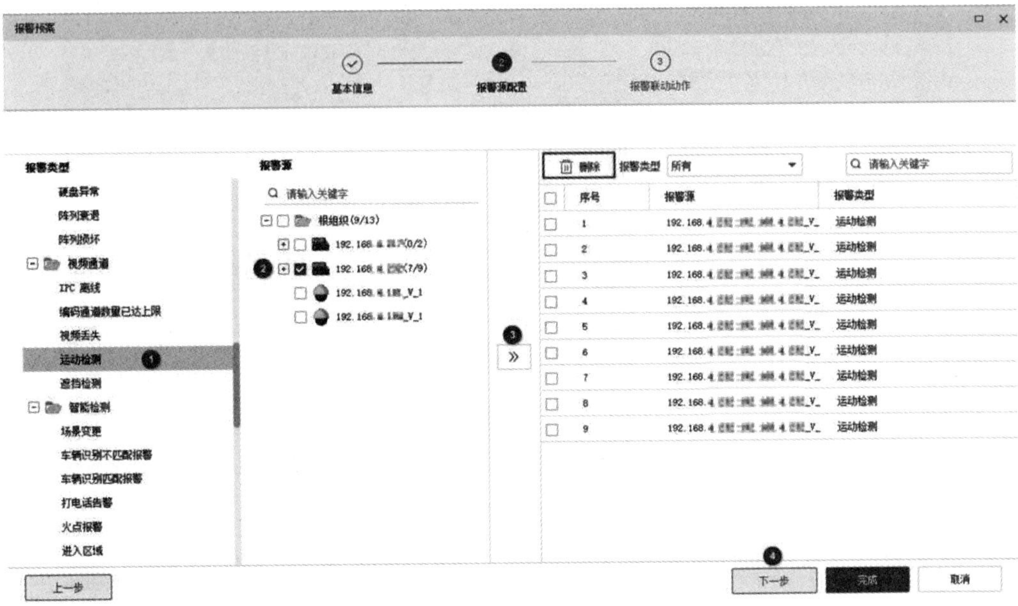

图 1-144　报警源配置放置

（3）设置一个和多个关联对象。若关联对象是报警源本身，请勾选“联动报警源自身”。播放时间指实况播放的持续时间。可单击“删除”按钮，删除已添加的关联对象。可单击“复制到”按钮，将当前联动动作配置复制给其他报警源（见复制报警联动配置），如图 1-145 所示。

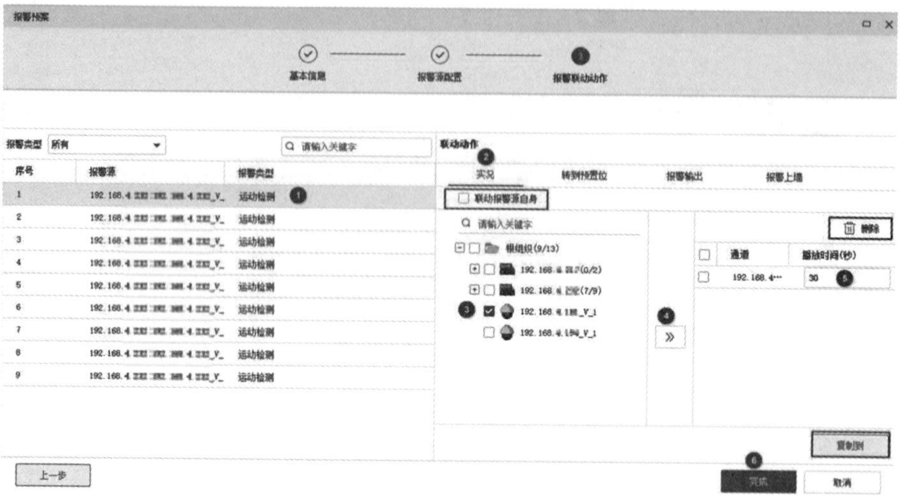

图 1-145　报警联动动作设置

配置好的报警预案出现在列表中。可编辑、删除、停用预案。

当报警联动实况被触发时，弹出实况窗口并显示相关报警和通道信息，如图 1-146 所示。

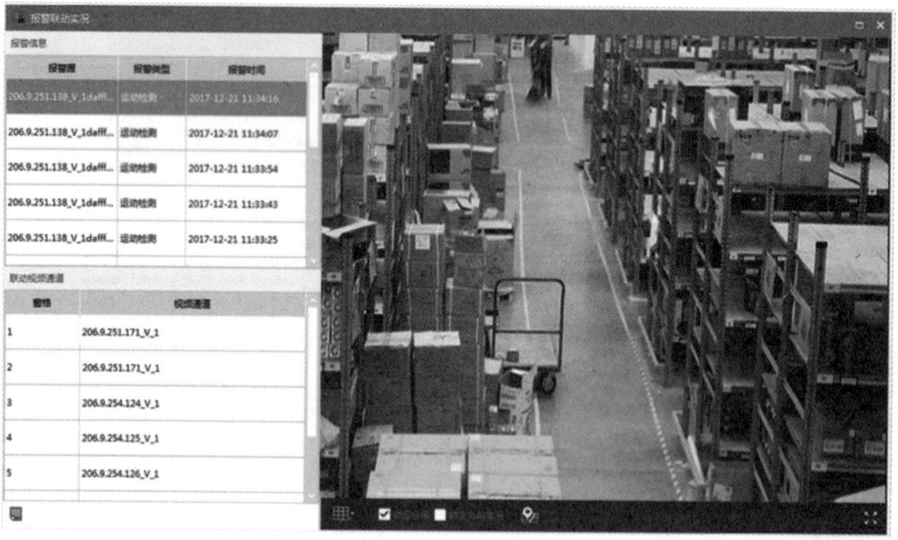

图 1-146　报警信息显示

单击设置分屏（如 1 分屏）。

（1）锁定分屏：默认不勾选，窗口根据联动的实况路数自动切换分屏。勾选后，当前分屏不随新的报警联动实况改变（如图 1-146，锁定为 1 分屏）。

（2）锁定当前实况：默认不勾选，新的联动实况将取代当前实况。勾选后，当前实况不被新的联动实况取代，并且在设定的播放时间结束后，实况也不自动停止。

如果当前报警源是摄像机，并且已经在电子地图上关联了热点，单击将打开并跳转到电子地图中定位当前报警源。关于热点相关介绍，请见电子地图。

单击左下角打开“报警记录”页面，查看报警记录。

其他实况操作。具体请见实况窗格浮动工具栏。

七、1+X证书考证题库

多选题

《智能建筑工程质量验收规范》明确指出工程质量验收应包括（　　）、系统检测和竣工验收。

A. 系统调试　　B. 工程实施

C. 质量控制　　D. 设备运输

E. 安全教育

单选题

1. 视频监控技术主要的应用领域有（　　）、图像信息记录、辅助指挥决策、视频探测和安全管理。

A. 周界防护　　B. 实时监控

C. 资源管理　　D. 现场控制

2. 视频监控系统中，（　　）是前端设备的核心，主要功能是完成图像信息的采集，是视频信息系统的信源。

A. 摄像机　　B. 云台

C. 解码器　　D. 交换机

任务五　智能化视频监控系统工程验收

一、三维教学目标

【知识目标】

记住智能化视频监控系统工程验收流程。

【能力目标】

完成智能化视频监控系统的系统工程验收表。

【素质目标】

通过对现场工程质量检测，培养学生匠心安防的职业操守。

二、主要任务

知识点 1　视频监控系统验收流程

1. 验收前的准备工作

（1）确定验收标准

验收标准是指验收人员根据监控系统的设计、施工和调试标准，制定的验收标准。验收标准应该包括系统的功能、性能、可靠性、安全性、稳定性等各方面的要求。

（2）确定验收时间和地点

验收时间和地点应该根据工程实际情况和验收人员的安排确定。验收时间应该在系统调试完成后，最好在白天进行，以便更好地观察监控画面。

（3）确定验收人员

验收人员应该由业主、设计单位、施工单位、监理单位等相关方面组成，以确保验收的公正性和客观性。

2. 验收过程

（1）系统功能测试

系统功能测试是指对监控系统的各项功能进行测试，包括视频图像传输、录像回放、报警处理、远程控制等。测试过程中应该注意监控画面的清晰度、稳定性和实时性，以及报警和远程控制的响应速度等。

（2）系统性能测试

系统性能测试是指对监控系统的各项性能进行测试，包括视频分辨率、帧率、码率、压缩比等。测试过程中应该注意监控画面的清晰度、色彩还原度、动态性等。

（3）系统可靠性测试

系统可靠性测试是指对监控系统的稳定性和可靠性进行测试，包括系统的抗干扰能力、抗干扰能力、抗攻击能力等。测试过程中应该注意系统的稳定性和可靠性，确保系统能够在各种环境下正常运行。

（4）系统安全性测试

系统安全性测试是指对监控系统的安全性进行测试，包括系统的防火防盗、防雷防电、防水防潮等。测试过程中应该注意系统的安全性和可靠性，确保系统能够在各种环境下正常运行。

（5）系统稳定性测试

系统稳定性测试是指对监控系统的稳定性进行测试，包括系统的稳定性、可靠性、可维护性等。测试过程中应该注意系统的稳定性和可靠性，确保系统能够在各种环境下正常运行。

3. 验收后的处理

（1）验收结果处理

验收结果应该根据验收标准进行评估，确定验收结果。如果验收合格，则应该签署验收文件，交付使用；如果验收不合格，则应该提出整改要求，并重新进行验收。

（2）验收文件的保存

验收文件应该保存至少 5 年，以备后续的管理和维护。验收文件应该包括验收标准、验收记录、验收报告等内容。

（3）验收后的维护

验收后的维护是保障监控系统正常运行的重要环节。维护工作应该包括系统的巡检、维护、保养、升级等。维护工作应该由专业的维护人员进行，确保系统的稳定性和可靠性。

知识点 2：智能化视频监控系统工程验收表

智能化工程视频安防监控系统分项工程质量验收记录表

<table>
<tr><td colspan="4">单位（子单位）工程名称</td><td colspan="5"></td></tr>
<tr><td colspan="4">子分部工程</td><td colspan="2">安全防范系统</td><td>验收部位</td><td colspan="2"></td></tr>
<tr><td colspan="4">施工单位</td><td colspan="2"></td><td>项目经理</td><td colspan="2"></td></tr>
<tr><td colspan="4">分包单位</td><td colspan="2"></td><td>分包项目经理</td><td colspan="2"></td></tr>
<tr><td colspan="4">施工执行标准名称及编号</td><td colspan="5"></td></tr>
<tr><td colspan="5">施工质量验收规范的
规定（第　条）</td><td colspan="3">施工单位检查 C
评定记录</td><td>监理（建设）单位
验收记录</td></tr>
<tr><td rowspan="6">主控项目</td><td rowspan="4">1</td><td rowspan="4">设备功能</td><td colspan="2">云台转动</td><td colspan="3"></td><td rowspan="6"></td></tr>
<tr><td colspan="2">镜头调节</td><td colspan="3"></td></tr>
<tr><td colspan="2">图像切换</td><td colspan="3"></td></tr>
<tr><td colspan="2">防护罩效果</td><td colspan="3"></td></tr>
<tr><td rowspan="2">2</td><td rowspan="2">图像质量</td><td colspan="2">图像清晰度</td><td colspan="3"></td></tr>
<tr><td colspan="2">抗干扰能力</td><td colspan="3"></td></tr>
</table>

续表

<table>
<tr><td colspan="5">施工质量验收规范的
规定（第　条）</td><td>施工单位检查C
评定记录</td><td>监理（建设）单位
验收记录</td></tr>
<tr><td rowspan="15">主控项目</td><td rowspan="13">3</td><td rowspan="13">系统功能</td><td colspan="2">监控范围</td><td></td><td rowspan="15"></td></tr>
<tr><td colspan="2">设备接入率</td><td></td></tr>
<tr><td colspan="2">完好率</td><td></td></tr>
<tr><td rowspan="4">矩阵主机</td><td>切换控制</td><td></td></tr>
<tr><td>编程</td><td></td></tr>
<tr><td>遥检</td><td></td></tr>
<tr><td>记录</td><td></td></tr>
<tr><td rowspan="6">数字视频</td><td>主机死机</td><td></td></tr>
<tr><td>显示速度</td><td></td></tr>
<tr><td>联网通信</td><td></td></tr>
<tr><td>存储速度</td><td></td></tr>
<tr><td>检索</td><td></td></tr>
<tr><td>回放</td><td></td></tr>
<tr><td>4</td><td colspan="3">联动功能</td><td></td></tr>
<tr><td>5</td><td colspan="3">图像记录保存时间</td><td></td></tr>
<tr><td colspan="3" rowspan="2">施工单位检查
评定结果</td><td colspan="2">专业工长（施工员）</td><td></td><td>施工班组长</td></tr>
<tr><td colspan="4">项目专业质量检查员：　　　　　　年 月　日</td></tr>
<tr><td colspan="3">监理（建设）单位
验收结论</td><td colspan="4">专业监理工程师：

（建设单位项目专业技术负责人）　　　　年　月　日</td></tr>
</table>

三、实训报告及评价

姓名		区队	
组别		岗位	
同组成员		日期	

续表

重点记录			
完成技能操作用到的标准规范、注意事项、工具、流程步骤等			
自评		组长评分	

操作实践		
类型	比例（比例可调）	分值
自评	30%	
组内互评	20%	
组间互评	20%	
教师评价	30%	
总评分（线上线下同步）		

四、课后拓展及应用

智能化视频监控系统前端设备宜采用标准化、规格化、通用化设备，以便维修和更换；前端设备箱内设备固定且不宜叠放，前端设备箱内底部不放置任何设备；部分前端汇聚箱存在设备叠放现象，不利于设备散热。

前端设备安装质量查验流程如下：

（1）前端设备箱必须安装牢固（挂杆安装、借杆抱箍安装、壁挂安装、坐地安装，根据不同的安装方式进行检查）。

（2）前端设备箱的底部距地面不小于3m（坐地安装除外）。

（3）前端设备箱安装设备的容积应小于三分之一箱体的容积，方便设备安装、维护和散热。

（4）前端监控摄像机根据不同安装方式（壁装、吊装、立杆）安装，确保安装牢固。

（5）设备安装高度及安装方式是否满足GB 50348—2018的相关要求。安装在室外的前端设备是否有接地装置；有相应的标识；采用专用接地装置时，专用接地装置电阻值不应大于4Ω；安装在室外的前端设备的接地电阻值不应大于10Ω；在高山岩石的电阻率大于2000Ω/m时，其接地电阻值不应大于20Ω。

（6）检查前端设备采用的供电模式及前端设备供电方式。

五、 1+X证书考证题库

单选题

1. 前端设备箱的底部距地面不小于（　　）。

A. 2.5 米　　B. 3 米

C. 2.8 米　　D. 3.5 米

2. 室外前端设备的接地电阻值不大于（　　）。

A. 4 欧姆　　B. 8 欧姆

C. 10 欧姆　　D. 20 欧姆

3. 系统测试中测试过程中应该注意监控画面的（　　）。

A. 清晰度　　B. 色彩还原度

C. 动态性　　D. 亮度

4. 摄像机宜安装于监视目标附近且不易受到外界损伤的地方。室外安装高度以（　　）为准。

A. 1～2 米　　B. 2.5～5 米

C. 2～6 米　　D. 3.5～10 米

5. 按有关规定，视频监控系统安装、施工完毕，试运行（　　）后，便可以组织验收。

A. 一个月　　B. 二个月

C. 三个月　　D. 半个月

6. 通用视频传输电缆 SYV-75-5 型号中，“—5”的含义是（　　）。

A. 代表电缆的用途分类——射频电缆

B. 代表聚氯乙烯 PVC 护套

C. 代表电缆的特性阻抗为 75 欧姆

D. 代表绝缘外径的近似值约 5mm

工作情境二

智能化入侵报警系统设备安装与调试

◆ 任务背景

根据客户要求需要对某项目安防系统做数字化升级，客户要求能进行周界防范、重点部位防范、火灾早期报警，能将异常情况第一时间发送给相关作业员，无死角接收报警信息，避免遗漏。

任务一 智能化入侵报警系统工程识图

一、三维教学目标

任务导学

【知识目标】

识记智能化入侵报警系统图例；记住入侵报警系统识图流程。

【能力目标】

会绘制简单入侵报警系统拓扑图；会入侵报警系统各组成的正确连接方式。

【素质目标】

通过标准规范学习，培养学生法治精神；通过图例的识记和识图流程，培养学生严谨的职业操守。

二、岗证赛相融通

【智能安防实施与运维 1+X 证书】

能根据现场所给的拓扑图进行识图，并根据拓扑图进行设备的连接。

【学校安防职业技能竞赛】

学校“智能安防人”职业技能竞赛。

识读入侵报警系统的原理图、系统图及施工图。

三、引用标准规范

（一） GB 50348—2018《安全防范工程技术标准》

7.1.2 应按照施工组织方案落实设备、器材、辅材的采购和进场。

7.1.4 进场施工前施工人员应熟悉施工图纸及有关资料，包括工程特点、施工方案、工艺要求、施工质量标准及验收标准等。

（二） GA/T 74—2017《安全防范系统通用图形符号》

下面列举出 GA/T 74—2017《安全防范系统通用图形符号》标准中有关入侵和紧急报警系统设备图形符号。

序号	设备名称	英文名称	图形符号	说明
4201	主动红外入侵探测器	active infrared intrusion detector	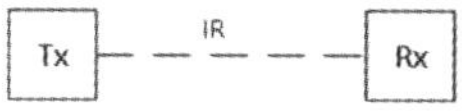	Tx 代表发射机 Rx 代表接收机
4203	激光对射入侵探测器	thru-beam laser intrusion detector	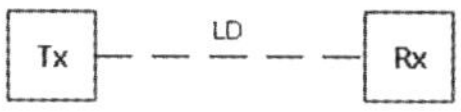	Tx 代表发射机 Rx 代表接收机
4211	被动红外探测器	passive infrared detector	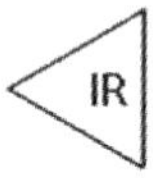	
4218	被动式玻璃破碎探测器	passive glass break detector		
4222	紧急按钮开关	panic button switch	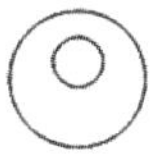	
4224	紧急脚挑开关	emergency foot switch		
4228	警号	siren		
4234	防护区域收发器	supervised premises transceiver		入侵和紧急报警系统用
4239	入侵和紧急报警系统控制计算机	computer for intrusion and hold-up alarm system control		

四、主要任务

入侵报警系统 Intruder Alarm System（IAS）是利用传感器技术和电子信息技术探测并指示非法进入或试图非法进入设防区域（包括主观判断面临被劫持或遭抢劫或其他危急情况时，故意触发紧急报警装置）的行为，处理报警信息，发出报警信息的电子系统或网络。

本书中我们以深圳艾礼安安防设备有限公司的设备作为教学产品，主要以主动红外探测、被动红外探测、LoRa 无线智能光电烟感探测、玻璃破碎探测、振动探测等多种探测方式为切入点展开教学。

知识点：记住智能化入侵报警系统拓扑图

智能化入侵报警系统拓扑图

从图 2-1 中可以看出入侵报警系统组成设备名称、连接方式，其中 8 防区网络模块、PoE 警号、PoE 红外探测器、PoE 紧急按钮、PoE 红外对射探测器、全网络报警主机都是直接接入 TCP/IP 协议网络中，在同一局域网内实现设备之间互联；LoRa 无线烟雾探测器则是以 LoRa 通信方式与主机直接相连；玻璃破碎探测器、振动探测器、脚踏开关则是先接入 8 防区网络模块，通过 8 防区网络模块来接入整套系统中。

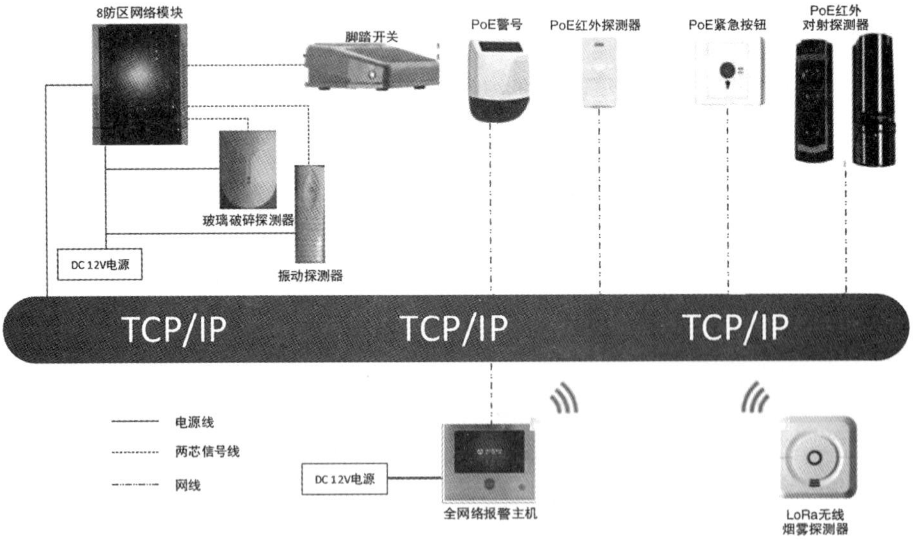

图 2-1　入侵报警系统拓扑图

PoE 警号、PoE 红外探测器、PoE 紧急按钮、PoE 红外对射探测器可以直接使用 PoE 供电方式正常工作；玻璃破碎探测器、振动探测器、8 防区网络模块、全网络报警主机需要单独提供 DC12 伏电源供电使用；LoRa 无线烟雾探测器则是通过 DC3.6V 锂亚电池供电，交换机需要提供交流 220 伏电源。

技能点：绘制入侵报警系统拓扑图（见表 2-1）

表 2-1 设备清单表

序号	设备名称	设备型号	设备参数	产品厂家	数量	单位
1	全网络报警主机	AL-Q800-100	支持 TCP、LoRa 通信； 支持 100 个设备防区； 支持多种设备接入	艾礼安	1	台
2	单防区扩展模块	AL-7480-1E	工作电压：DC 12V 支持 TCP/IP 通信，兼容 10M/100M 网络	艾礼安	1	个
3	PoE 声光警号	Q830	PoE 网络警灯，支持 PoE 网络供电及 IP 网络通信	艾礼安	1	个
4	PoE 双鉴红外探测器	EAP-300T（PoE）	具有 IP 通信功能的红外微波探测器； 该探测器采用红外＋微波＋微处理技术手段，确保探测器的准确报警	艾礼安	1	个
5	PoE 网络紧急按钮	AL-01A（PoE）	具有网络通信功能的紧急按钮，通过 IP 的通信方式连接到中心	艾礼安	1	个
6	PoE 网络红外光栅	ABI100-482（PoE）	工作电压：DC 9～30V 工作电流：120mA 光栅高度：48cm 探测方式：相邻两光束遮挡报警（可设置单光束报警） 防拆输出：常闭，当外壳被移去时打开 防护等级：IP65 光轴角度：180°（水平）（垂直不可调） 工作温度：－30～70℃	艾礼安	1	个
7	智能无线门磁	EP-15（LoRa）	EP-15（LoRa）磁报警传感器采用 DC3V 电池供电，电池的寿命可达到 1 年，传感器的探测距离为 30mm，LoRa 的频率为 433～435MHz，空旷地通信距离可为 1～2 千米	艾礼安	1	个
8	脚踏开关	TES -201	脚踏报警功能，自复位（松脚弹回）	艾礼安	1	个
9	PoE 交换机	LS1009P	9 口 PoE 交换机，数据交换、设备供电	科地	1	个
10	其他辅材	/	网线、水晶头等	国产	若干	

第一步，我们可以根据清单表格中设备名称、设备型号、设备参数等信息，了解清单中设备的基本功能、主要作用以及通信方式等；

第二步，可以利用现有资源，在爱采购网、产品官网或者直接电话问询客户索要设备产品说明书，进一步对设备有所了解；

第三步，根据了解到的产品知识，使用专业的绘图工具或软件，在界面上合理分布设备位置，选择正确的连接方式，并且做好设备、线路图例说明，即可绘制出所列清单设备的拓扑图。

五、实训报告及评价

<table>
<tr><td>姓名</td><td></td><td>区队</td><td></td></tr>
<tr><td>组别</td><td></td><td>岗位</td><td></td></tr>
<tr><td>同组成员</td><td></td><td>日期</td><td></td></tr>
<tr><td colspan="4">重点记录</td></tr>
<tr><td colspan="4">所示为智能化入侵报警系统的系统图，请认真阅读，并按所学识图方法，写出识图报告，报告内容应详细全面</td></tr>
<tr><td colspan="4"></td></tr>
<tr><td>自评</td><td></td><td>组长评分</td><td></td></tr>
</table>

六、课后拓展及应用

入侵报警系统拓扑图课后拓展。

首先从图 2-2 拓扑图中可以明确知道设备名称，同时可以了解不同产品的主要功能、接线方式等有关信息。例如，网络 PoE 脉冲电子围栏，探测的是电子围栏周界入侵报警，且是电子围栏中脉冲信号围栏；其次可以清晰地看见产品接入系统中的通信方式、供电方式，此图中设备产品都是通过 TCP/IP 协议网络连接、PoE 供电方式在 PoE 交换机组成的局域网下运行，实现入侵报警等功能。

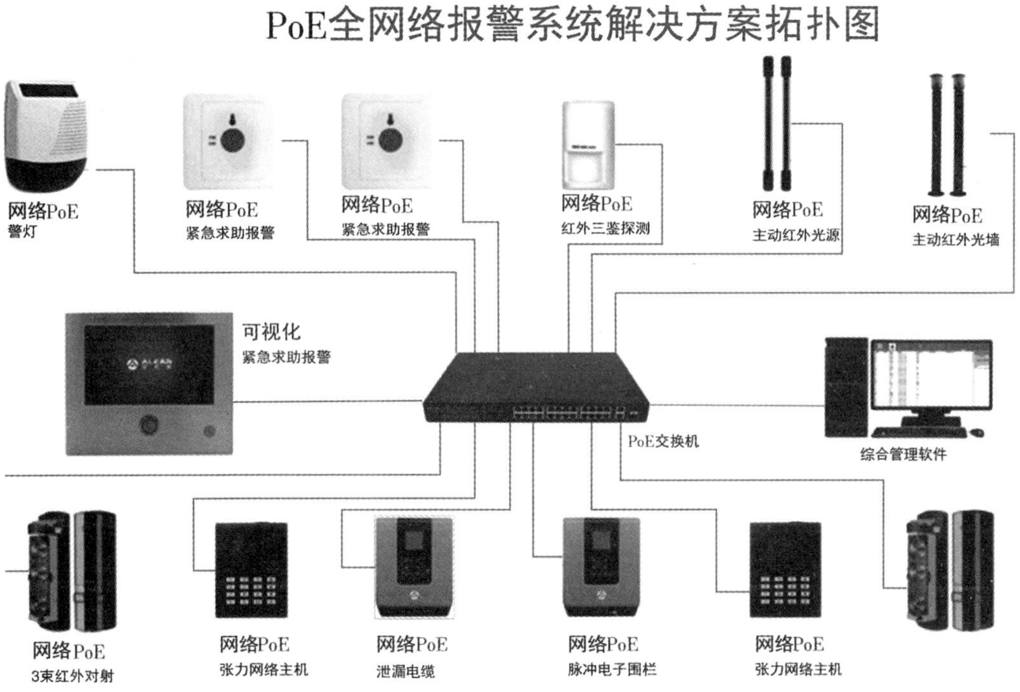

图 2-2　产品拓展拓扑图

七、 1+X 证书考证题库

简述题

入侵报警包括的主要设备有哪些？

单选题

被动红外探测器的图形符号是（　　）

A. 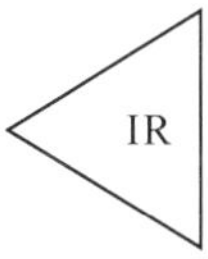

B. 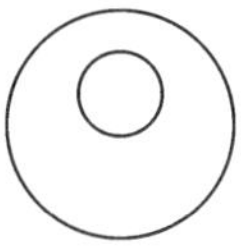
C. 

D. 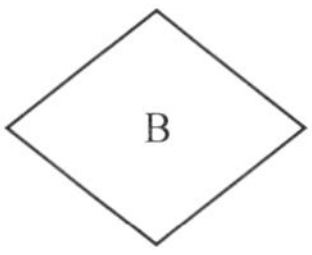

任务二　智能化入侵报警系统设备配置

一、三维教学目标

任务导学

【知识目标】

识记入侵报警系统产品功能参数；识记入侵报警系统产品相关应用。

【能力目标】

会根据不同应用场景选择合适产品。

【素质目标】

通过客户需求调研，培养学生的以人为本的职业操守；通过设备参数的比对严格选型，培养学生树立国家安全观。

二、岗证赛相融通

【省级安防职业技能竞赛】

“湖北工匠杯”安防职业技能竞赛。

根据所给设备参数，进行设备的正确选型。

三、引用标准规范

智能化入侵报警系统引用的标准规范主要有以下几种：

1. 报警控制器和传感器标准：GA/T 1400.1—2017、GA/T 1400.2—2017 等国家标准，规定了入侵报警控制器、传感器等设备的基本技术条件和安装方法。

2. 系统设计规范：GB 50394—2007 等规范，规定了入侵检测和报警系统的设计要求和规范，包括方案设计、设备选型、材料选择、布缆等。

3. 布防管理标准：GB/T 16571—2012 等标准规范，规定了入侵报警系统的布防管理和作业要求，包括区域布防、布撤防操作流程等。

4. 防雷标准：GB/T 18802.21—2016 等标准规范，规定了入侵报警系统的防雷和接地要求。

5. 通信安全标准：GB/T 22239—2019 等标准规范，规定了入侵报警系统通信安全要求，包括数据加密、身份验证、通信协议等。

6. 电气安全标准：GB/T 39673.3—2020 等电气安全标准规范，要求入侵报警系统的电气安装、维护和使用要符合规范要求。

7. 防盗保险柜（箱）标准：GB 10409—2019 等标准规范，规定了防盗保险柜（箱）的技术要求和测试方法。

以上标准规范是智能化入侵报警系统中引用的常见规范，遵循这些规范可以保证入侵报警系统的安全可靠性和稳定性，也可以为行业的规范发展提供有力支持。

四、主要任务

入侵报警系统设备参数

知识点 1：入侵报警系统设备参数

清单表 2-2 是本次实训教学入侵报警系统设备清单。

表 2-2　设备清单表

序号	设备名称	设备型号	设备参数	产品厂家	数量	单位
1	全网络报警主机	AL-Q800-100	处理器架构：ARMCortex-A7 处理器主频：1.2GHz 处理器核心：4 核心 系统内存：1GB 存储容量：4GB 和 8GB 电源适配器：DC 12V2A 自适应交流电源供应器 显示屏：LCD10.1 英寸 屏幕分辨率：1024×600 产品尺寸：240mm×280mm×50mm 不含支架 操作系统：嵌入式自主研发 Linux 操作系统 设备防区数：100 个设备防区两个版本 通信方式：UDP、TCP、MQTT、LoRa 无线	艾礼安	1	台

续表

序号	设备名称	设备型号	设备参数	产品厂家	数量	单位
2	8 防区网络模块	AL-7480-8E	供电电源：DC 12～24V 工作电流：60～90mA 工作温度：－40～70℃ 工作湿度：0～85％ 通信方式：网络 网络接口：10/100M 自适应网口 防区接口：8 路防区，常闭、常开或者 10K 电阻可设置 外观尺寸：143mm×98mm×26mm	艾礼安	1	个
3	PoE 声光警号	Q830（PoE）	供电方式：标准 PoE 供电 36～54V 输入，也可以采用外部供电 DC 12V1000mA 报警电流：＜500mA 报警声压：110dB 工作温度：－20～55℃ 工作湿度：40％～80％	艾礼安	1	个
4	PoE 双鉴红外探测器	EAP-300T（PoE）	工作电压：DC 11～20V 工作电流：＜80mA 工作温度：0～50℃ 工作湿度：0～95％（无凝结现象） 外形尺寸：115.6mm×125.25mm 探测范围：探测器正面方向直线距离 12m 探测角度：探测器正面方向两侧 110 度角方向	艾礼安	1	个
5	PoE 网络紧急按钮	AL-01A（PoE）	外观尺寸：8.7cm×8.7cm×3.9cm 输入电源：DC 12～24V 或标准 PoE 供电 工作温度：－10～50℃； 工作湿度：0～85％ 工作电流：90mA 报警输入：1 路常闭或者常开输入 报警输出：1 路有源 5W 或者无源开关量输出 RJ45 接口：10/100M	艾礼安	1	个

续表

序号	设备名称	设备型号	设备参数	产品厂家	数量	单位
6	三光束红外对射探测器	ABE-250（PoE）	室外警戒距离：250m 室内警戒距离：750m 探测方式：红外射束被切断探测 电源电压：发射器：DC 9～30V/AC 9～20V 接收器：标准 PoE 供电 36～54V 输入 支持外部供电 DC 9～30V 工作温度：－25～55℃ 校正角度：水平 180°±90°垂直 20°（±10°） 安装位置：室内/室外，墙体/杆柱安装	艾礼安	1	个
7	（LoRa）独立式光电烟感火灾探测器	JA-5198A（LoRa）	电源：DC 3.6V2200mA14505M 锂亚电池 工作电压：DC 2.8～3.6V 工作电流：静态≤20μA，报警≤150mA 报警提示：红色 LED、声光报警 报警声压：85dB/m 烟雾灵敏度：二级 工作温度：－10～50℃ 工作湿度：≤95％RH 监测面积：20 平方米 执行标准：GB 20517—2006 电池寿命：1 年 通信方式：LoRa 无线频段：433～435MHz 通信距离：≤1km（空旷距离）	艾礼安	1	个
8	脚踏开关	TES -201	产品材质：尼龙纤维塑料 按钮功能：公共端（白）/常开（红）/常闭（黑） 承载电流：220V/2A 产品包装：1pcs/盒 使用温度：－20～60℃ 电气寿命：200000 次 机械寿命：300000 次 尺寸：80mm×82mm×35mm	艾礼安	1	个

续表

序号	设备名称	设备型号	设备参数	产品厂家	数量	单位
9	玻璃破碎探测器	JA-456	工作电压：DC 9～16V 静态电流：25mA（DC12V） 报警电流：30mA（DC12V） 探测范围：灵敏度可调，最大3m 报警输出：常开/常闭可选 防拆开关：常闭，接点容量DC 28V，100mA 外壳材料：ABS阻燃塑料 外形尺寸：92mm×67mm×26.4mm 重量：100g	艾礼安	1	个
10	振动探测器	JA-971B	产品型号：JA-971B 探测方式：压电式振动感应＋机械式振动感应 工作电压：DC 9～24V 静态工作电流：≤20mA@12VDC 报警工作电流：≤10mA@12VDC	艾礼安	1	个
11	PoE交换机	LS1009P	主机低功耗设计，自然散热，保证产品稳定运行。 高冗余设计，提供长久稳定PoE电力输出。 0～45℃工作温度提升产品在宽温环境下的稳定性	科地	1	个
12	CCD电源适配器	STD -K2L-J	DC 12V直流供电电源	小耳朵	3	个
13	网线	/	五类网线	艾普联想	50	米
14	电源线	/	RVV4×1.0	国产	50	米
15	铜跳线	LCC6AUUBL03P	3米长六类铜跳线	莱讯	6	根
16	缠绕管	/	缠绕保护线缆	国产	20	米
17	线槽	/	走线、布线	联塑	70	米
18	其他辅材	/	水晶头、防水套件、绝缘胶布、螺丝	国产	若干	个

知识点 2：区分产品参数，识记产品功能

本书中我们以艾礼安产品为例。

1. 全网络报警主机（图 2-3）

（1）Q800 全网络报警主机通过 IP、4G 模块等进行通信，是一套集 UDP、MQTT、LoRa 通信协议于一体的中小型接警、智能控制等多功能的综合报警管理系统。

（2）主机图形界面友好，操作方便，设备接入灵活，无论 IP 设备还是 LoRa 设备，都可以同时接入使用。可统一管理，互不冲突。UDP 设备、LoRa 设备接警信息还可以在 Q800 主机系统中处理。

图 2-3　全网络报警主机

（3）支持多种设备［普通报警设备、IP 网络设备（PoE 网络电子围栏、LoRa 设备、PoE 网络对射、PoE 网络光栅、PoE 泄漏电缆）、温湿度探测器以及百度云接入设备］接入。

（4）联动功能：每个防区最多可联动 128 个输出，联动时间可自由设置。

2. 8 防区网络模块（图 2-4）

（1）模块自带 8 个防区，防区输入 Z1—Z8 外接常开、常闭或者 10K 电阻信号可设置。

（2）模块支持 TCP/IP 通信，兼容 10M/100M 网络，支持跨网段的应用场合。

（3）模块自带 2 路继电器输出端子，一路无源输出，一路有源输出。

（4）模块支持防区类型（立即、24 小时）设置；并能通过 LED 灯全面监测每个防区报警、设备的布撤防、输出、网络通信、设备运行、电源等状态指示。

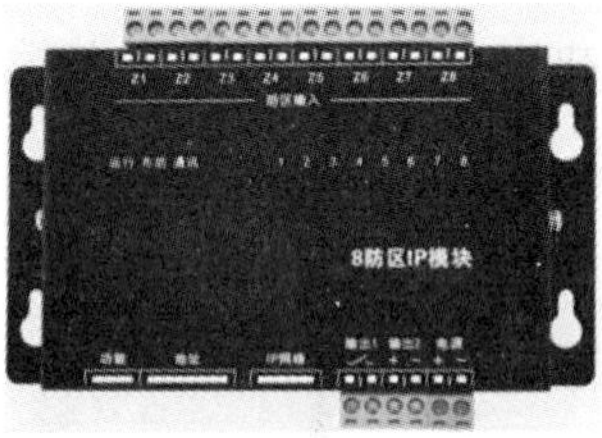

图 2-4　8 防区网络模块

3. PoE 声光警号（图 2-5）

（1）本产品为 PoE 网络警灯，支持 PoE 网络供电及 IP 网络通信，安装简单方便，只需要接一根网线即可实现联动报警功能。

（2）报警电流：＜500mA；报警声压：110dB；警灯功率低，报警声音大。

图 2-5　PoE 声光警号

图 2-6 PoE 双鉴红外探测器

4. PoE 双鉴红外探测器（图 2-6）

（1）双鉴红外探测器是当今安防领域最新科技的高性能探测器，由不易老化的超长寿命微波模块、高精度被动红外探测装置及模糊逻辑数码核心组成，外壳采用工程尼龙制造，造型优美。

（2）微波与被动红外复合探测，并经过模糊逻辑数码分析，有效降低误报。

（3）采用全范围温度补偿，探测灵敏度始终一致。

（4）抗干扰技术，可以在同一空间安装多个探测器且互相不影响，甚至可以两个探测器相对安装。

（5）微波采用微波自适应调频与线性传播技术，能够滤除悬挂物等干扰。

图 2-7 PoE 网络紧急按钮

5. PoE 网络紧急按钮（图 2-7）

（1）PoE 网络紧急按钮是一款具有网络通信功能的紧急按钮，通过 IP 的通信方式连接到中心。

（2）工作电流仅 90mA，低功耗，并且自带一路报警输入和一路报警输出功能。

6. 三光束红外对射探测器（图 2-8）

（1）PoE 网络红外入侵探测器是基于 TCP/IP 网络通信，支持 PoE 网络供电的前端探测设备，主要用于一些具备 TCP/IP 网络或光纤通信的场所。警报发生时通过 TCP/IP 向远程监控中心、报警主机（网络通信主机）、管理平台发送警报信息。

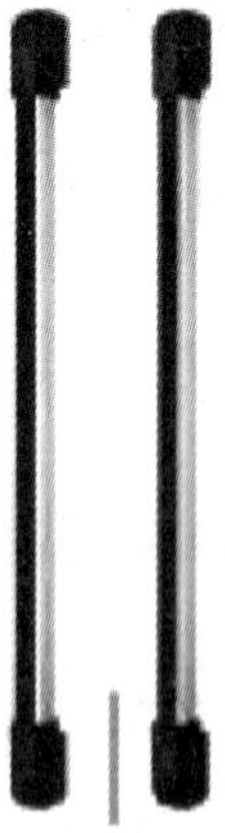

图 2-8 三光束红外对射探测器

（2）PoE 网络红外入侵探测器分为发射器与接收器。发射器为发射端，工作时向接收器发射三束经过调制的红外光线。如果发射器与接收器之间没有遮挡物时，探测器不会报警。一旦物体遮挡，接收器检测到信号发生变化，就会发出报警信号。

（3）行业领先的 4 段变频功能，频率误差精确到 1%以内，彻底解决了红外入侵探测器在“背靠背”“堆叠”“交叉”等复杂条件下安装时相互干扰的行业难题，并且能完全杜绝人为技术破解，轻松过滤红外遥控器、红外摄像机和同行其他红外设备干扰。

7.（LoRa）独立式光电烟感火灾探测器（图 2-9）

（1）LoRa 烟雾探测器是一款 LoRa 无线远距离通信的烟雾探测器，能够探测火灾时产生的烟雾及一定浓度的粉尘颗粒并及时发出报警信号。

（2）LoRa 烟雾探测器是采用光电式感烟器件。阻燃工程材料外壳及优良的生产工艺加工生产而成，外形美观，工作稳定。可广泛用于住宅、休闲厅、咖啡厅、歌舞厅、店铺、仓库等需要进行火灾安全报警监测的场所。

图 2-9　独立式光电烟感火灾探测器

（3）LoRa 烟雾探测器使用 DC 3.6V 锂亚电池进行供电，耗电低，待机工作时间 1 年以上（由场所和报警次数决定），同时具有环境自检功能及电池欠压提示功能。

8. 玻璃破碎探测器（图 2-10）

（1）玻璃破碎探测器是对玻璃破碎做出报警反应的仪器，本产品使用高精度麦克风对周围的声音进行采集，得到的音频讯号，经过滤波，放大处理后，送到微处理器进行分析、判断。

（2）玻璃破碎探测器是采用微处理器，灵敏度可调，超强抗电磁、射频干扰。

9. 振动探测器（图 2-11）

（1）采用一个压电式振动传感器和两个机械式振动传感器。

（2）内置微处理芯片，上电自动适内环境状态。

（3）可设置 8 个级别的更改度，能够有效适应各种复杂环境。

（4）功耗低、体积小、性能稳定、交易方便。

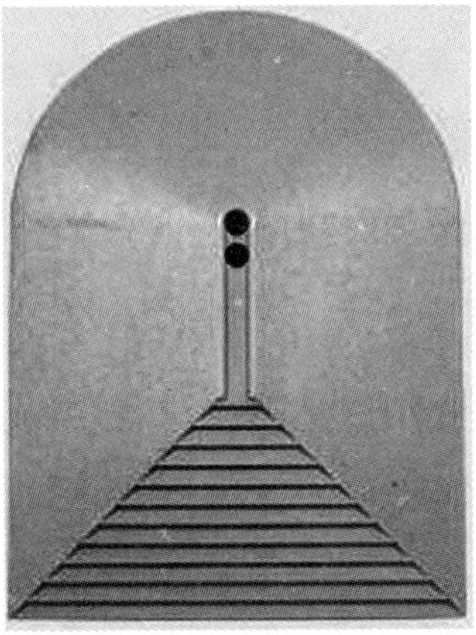

图 2-10　玻璃破碎探测器

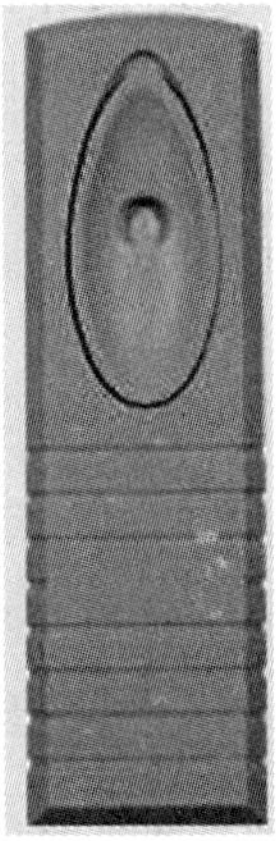

图 2-11　振动探测器

10. 脚踏开关（图 2-12）

（1）脚踏开关，用于银行等场所紧急报警，产品自带一根三芯线，白色公共端，黑色常闭，红色常开，脚踏功能，自复位（松脚弹回）。

（2）采用尼龙纤塑料材质，机械寿命达到30万次，电气寿命达到20万次。

图 2-12　脚踏开关

技能点：会根据不同应用场景选择合适产品

会分析主要设备适应场所与安装方式，具体的安装设计要求、适宜工作环境和条件。

不同应用场景选择合适产品

1. 被动红外探测器

适应场所与安装方式：吸顶、壁挂、楼道、幕帘。

主要特点：被动式（多台交叉使用互不干扰），功耗低，可靠性较好。

安装设计要求：吸顶安装为水平安装，距地宜小于 3.6m；壁挂安装为距地 2.2m 左右，透镜的法线方向宜与可能入侵方向呈 90°角；楼道安装为距地 2.2m 左右，视场面对楼道；幕帘安装为在顶棚与立墙拐角处，透镜的法线方向宜与窗户平行。

适宜工作环境和条件：吸顶壁挂和楼道的适宜工作环境相同，为日常环境噪声，温度在 15～25℃时探测效果最佳；幕帘安装为窗户内窗台较大或与窗户平行的墙面无遮挡，其他与上相同。

不适宜工作环境和条件：吸顶壁挂和楼道的不适宜工作环境相同都为背景有热冷变化，如冷热气流、强光间歇照射等；背景温度接近人体温度；强电磁场干扰；小动物频繁出入场合等。幕帘安装为窗户内窗台较小或与窗户平行的墙面有遮挡或紧贴窗帘安装，其他与上相同。

2. 主动红外入侵探测器

适应场所与安装方式：室内、室外（一般室内机不能用于室外）。

主要特点：红外脉冲、便于隐蔽。

安装设计要点：红外光路不能有阻挡物；严禁阳光直接射入接收机的透镜内；防止入侵者从光路下方或上方侵入。

适宜工作环境和条件：室内周界报警；室外“静态”干燥气候。

不适宜工作环境和条件：室外恶劣气候，特别是经常有浓雾、毛毛雨的环境或动物出没的场所、灌木丛及杂草、树叶树枝多的地方。

3. 玻璃破碎探测器

适应场所与安装方式：室内空间型（有吸顶、壁挂等）。

主要特点：被动式；仅对玻璃破碎等高频声响敏感。

安装设计要求：所要保护的玻璃应在探测器保护范围之内，并应尽量靠近所要保护玻璃附近的墙壁或天花板上，具体按说明书的安装要求进行。

适宜工作环境和条件：日常环境无明显噪声。

不适宜工作环境和条件：环境嘈杂，附近有金属打击声、汽笛声、电铃等高频声响。

4. 振动探测器

适应场所与安装方式：室内、室外。

主要特点：被动式。

安装设计要点：墙壁、天花板、玻璃；室外地面表层物下面、保护栏网或桩柱，最好与防护对象实现刚性连接。

适宜工作环境和条件：远离震源。

不适宜工作环境和条件：地质板结的冻土或土质松软的泥土地，时常引起振动或环境过于嘈杂的场合。

五、实训报告及评价

<table>
<tr><td>姓名</td><td></td><td>区队</td><td></td></tr>
<tr><td>组别</td><td></td><td>岗位</td><td></td></tr>
<tr><td>同组成员</td><td></td><td>日期</td><td></td></tr>
<tr><td colspan="4">重点记录</td></tr>
<tr><td colspan="4">制作智能化入侵报警系统设备清单配置</td></tr>
<tr><td colspan="4"></td></tr>
<tr><td>自评</td><td></td><td>组长评分</td><td></td></tr>
</table>

六、课后拓展及应用

LoRa 无线通信的简介

LoRa 是基于 Semtech 公司开发的一种低功耗局域网无线标准，其目的是解决功耗与传输难以覆盖距离的矛盾问题。一般情况下，低功耗则传输距离近，高功耗则传输距离远，通过开发出 LoRa 技术，解决了在同样的功耗条件下比其他无线方式传播的距离更远的技术问题，实现了低功耗和远距离的统一。

LoRa 实际上是物联网（IoT）的无线平台。Semtech 的 LoRa 芯片组将传感器连接到云端，实现数据和分析的实时通信，从而提高效率和生产率。

入侵报警系统应用案例分享

某集中隔离场所，如图 2-13—图 2-15 所示。

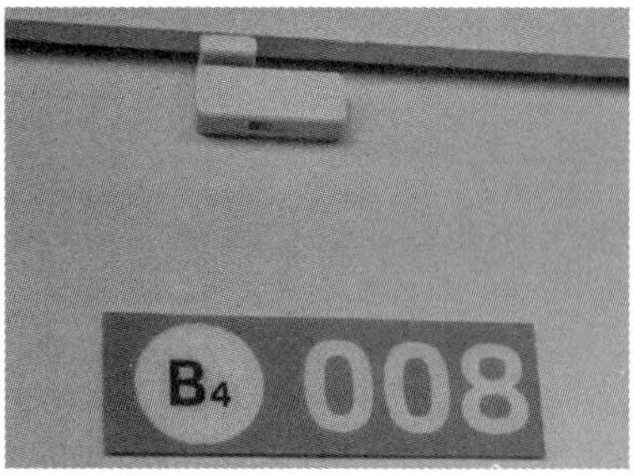

图 2-13　门磁感应

图 2-14　无线门磁

图 2-15　电子围栏

某古代艺术博物馆，如图 2-16—图 2-18 所示。

图 2-16　室外红外探测

图 2-17　室内红外探测

图 2-18　吸顶红外探测

七、1+X 证书考证题库

判断题

1. 激光对射对人体是有一些伤害的。（　　）

2. PoE 红外对射探测器支持接入非 PoE 交换机。（　　）

3. 全网络报警主机采用 12V 供电，支持警号输出不支持开关输出。（　　）

填空题

Q800-100 的系统支持（　　）个 IP 设备或者（　　）个 LoRa 设备。

单选题

以下图示中，会产生报警的是（　　）。

A.
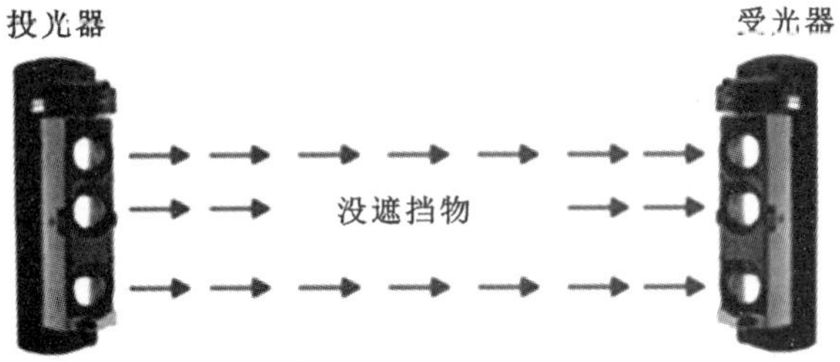

B.
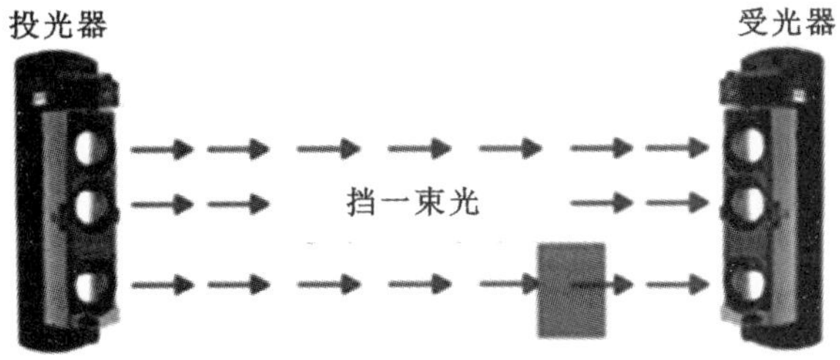

C.

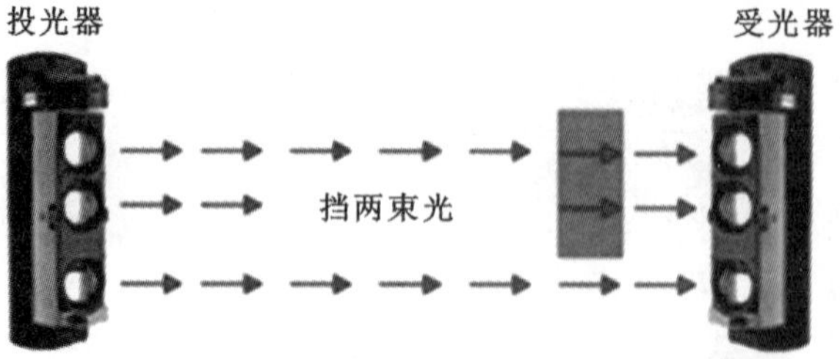

D.

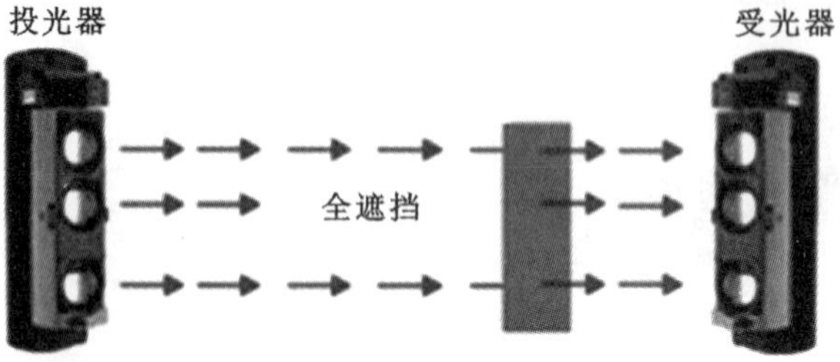

任务三　智能化入侵报警系统设备安装

一、三维教学目标

任务导学

【知识目标】

记住前端设备、后端设备的安装方法及注意事项；记住前端设备、后端设备的接口接线流程。

【能力目标】

会进行安装前的准备工作；会进行前端设备、后端设备的正确接线、正常通电运行。

【素质目标】

通过设备安装的规范流程学习，培养学生安全为上的职业操守；通过设备安装的实践技能训练，培养学生劳动素质、团队协作的职业操守。

二、岗证赛相融通

【安防系统安装维护员岗位】

五级/初级工：

(1) 会安装入侵报警探测器前端设备。

(2) 会正确连接前端设备与主机。

（3）能正确选择前端设备供电电源。

四级/中级工：

能更换前端探测器。

三级/高级工：

（1）能安装无线探测器。

（2）能添加无线探测器至报警主机。

【省级安防职业技能竞赛】

“湖北工匠杯”安防职业技能竞赛。

全网络报警主机的参数修改。

PoE 网络紧急报警按钮的安装和接线。

PoE 红外对射探测器的安装和接线。

PoE 双鉴红外探测器的安装和接线。

PoE 警号的安装和接线。

玻璃破碎探测器的安装和接线。

振动探测器的安装和接线。

脚踏开关的接线。

三、引用标准规范

（一）GB 50348—2018《安全防范工程技术标准》

7.2.5　设备安装应符合下列规定

（1）设备安装前应对设备进行规格型号检查、通电测试。设备安装应平稳、牢固、便于操作维护，避免人身伤害，并与周边环境相协调。

（3）入侵和紧急报警设备安装应符合下列规定。

1）各类探测器的安装点（位置和高度）应符合所选产品的特性、警戒范围要求和环境影响等；

2）入侵探测器的安装，应确保对防护区域的有效覆盖，当多个探测器的探测范围有交叉覆盖时应避免相互干扰；

4）需要隐蔽安装的紧急按钮，应便于操作。

7.2.8　线缆接续连接应符合下列规定

（1）电缆与电气设备之间的连接，连接器件应与电气设备的性能相符，电缆外接部分不得外露，并留有适当余量。

（2）电缆连接和中间接续应符合现行行业标准《安防线缆应用技术要求》GA/T 1406 的有关规定，做到线序正确、连接可靠、密封良好。

（二）GB 51348—2019《民用建筑电气设计标准》

14.2.1　入侵报警系统的设防，应符合下列规定

（1）系统应根据整体纵深防护和局部纵深防护的原则，分别设置或综合设置建筑物、建筑群周界防护、区域防护、空间防护、重点目标防护系统。

（2）周界设置入侵探测器时，应构成连续无间断的警戒线（面），每个独立防区长度不宜大于200m。

（3）建筑物地面层与顶层的出入口、外窗宜设置入侵探测器。

（4）重要通道及出入口宜设置入侵探测器。

（5）重要部位宜设置入侵探测器，财务出纳室、重要物品库房应设置入侵探测器和紧急报警装置。

14.2.3　入侵探测器的选择与设置应符合下列规定

（7）紧急报警按钮的设置应隐蔽、安全和便于操作。

四、主要任务

前端设备安装接线

技能点1：安装前准备工作

整套系统设备在安装之前，先要根据设备清单绘制出一张表格，表格内容需要清晰罗列出设备的设备名称、设备型号、编号、默认IP地址、修改后IP地址等（见表2-3）（非IP网络通信的可以不编写）。

前端设备
安装前准备工作

表2-3　信息表格

序号	设备名称	设备型号	编号	默认IP地址	修改后IP地址	子网掩码	网关
1	全网络报警主机	AL-Q800-100	/	192.168.74.110	192.168.1.10	255.255.255.0	192.168.1.1
2	8防区网络模块	AL-7480-8E	1	192.168.1.218	192.168.1.11	255.255.255.0	192.168.1.1

续表

序号	设备名称	设备型号	编号	默认IP地址	修改后IP地址	子网掩码	网关
3	PoE声光警号	Q830（PoE）	2	192.168.1.123	192.168.1.12	255.255.255.0	192.168.1.1
4	PoE双鉴红外探测器	EAP-300T（PoE）	3	192.168.1.216	192.168.1.13	255.255.255.0	192.168.1.1
5	PoE网络紧急报警按钮	AL-01A（PoE）	4	192.168.74.5	192.168.1.14	255.255.255.0	192.168.1.1
6	LoRa无线智能型火灾烟雾探测器	JA-5198A（LoRa）	6	无			
7	PoE红外对射探测器	ABE-250（PoE）	5	192.168.1.213	192.168.1.15	255.255.255.0	192.168.1.1
8	玻璃破碎探测器	JA-456	/	信号线直接接入网络模块Z1端子上			
9	振动探测器	JA-971B	/	信号线直接接入网络模块Z2端子上			
10	脚踏开关	TFS-201	/	信号线直接接入网络模块Z3端子上			

图 2-1 入侵报警系统拓扑图是本次实训课程的拓扑图，安装调试工作前需要先将 TCP/IP 协议通信、LoRa 通信设备逐一单独与主机相连，按照表 2-3 中的信息内容修改每个设备名称、编号、设备 IP 地址等有关信息，修改完成以后再按照设备类型安装到指定位置。安装前调试内容及操作步骤如下。

1. 全网络报警主机的参数修改

步骤 1：全网络报警主机设备正常通电后开机，界面如图 2-19 所示。

菜单栏在界面左下方，主机所有调试工作都通过菜单栏进行；中间还有网络状态显示栏，网络正常时显示蓝色，网络异常时显示红色。

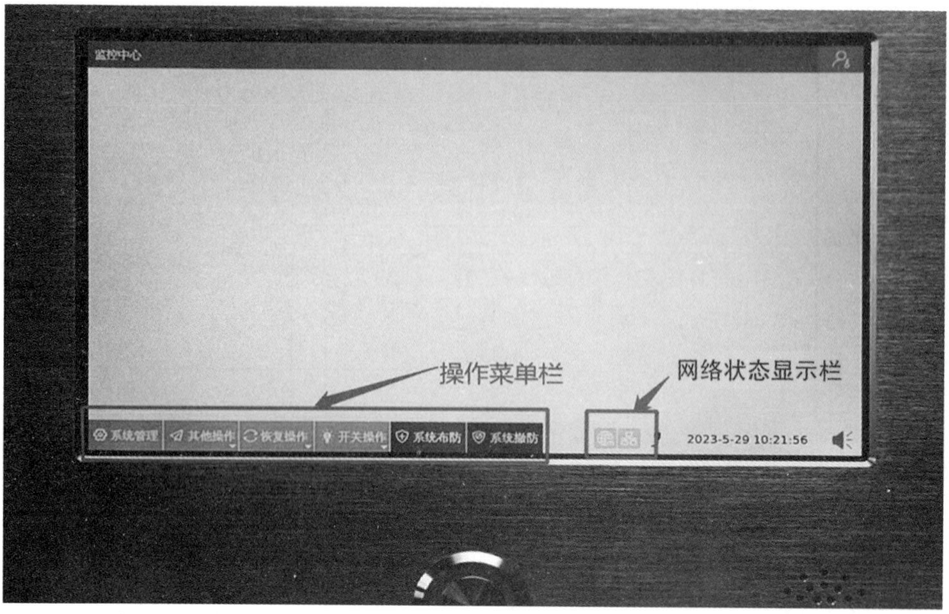

图 2-19　主机开机界面

步骤 2：修改主机参数，如图 2-20 所示。

图 2-20　系统管理配置

首先在主机开机界面单击"系统管理"，然后主界面上会显示系统管理的子菜单，在子菜单里面，单击选择"系统配置"，即可进入主机参数配置界面。

步骤 3：进入系统配置以后，操作界面如图 2-21 所示。

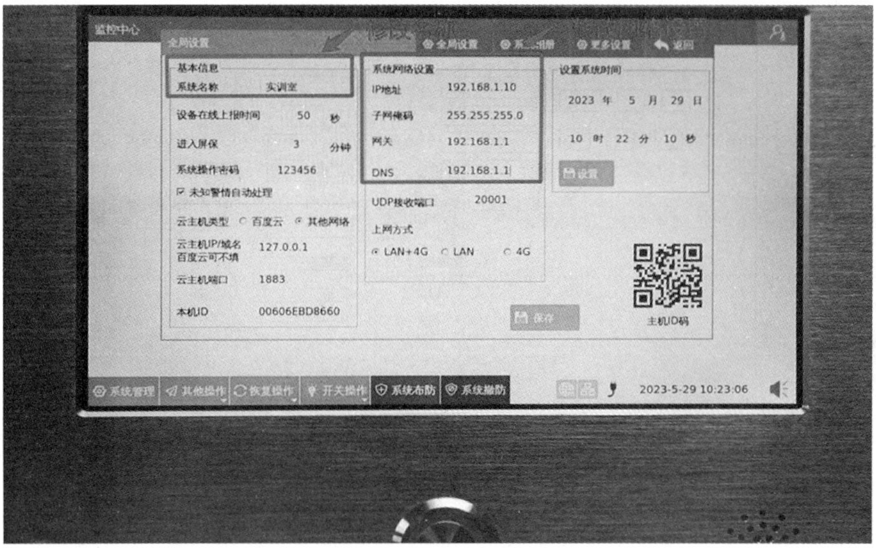

图 2-21　全局设置修改

首先此界面为报警主机全局设置界面，可以根据表 2-3 中的内容在此修改网络主机的基本信息、网络信息、系统时间等参数。

步骤 4：根据信息表格修改好主机参数以后，单击“保存”按钮设置信息，如图 2-22 所示。

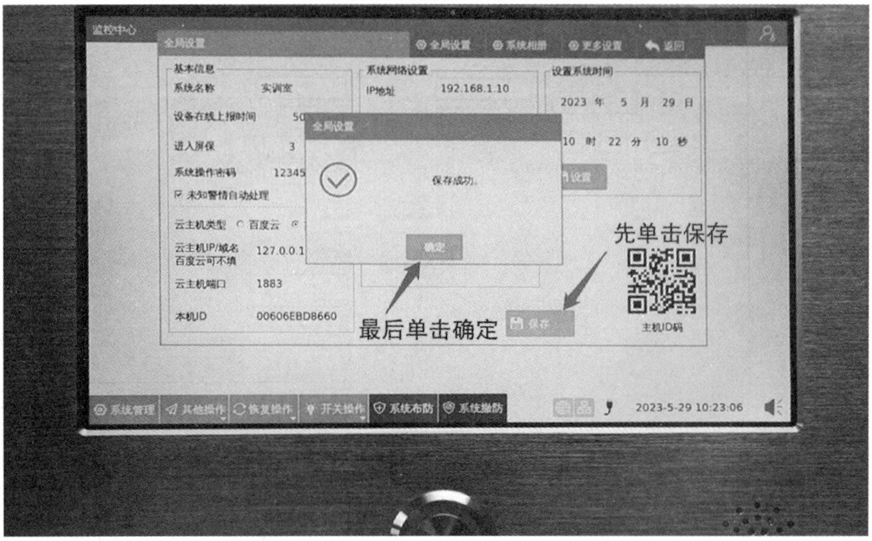

图 2-22　设置保存

步骤 5：保存好设置参数后，单击右上角返回，回到系统管理子菜单界面，需要单击子菜单界面右下角“发布重启”图标，只有这样主机所有修改信息才能同步更新，如图 2-23 所示。

图 2-23　发布重启

2. PoE 网络紧急报警按钮的添加

步骤 1：将紧急报警按钮用网线连接到交换机上，让报警主机和紧急报警按钮在同一局域网内。添加过程如图 2-24 所示。

图 2-24　系统管理搜索

首先在主机开机界面中单击系统管理，进入系统管理子菜单界面，再单击子菜单中设备搜索，进入搜索设备中。

步骤 2：在搜索界面直接单击“搜索”，如图 2-25 所示。

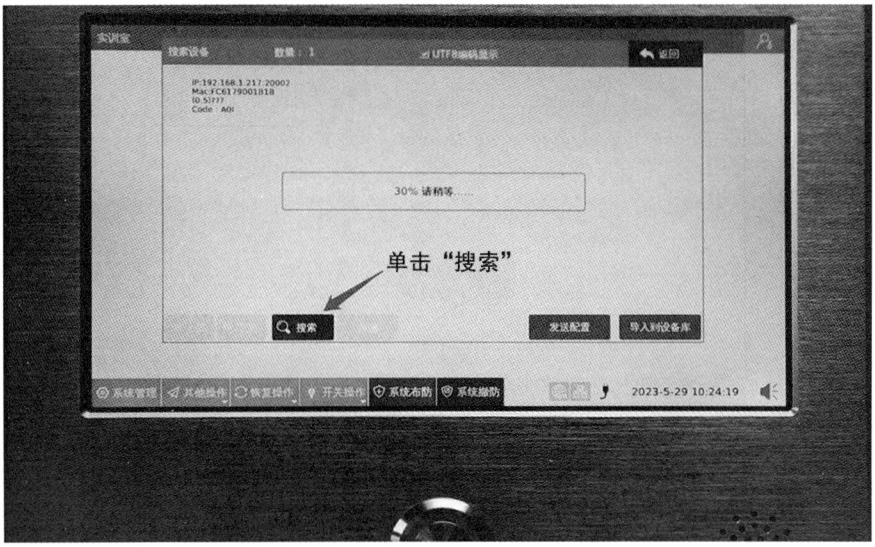

图 2-25　设备搜索界面

在搜索界面单击“搜索”，主机自动搜索在同一局域网内的报警设备。

步骤 3：搜索完成后，直接单击搜索到的设备，进入修改设备参数界面，如图 2-26 所示。

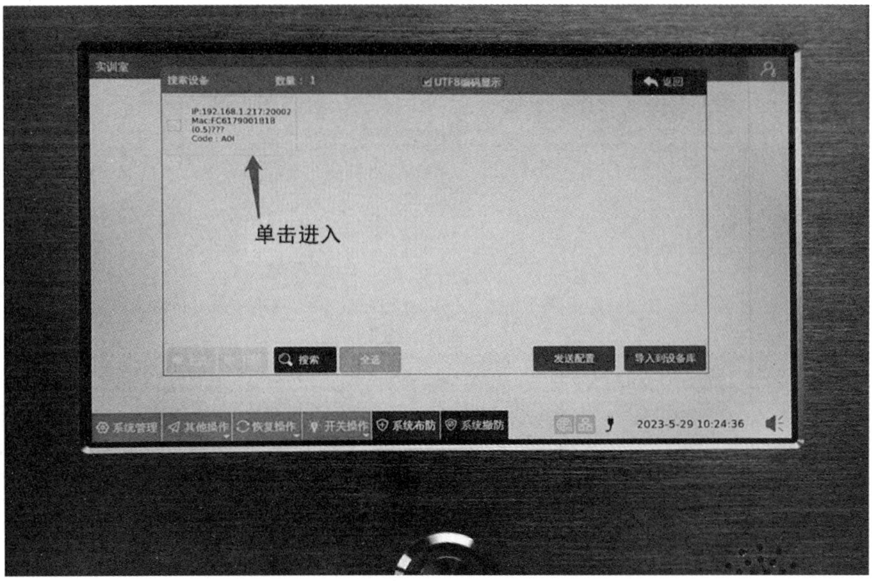

图 2-26　搜索完成

在修改设备参数界面，根据表 2-3 修改设备 IP 地址、设备编号（此编号每个设备一个，严禁重复）、设备名称、设备密码（设备密码要与主机密码保持一致，默认密码为 123456）。最后需要同步中控，即同步主机信息，保持信息一致，如图 2-27 所示。

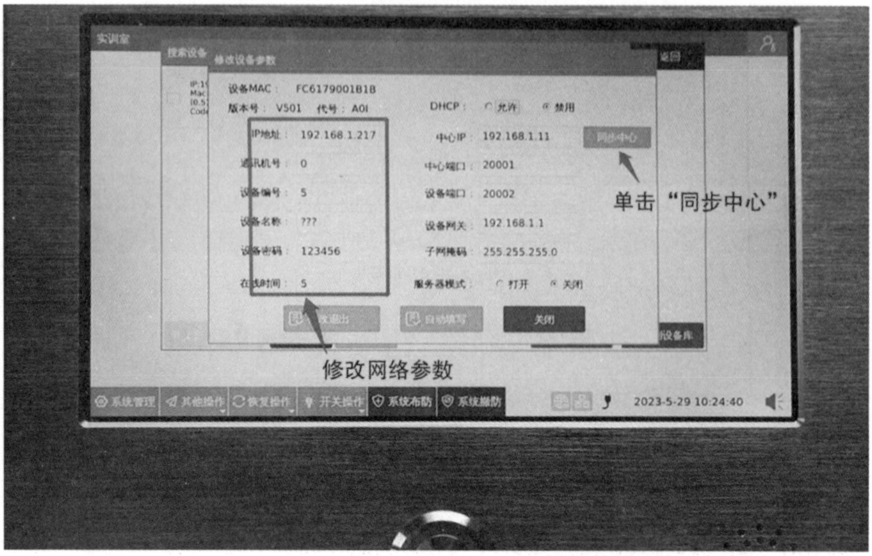

图 2-27 修改设备参数界面

步骤 4：修改好设备参数以后单击“修改退出”，如图 2-28 所示。

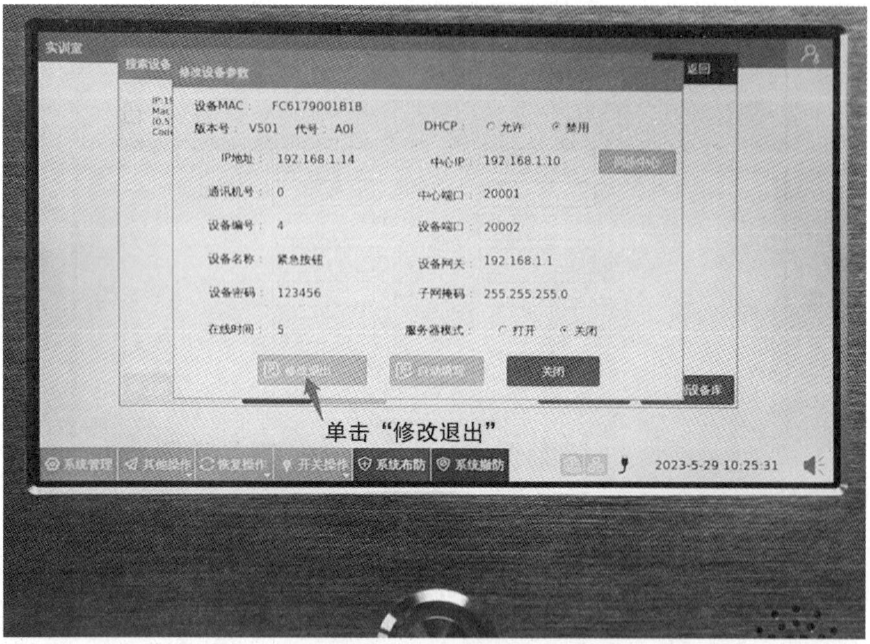

图 2-28 修改保存

返回到搜索设备界面以后，首先单击，勾选设备，然后单击“发送配置”，将修改好的信息同步到设备里面，其次单击“导入到设备库”，将设备信息添加到主机设备库中，如图 2-29 所示。

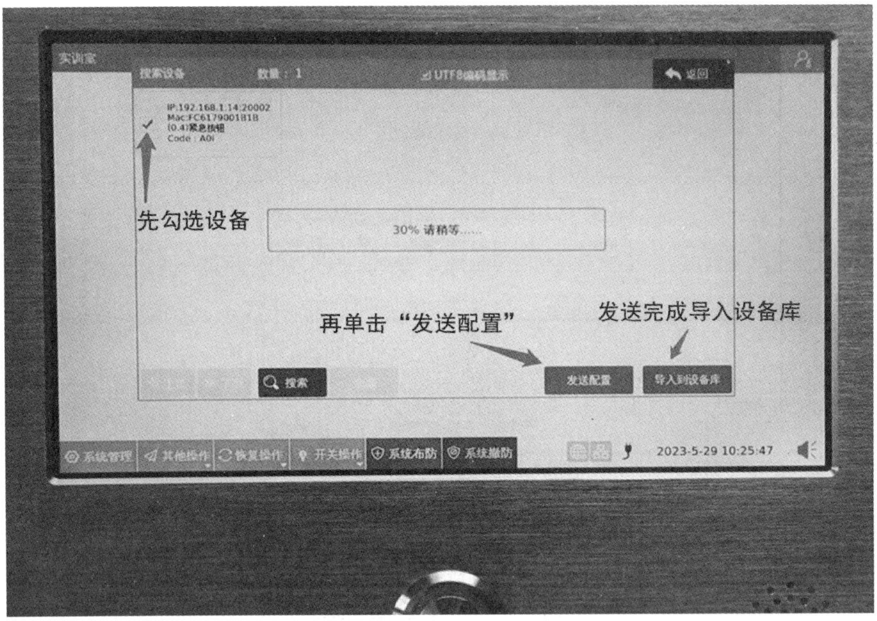

图 2-29 发送配置设备导入界面

步骤 5：完成“导入到设备库”操作以后，单击返回，返回到系统管理子菜单界面，最后单击“设备管理”，进入设备管理修改界面，如图 2-30 所示。

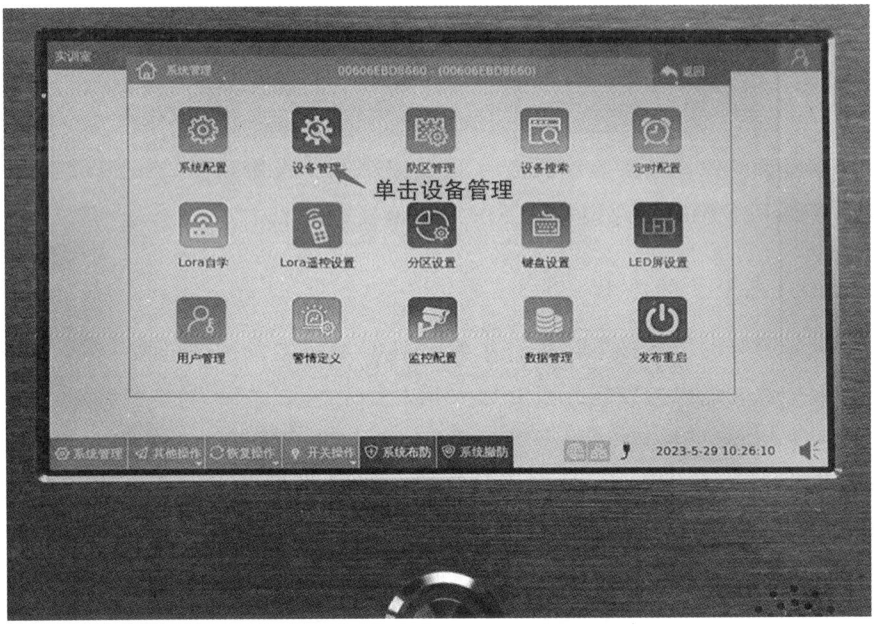

图 2-30 系统设备管理界面

在设备管理中，首先单击右上角“查询”按钮；然后单击选择“紧急按钮”，将设备名称、在线检测时间（通常为 60 秒）修改好；最后单击“修改”保存，单击右上角“返回”按钮，回到上级操作界面，继续添加后面设备，如图 2-31 所示。

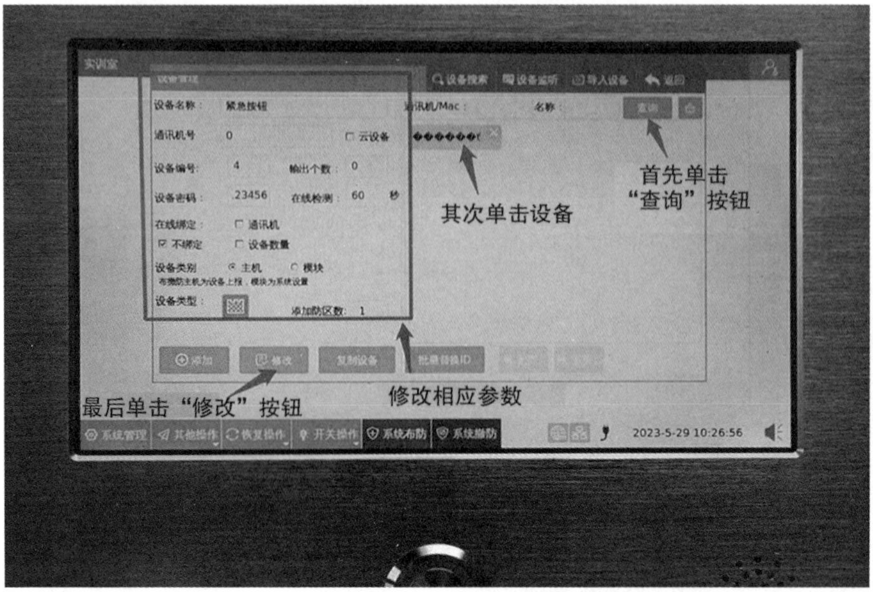

图 2-31 设备管理界面

3. PoE 红外对射探测器的添加

PoE 红外对射探测器的添加流程与 PoE 网络紧急报警按钮的添加完全一致，过程、步骤参照 PoE 网络紧急报警按钮的添加流程即可。

4. PoE 双鉴红外探测器的添加

PoE 双鉴红外探测器的添加流程与 PoE 网络紧急报警按钮的添加完全一致，过程、步骤参照 PoE 网络紧急报警按钮的添加流程即可。

5. PoE 声光警号的添加

PoE 声光警号的设备搜索过程、步骤同 PoE 网络紧急按钮过程一致，搜索→修改设备参数→修改退出→发送配置→导入到设备库。

完成搜索步骤以后，进入设备管理界面，PoE 声光警号参数的修改与 PoE 网络紧急报警按钮有一点不同。PoE 声光警号是报警输出设备，而非探测器输入设备，因此在输出个数这里将 0 修改成 1，然后单击修改保存，返回上一级菜单即可，如图 2-32 所示。

6. LoRa 无线智能型火灾烟雾探测器的添加

步骤 1：首先打开烟雾探测器电池仓的盖板，将旁边拨码开关 1、2 拨到 ON 一侧（拨码 1 为电源开关，拨码 2 为烟雾探测开关），拨好码后再盖回盖板。

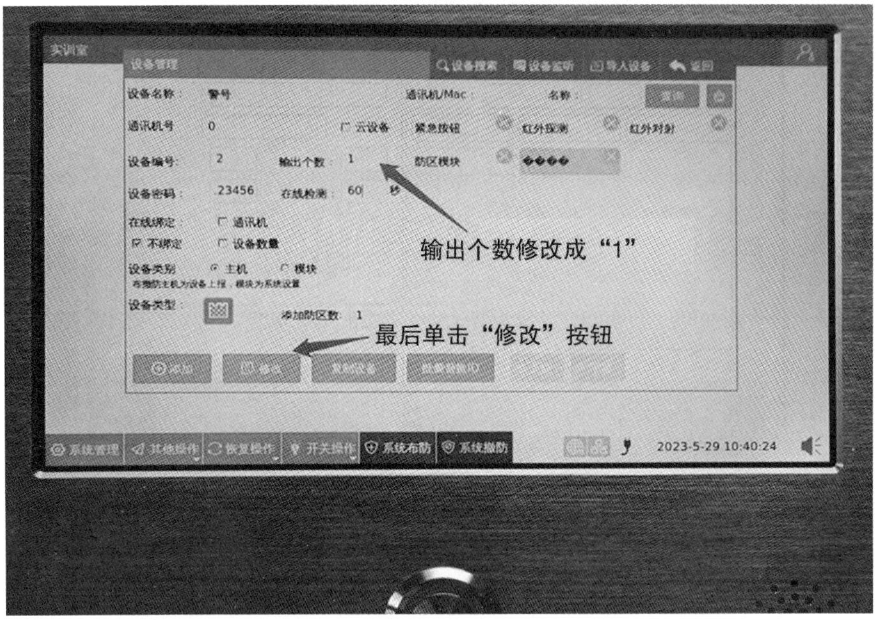

图 2-32　PoE 声光警号设备管理界面

步骤 2：在报警主机系统管理子菜单界面，选择单击进入 LoRa 自学管理界面，如图 2-33 所示。

图 2-33　烟感电池仓

用手按压烟感设备自检/消音按钮，连续间隔按三次，让设备进入自学状态，主机界面 LoRa 设备配置界面信息自动更新出烟感设备信息，最后单击配置设备即可，如图 2-34 所示。

图 2-34　LoRa 设备管理

主机在 LoRa 设备管理界面时，5s 内连续短按探测器的自检/消音按钮 3 次（每按一次，探测器的蜂鸣器响 3 声），探测器绿灯、蓝灯交替闪烁，表示进入对码状态，若探测器与 LoRa 报警主机对码成功，绿灯、蓝灯立即停止闪烁，进入正常工作状态，主机界面 LoRa 设备配置界面信息自动更新出烟感设备信息，如图 2-35 所示。

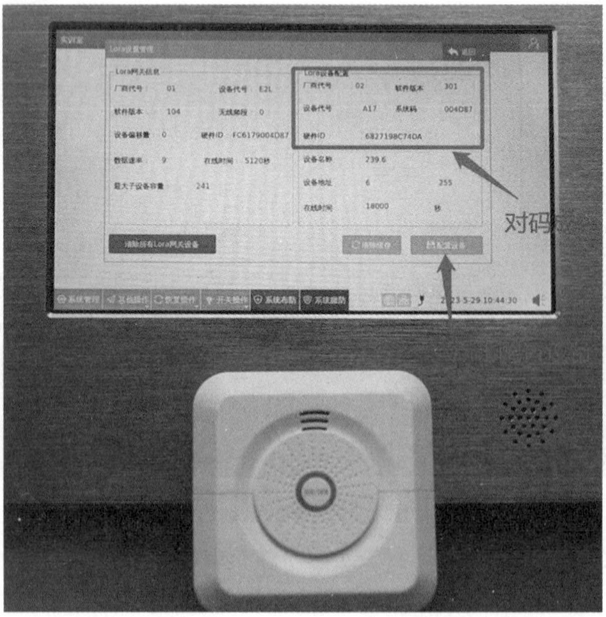

图 2-35　LoRa 设备连接配置

对码成功以后，单击“配置设备”按钮，配置成功后单击“确定”按钮返回系统管理界面，如图 2-36 所示。

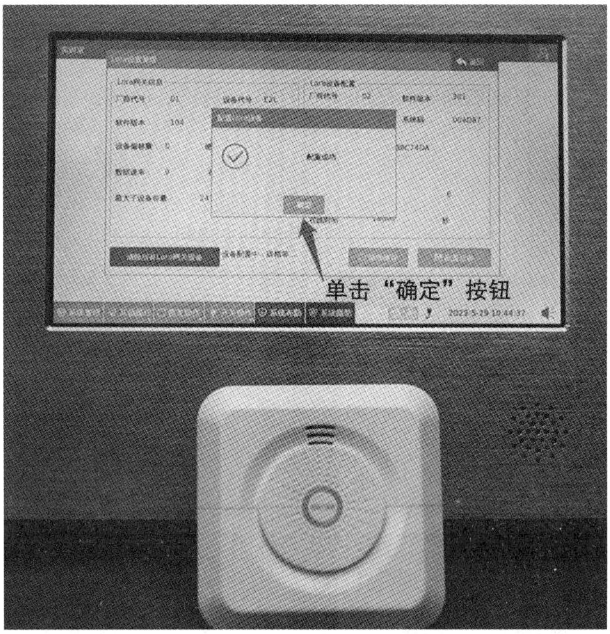

图 2-36　LoRa 设备配置保存

步骤 3：返回系统管理子菜单界面以后，单击进入设备管理，如图 2-37 所示。

图 2-37　LoRa 设备参数修改

进入设备管理界面后，先单击“查询”按钮，然后选择烟感探测器，再在左边修改烟感设备名称、设备编号，最后单击“修改”保存并返回系统管理子菜单界面。

7.8 防区网络模块的添加

8 防区网络模块的添加流程与 PoE 网络紧急报警按钮的添加完全一致，过程、步骤参照 PoE 网络紧急报警按钮的添加流程即可。

8. 玻璃破碎探测器的添加

玻璃破碎探测器不是网络 PoE 型的，无法直接通过主机添加设备，而是通过防区网络模块接入系统中。给玻璃探测器提供一个 DC 12V 电源，然后 NC 和 C 两个端子输出一个信号，直接接入防区模块 Z1 端口上，通过将报警信号传输给模块，再由模块把报警信号传输给主机，添加过程如下。

步骤 1：首先单击系统管理，进入子菜单界面，再单击“防区管理”按钮，如图 2-38 所示。

图 2-38　防区管理进入

步骤 2：在防区管理中，先单击“选择设备”按钮，如图 2-39 所示。再在选择设备界面中单击“防区模块”按钮，如图 2-40 所示。

步骤 3：选择好模块以后，自动返回到防区管理中，然后编辑相关参数，如图 2-41 所示。

其中，防区编号是对应模块上防区输入端子 Z 的。比如，Z1 端子接的玻璃破碎探测器，那么防区编号就是 1，同理，如果端子 Z2 接的振动探测器，那么振动探测器此处防区编号就是 2；防区名称即接入设备名称；布撤防操作设备此处取消勾选，后面测试开启布撤防时，模块后面接入的设备之间相互不影响；最后保存修改的参数即可，也就是完成了玻璃破碎探测器的添加，如图 2-42 所示。

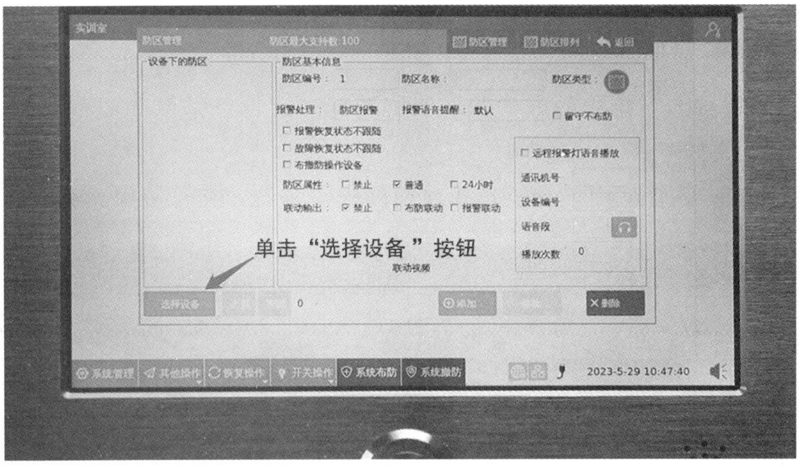

图 2-39　设备选择

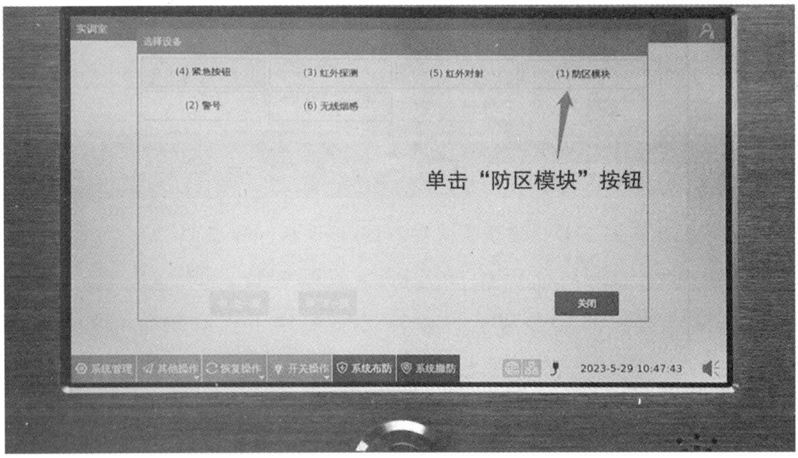

图 2-40　选择设备模块

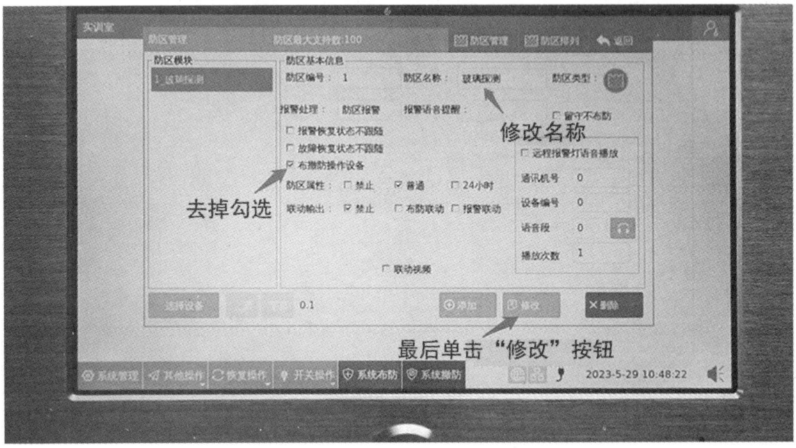

图 2-41　设备参数修改

9. 振动探测器的添加

振动探测器接入系统中的方式和玻璃探测器一致，仅是探测器信号接入端子在 Z2 上，添加方式如下。

步骤 1：在防区管理中，继续选择玻璃破碎探测器，在参数编辑界面直接编辑。

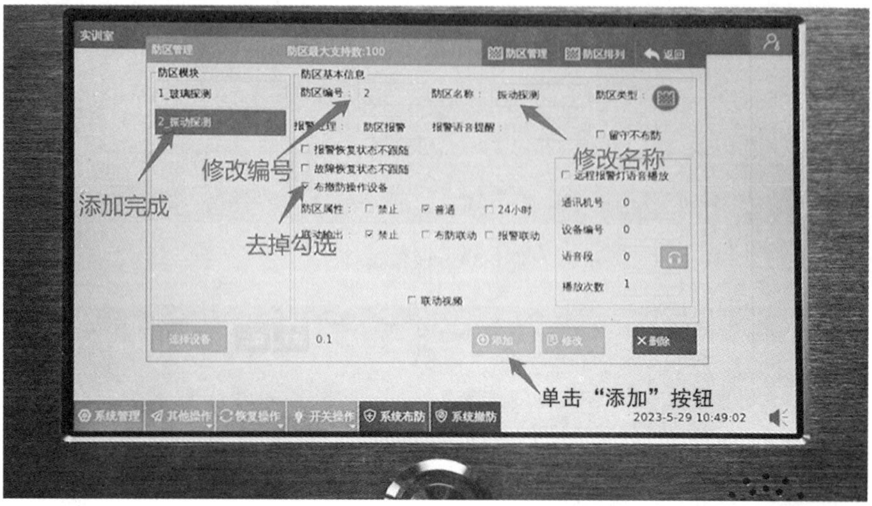

图 2-42　玻璃破碎探测器/振动探测器添加

步骤 2：此处参数编辑与前面玻璃破碎探测器一致，只是最后一步是单击“添加”按钮，不再是修改。添加完成后，左侧玻璃模块下面会增加一个振动探测。

10. 脚踏开关的添加

脚踏开关的添加流程，与振动探测器的流程一致，请参照上面的流程进行添加，如图 2-43 所示。

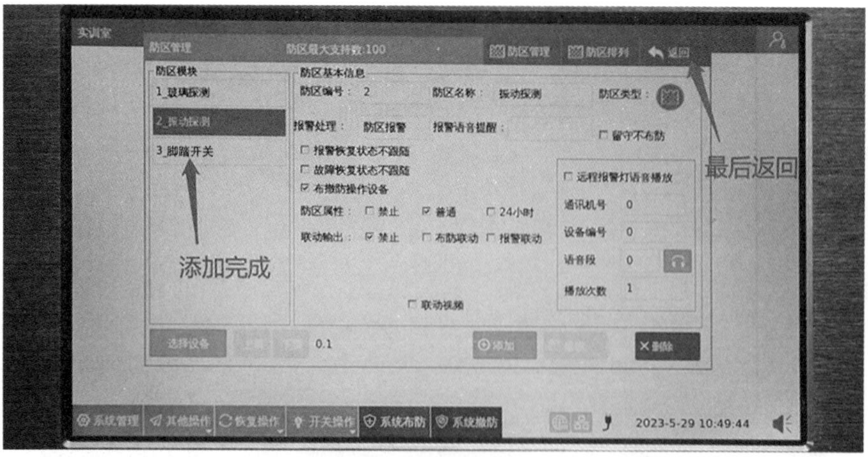

图 2-43　脚踏开关添加

所有网络设备添加完毕后，在系统管理子菜单界面，再次单击“发布重启”按钮，保存并更新所有添加设备数据。

技能点 2： PoE 网络紧急报警按钮的安装和接线

PoE 网络
紧急报警按钮的
安装和接线

1. 设备、工具及耗材

PoE 网络紧急报警按钮 1 个、底盒 1 个、十字螺丝刀 1 把、防护手套 1 副、网线钳 1 把、螺丝水晶头若干。部分材料如图 2-44 所示。

2. 实操步骤

步骤 1：底盒安装，先将底盒放置于展示板安装位置，如图 2-45 所示。

再将螺丝从底盒内固定孔穿入，从展示板后穿出，然后将垫片、螺帽依次穿在展示板后面的螺丝上，并紧固，如图 2-46 所示。

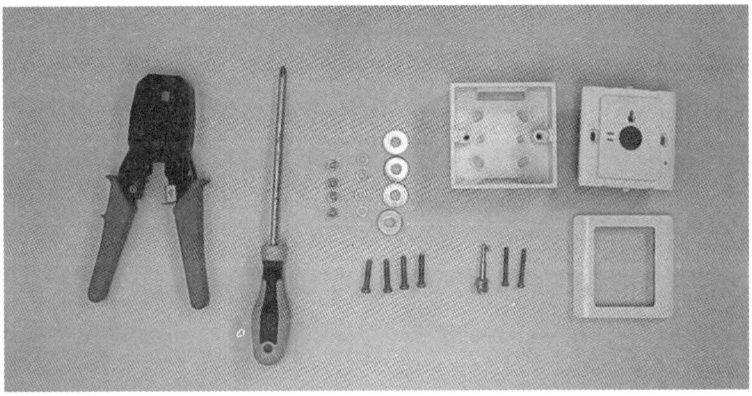

图 2-44　紧急报警按钮材料

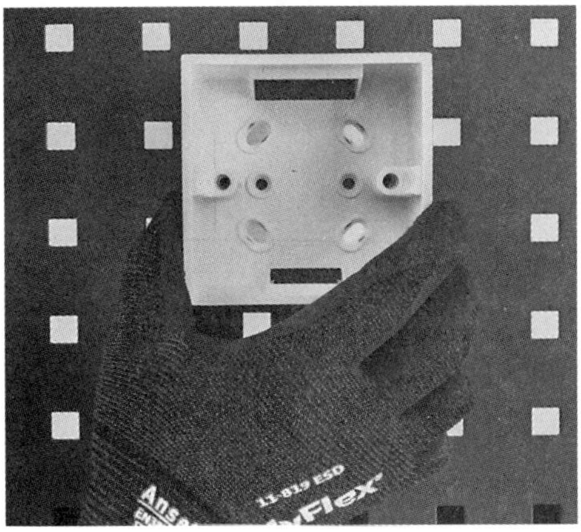

图 2-45　底盒放置

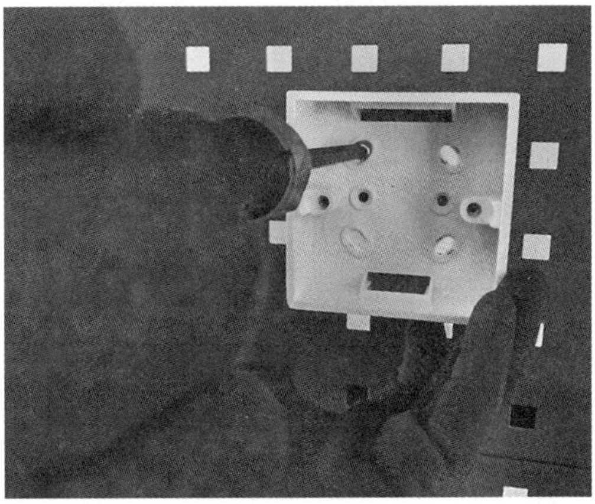

图 2-46　底盒安装

依此步骤，继续紧固剩余螺丝，完成以后，检查底盒牢固度、平整度，如图 2-47 所示。

步骤 2：水晶头制作，将预留网线穿入底盒内，再拿取桌子上的网线钳，使用网线钳将预留网线制作成 568B 标准型水晶头（注意事项：水晶头制作时一定要注意八芯线序、线芯一定要顶到水晶头前部，网线钳压线时一定要一步压制到位），如图 2-48—图 2-51 所示。

步骤 3：按钮接线并固定，从桌面拿取报警按钮，将水晶头插入按钮 RJ45 网络接口，如图 2-52 所示。

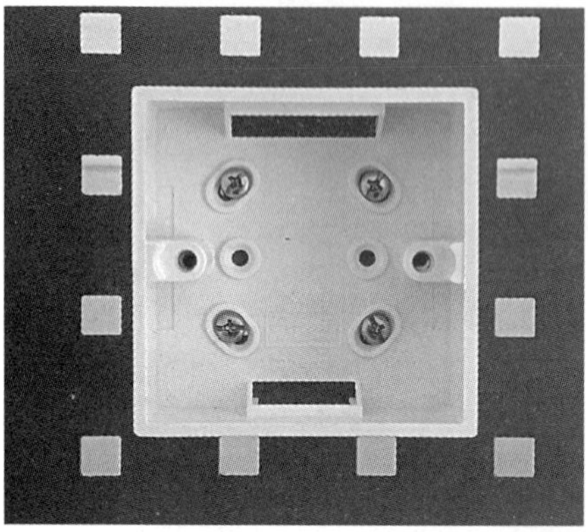

图 2-47　底盒安装完成

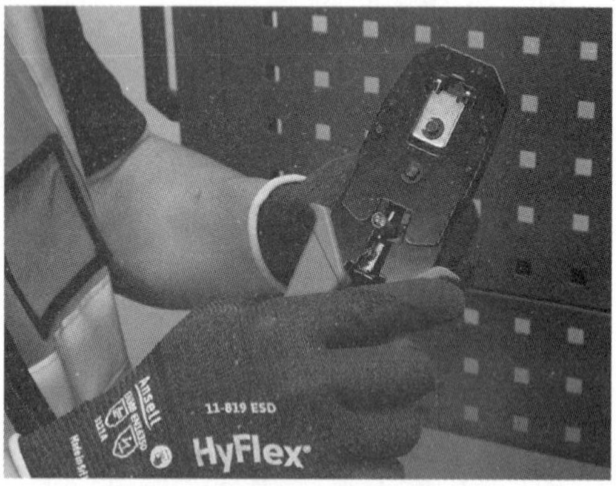

图 2-48　网线剥线

图 2-49　捋线

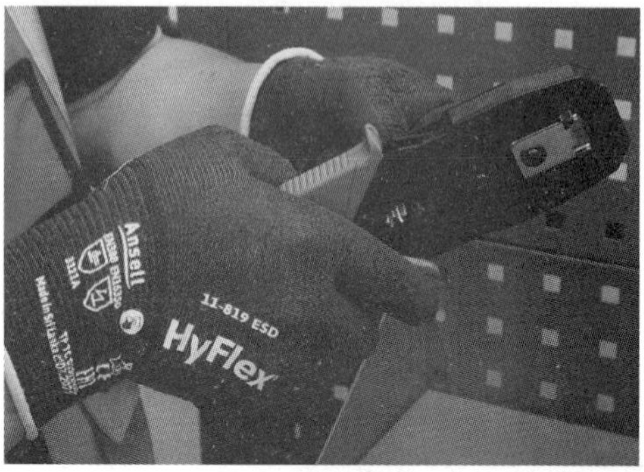

图 2-50　剪线

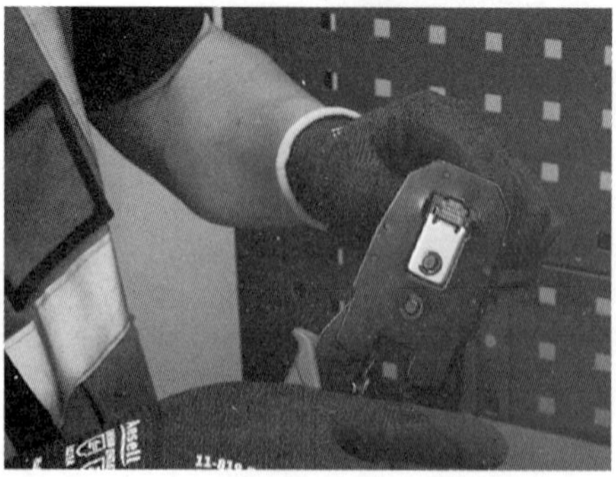

图 2-51　压线

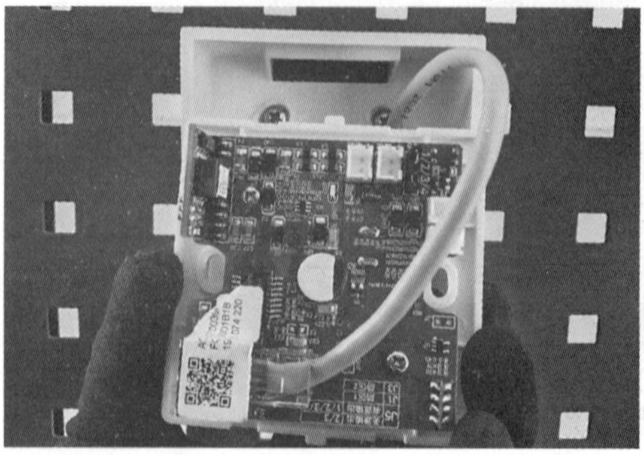

图 2-52　按钮接线

插好网线以后再将固定螺丝穿入按钮固定孔，用十字螺丝刀拧入底盒固定螺纹孔内，如图 2-53 所示。

依此步骤，拧入另外一颗螺丝，最后检查安装牢固度和平整度，安装好以后，盖上按钮面板，插入复位钥匙，如图 2-54 和图 2-55 所示。

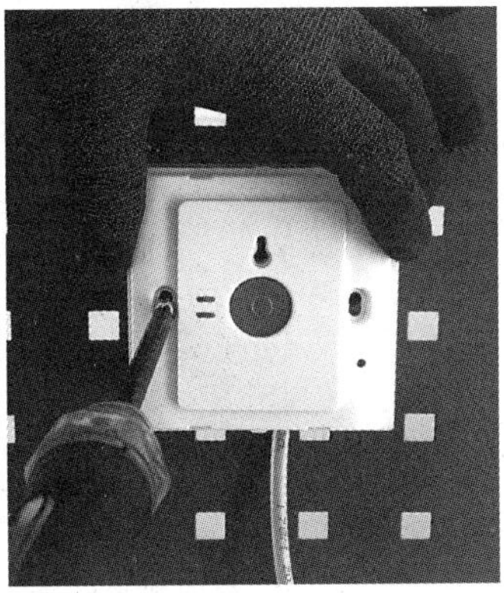

图 2-53　按钮固定

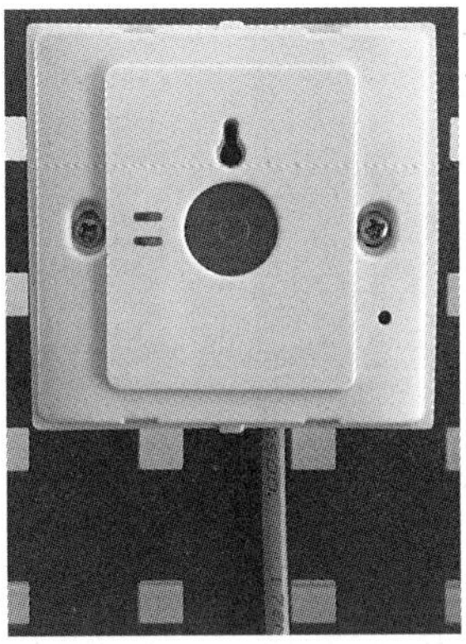

图 2-54　按钮固定完成

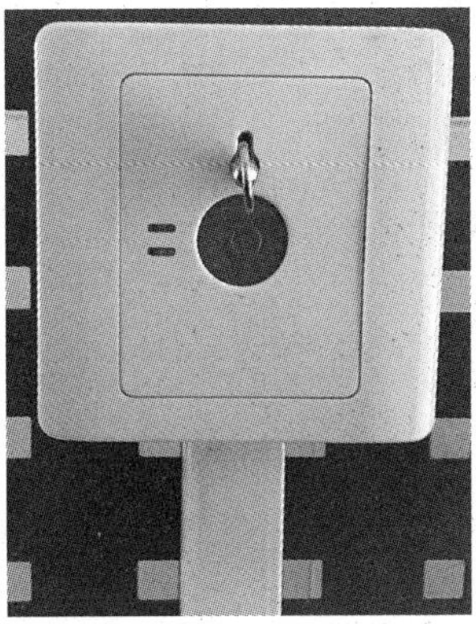

图 2-55　安装完成

技能点 3：　PoE 红外对射探测器的安装和接线

1. 设备、工具及耗材

PoE 红外对射探测器 1 对、L 形支架 1 对、U 形架 4 个、十字螺丝刀 1 把、防护手套 1 副、网线钳 1 把、水晶头和螺丝若干、防水套件 1 套。部分材料如图 2-56 所示。

PoE 红外对射探测器的安装和接线

2. 实操步骤

步骤 1：支架安装，先拿取支架，放置于展示板安装位置，如图 2-57 所示。

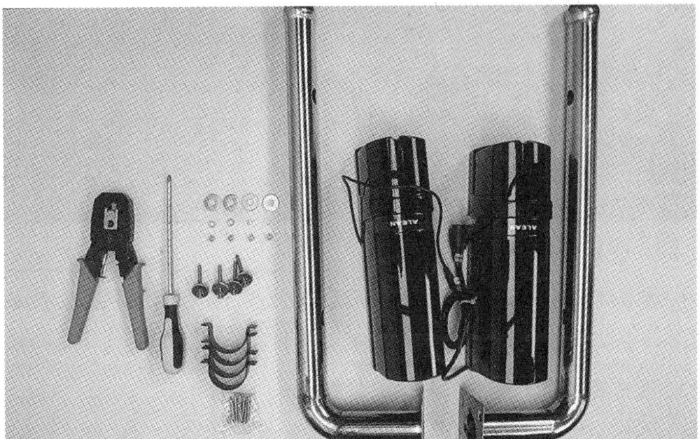

图 2-56　红外对射探测器材料

再拿取螺丝，从支架固定孔穿入，从展示板后穿出，然后拿取垫片、螺帽，依次穿在展示板后面的螺丝上，并紧固；依此步骤，继续紧固剩余螺丝，完成以后检查底座牢固度、平整度，如图 2-58 所示。

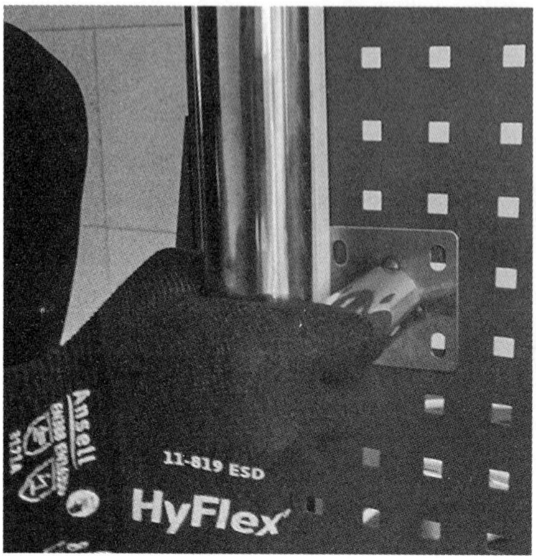

图 2-57　支架放置

图 2-58　支架固定

步骤 2：发射探测器安装，先拿取发射探测器，用十字螺丝刀打开探测器外壳，如图 2-59 所示。

再用 U 形架抱住支架立杆，探测器固定孔对准 U 形架螺纹孔，如图 2-60 所示。

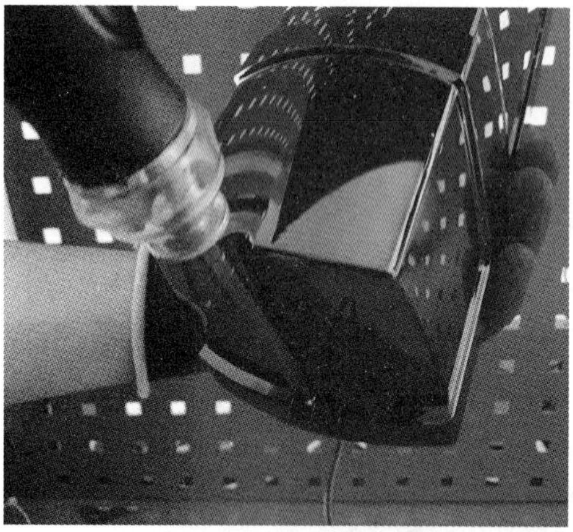

图 2-59　红外对射拆盖

图 2-60　U 形架安装

将螺丝从探测器固定孔穿出，用十字螺丝刀拧入 U 形架螺纹孔内；将另一颗螺丝从探测器另一个固定孔穿出，用十字螺丝刀拧入 U 形架另一螺纹孔内，两处螺丝交替拧紧，直到将探测器安装平稳，如图 2-61 所示。

依此过程，将探测器另外一个 U 形架同样固定牢固，如图 2-62 所示。

图 2-61　U 形架与设备固定安装

图 2-62　U 形架安装完成

步骤 3：探测器发射角度调整，设备安装牢固以后，将探测器内发射器角度旋转调整对准接收探测器的方向，如图 2-63 所示。

最后盖好探测器外壳，拧紧螺丝。安装完成以后，检查探测器安装牢固度、高度是否合适，如图 2-64 所示。（说明书：推荐安装高度 0.7～1.0m，探测最大距离 250m，光束张角 4.4m）。

图 2-63　探测器角度调整

图 2-64　探测器设备安装

步骤 4：发射探测器接线，将预留网线从 L 形支架底部预留孔穿入，如图 2-65 所示。

从上部孔位穿出，如图 2-66 所示。

图 2-65　L 形支架底部穿入线

图 2-66　L 形支架底部穿出线

然后用网线钳将网线制作成水晶头（568B 标准型），做好的水晶头套上防水套件，如图 2-67 所示。

插入发射端探测器 RJ45 网络端口，如图 2-68 所示。

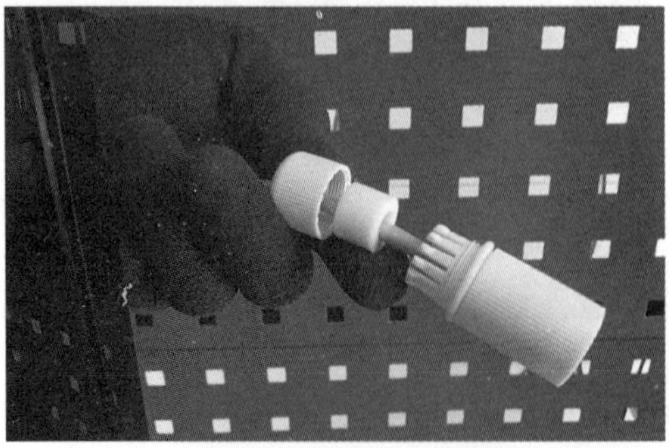

图 2-67　防水套件安装

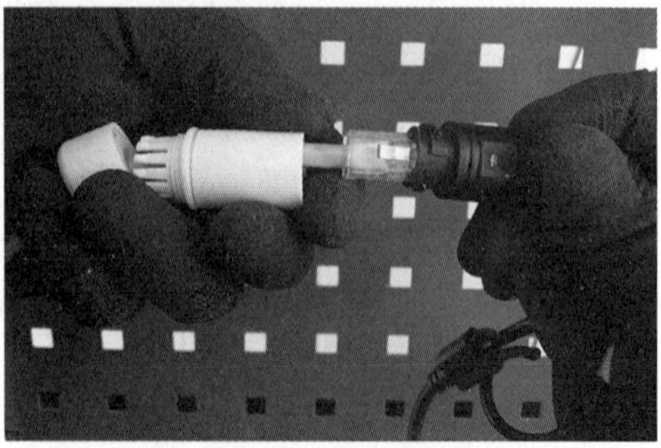

图 2-68　网线对接

套好防水套件，如图 2-69 所示。

最后整理外露线缆，用缠绕管包裹好，如图 2-70 所示。

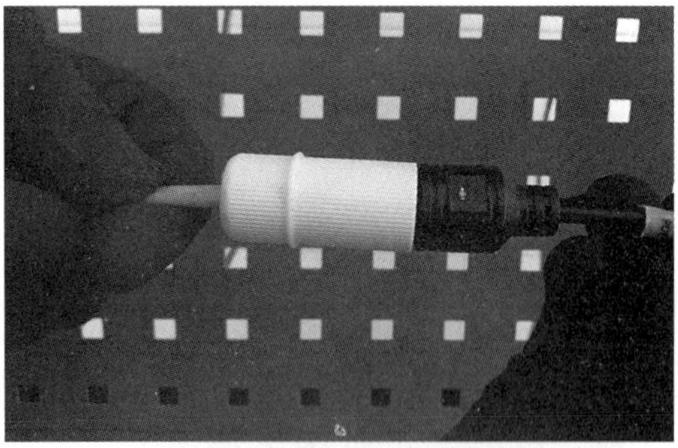

图 2-69　接线完成

图 2-70　线缆缠绕管安装

多余部分放于支架内，外露线缆用扎带绑扎牢固、整齐，如图 2-71 所示。

步骤 5：接收探测器的安装和接线，依据步骤 2—4，接收端探测器也是按支架安装→探测器安装→发射角度调整→探测器接线四步安装。唯一的区别在于接收端探测器预留线缆是双芯 DC 12V 电源线，不需要制作水晶头，如图 2-72 所示。

图 2-71　线缆绑扎

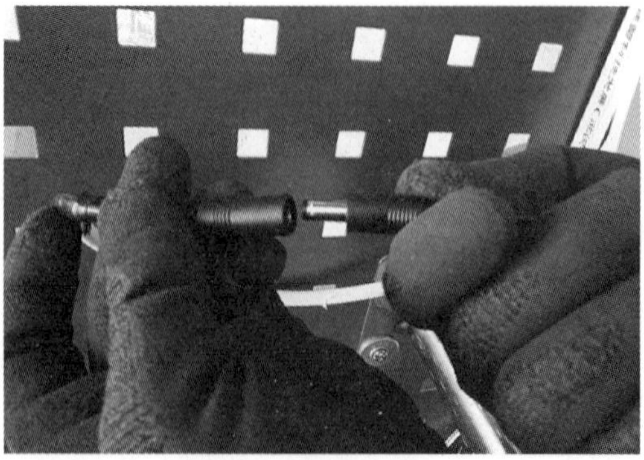

图 2-72　接收端电源接线

技能点 4: PoE 双鉴红外探测器的安装和接线

PoE 双鉴红外探测器的安装和接线

1. 设备、工具及耗材

PoE 双鉴红外探测器 1 个、十字螺丝刀 1 个、防护手套 1 副、网线钳 1 把、水晶头和螺丝若干、防水套件 1 个。部分材料如图 2-73 所示。

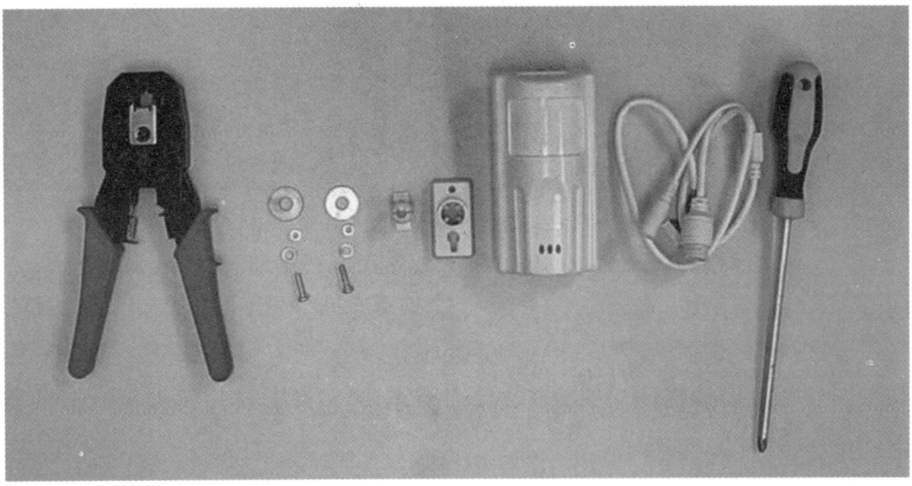

图 2-73 红外探测材料

2. 实操步骤

步骤 1：底座安装，先拿取底座，放置于展示板安装位置，如图 2-74 所示。

再拿取螺丝，从底座内固定孔穿入，从展示板后穿出，然后拿取垫片、螺帽，依次穿在展示板后面的螺丝上，并紧固；依此步骤，继续紧固剩余螺丝，完成以后检查底座牢固度、平整度，如图 2-75 所示。（说明书：安装高度 2.2m，探测角度 110°，探测距离 12m）。

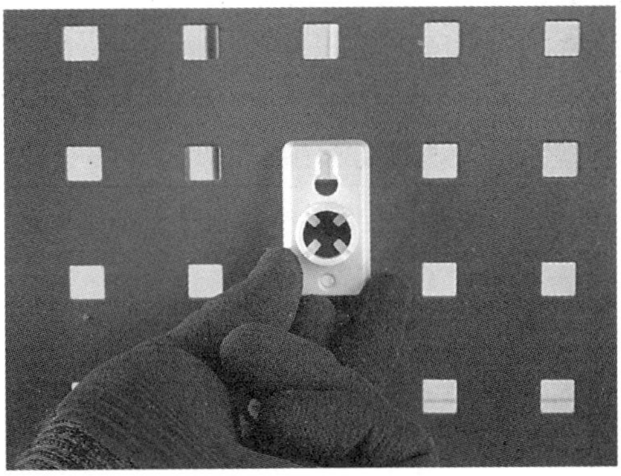

图 2-74 红外底座放置

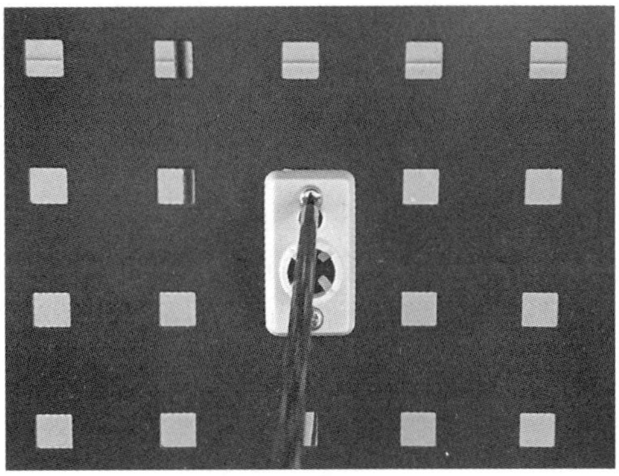

图 2-75 底座固定

步骤 2：探测器安装，首先将转向接头卡入探测器背面的卡槽内，如图 2-76 所示。

然后将转向接头圆凸头轻推，按入底座圆头凹槽内，如图 2-77 所示。

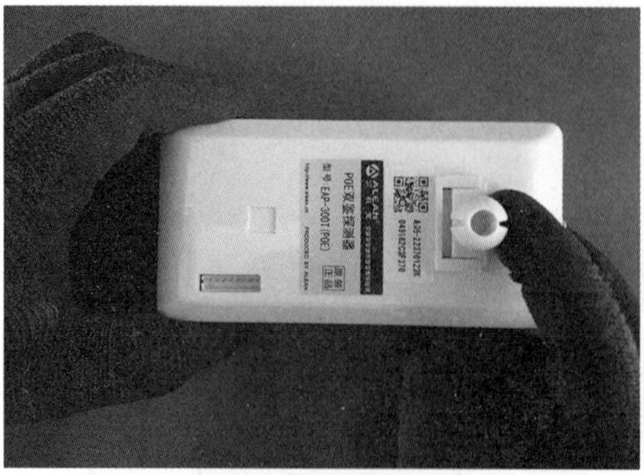

图 2-76　转向接头安装

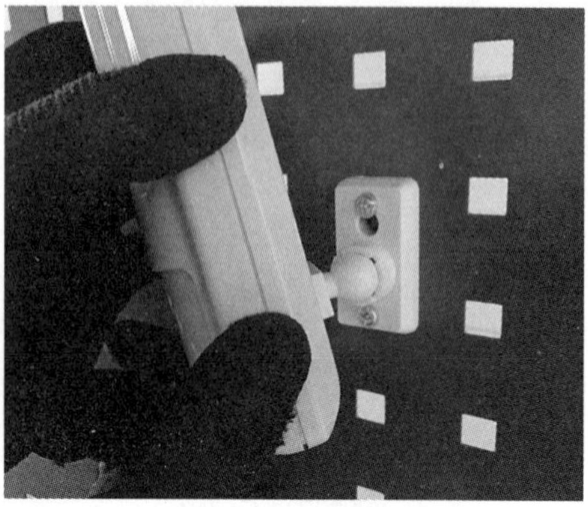

图 2-77　探测器固定

步骤 3：水晶头制作，拿取桌上网线钳，使用网线钳将预留网线制作成 568B 标准型水晶头（注意事项：水晶头制作时一定要注意八芯线序、线芯一定要顶到水晶头前部，网线钳压线时一定要一步压制到位）。

步骤 4：探测器接线，先拿取探测器自带配线，将配线针脚端插入探测器背面线排插孔内，如图 2-78 所示。

然后将水晶头套上防水套件，插入配线 RJ45 网络接口内，保证接头牢固，如图 2-79 所示。

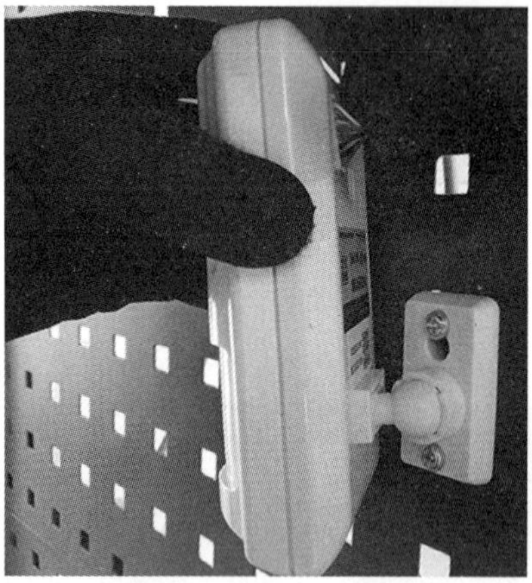

图 2-78　排线安装

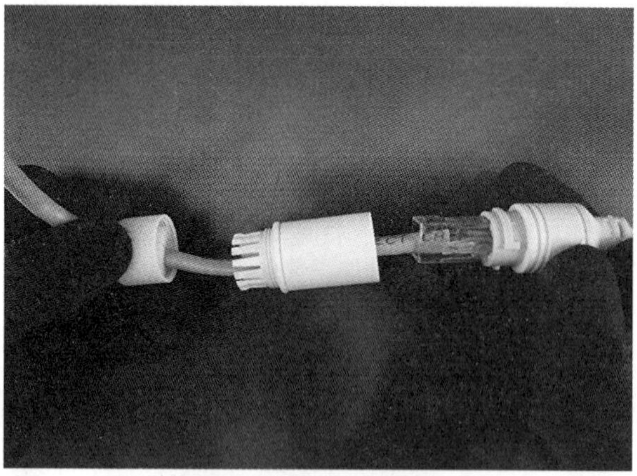

图 2-79　网线连接

最后把防水套件拧紧，如图 2-80 所示。

步骤 5：线缆保护和固定，将多余部分线缆放入线槽内并盖上盖板，最后再调整探测器探测角度，如图 2-81 所示。

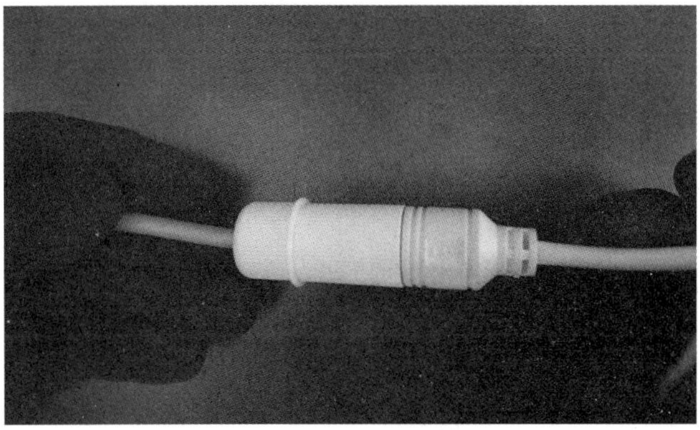

图 2-80 线缆对接完成

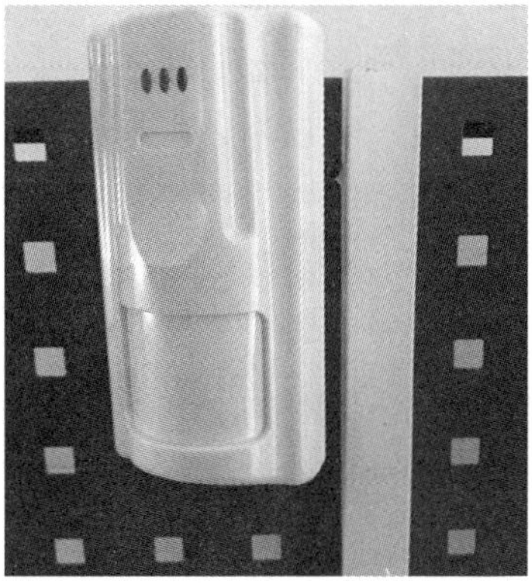

图 2-81 红外探测器角度调整

技能点 5： PoE 警号的安装和接线

PoE 警号的安装和接线

1. 设备、工具及耗材

PoE 警号 1 个、十字螺丝刀 1 把、防护手套 1 副、网线钳 1 把、水晶头若干。部分材料如图 2-82 所示。

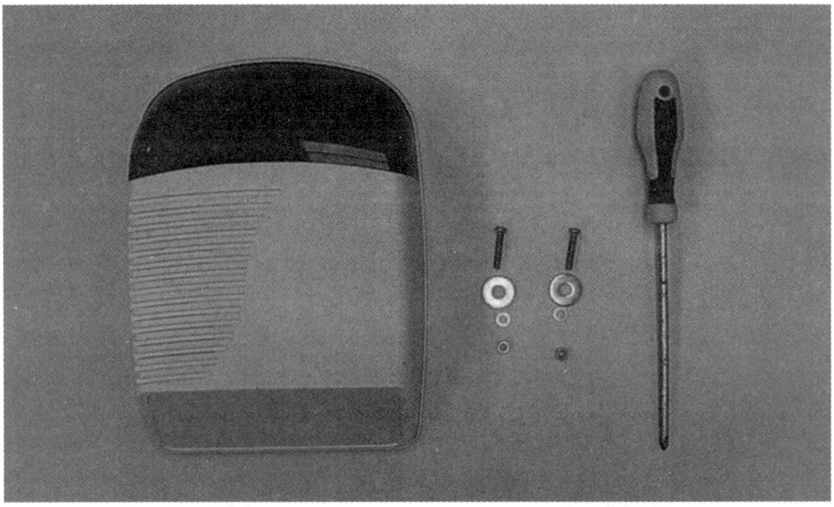

图 2-82 警号材料

2. 实操步骤

步骤 1：底座安装，先拿取底座，放置于展示板安装位置，如图 2-83 所示。再拿取螺丝，从底座内固定孔穿入，从展示板后穿出，然后再拿取垫片、螺帽，依次穿在展示板后面的螺丝上，并紧固；依此步骤，继续紧固剩余螺丝，完成以后检查底座牢固度、平整度，如图 2-84 所示。

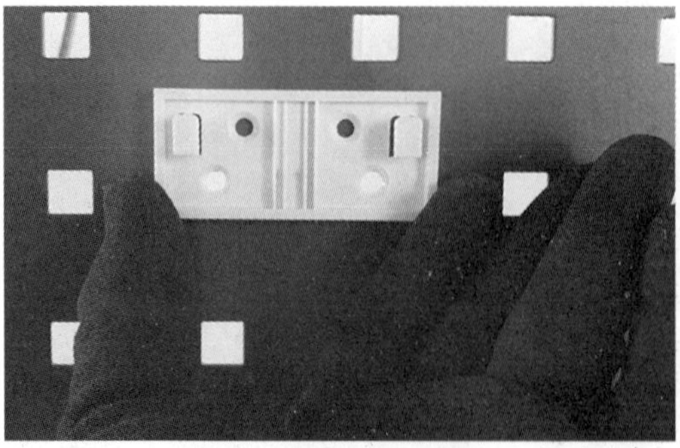

图 2-83　底座放置

图 2-84　底座固定

步骤 2：水晶头制作，拿取桌上的网线钳，将预留网线制作成 568B 标准型水晶头（注意事项：水晶头制作时一定要注意八芯线序、线芯一定要顶到水晶头前部，网线钳压线时一定要一步压制到位）。

步骤 3：警号安装，先从桌面上拿取警号，将制作好的水晶头直接插入警号背面的 RJ45 网络接口内，网线从侧面出线口引出，如图 2-85 所示。

最后将警号对准底座，卡入底座卡口内，如图 2-86 所示。

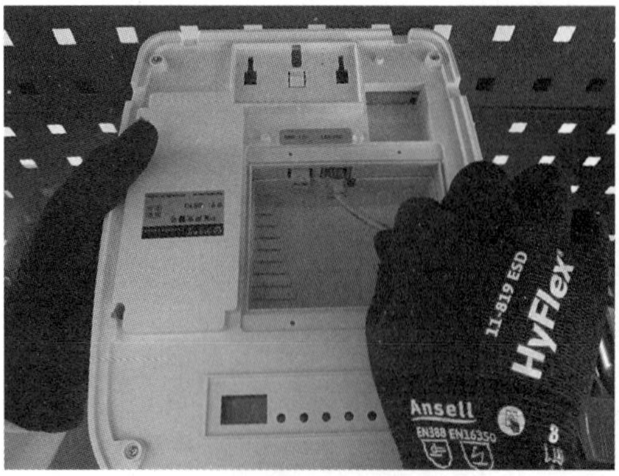

图 2-85　警号接线

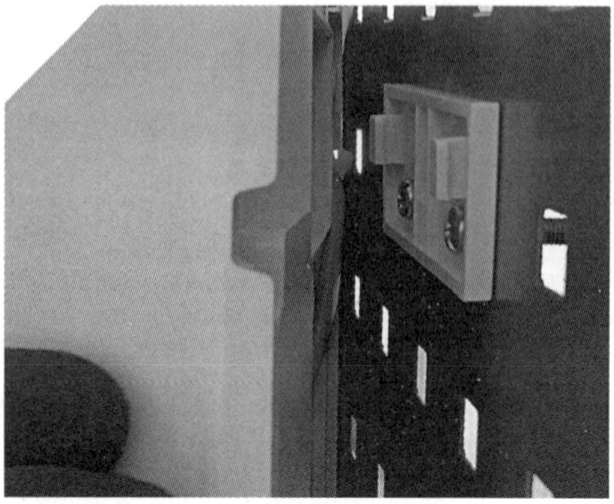

图 2-86　警号卡口

安装完成后检查安装牢固度、平整度，如图 2-87 所示。

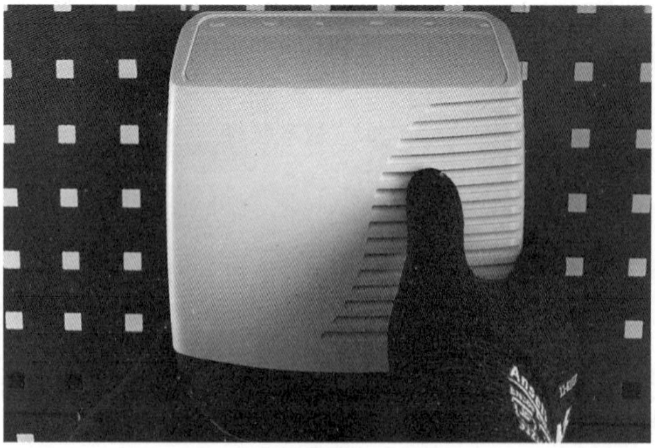

图 2-87　警号安装完成

技能点 6：玻璃破碎探测器的安装和接线

玻璃破碎探测器的安装和接线

1. 设备、工具及耗材

玻璃破碎探测器 1 个、十字螺丝刀 1 把、小一字螺丝刀 1 把、剥线钳 1 把、螺丝若干、防护手套 1 副。部分材料如图 2-88 示。

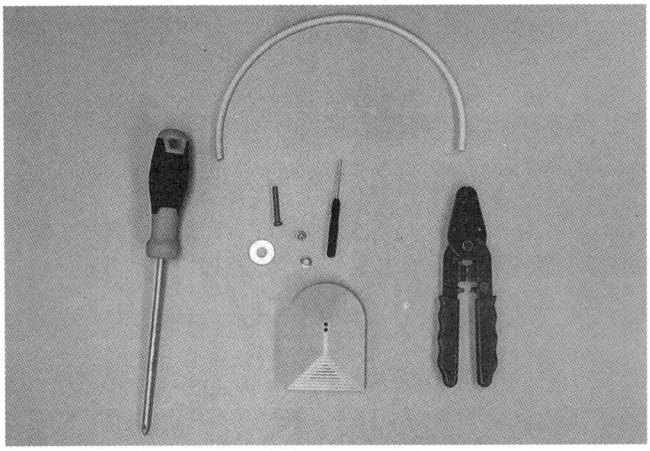

图 2-88 玻璃破碎探测器材料

2. 实操步骤

步骤 1：底座安装，先拿取探测器，然后用小一字螺丝刀撬开探测器外壳，留下底座，如图 2-89 所示。

将底座放置于展示板安装位置，先穿过预留线缆，然后拿取螺丝，从底座内固定孔穿入，从展示板后穿出，再拿取垫片、螺帽，依次穿在展示板后面的螺丝上，并紧固；依此步骤，继续紧固剩余螺丝，完成以后检查底座牢固度、平整度，如图 2-90 所示（说明：探测器安装在被测玻璃紧邻的天花板上或正对的墙壁上，确保探测器的麦克风对被探测玻璃有一个直接和无障碍的监测）。

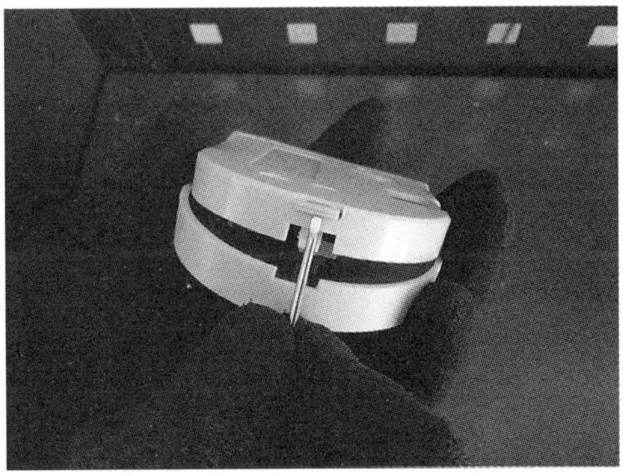

图 2-89 拆底座

图 2-90 玻璃破碎探测器底座固定

步骤 2：探测器接线。拿取桌上的剥线钳，用剥线钳剥开预留线缆端部的铜芯，如图 2-91 所示。

将线缆绿、黄线分别接入探测器 NC 和 C 两个端子，用小一字螺丝刀紧固；同操作将线缆红、黑线分别接到探测器 DC 12V 正极和负极上并用小一字螺丝刀紧固，如图 2-92 和图 2-93 所示。

线路接好后检查接线是否紧固，最后盖上探测器盖板，如图 2-94 所示。

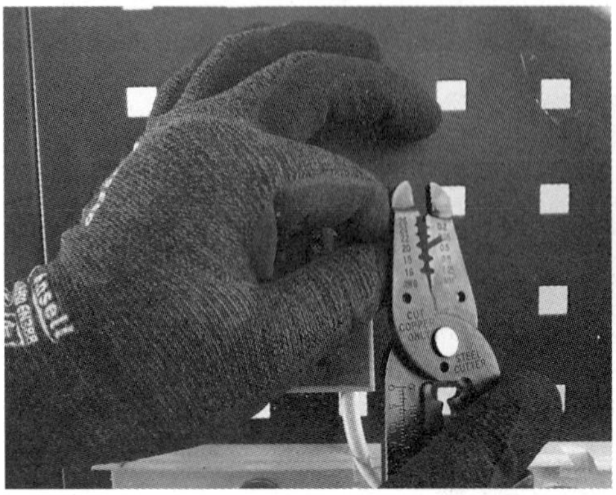

图 2-91　玻璃破碎探测器剥线

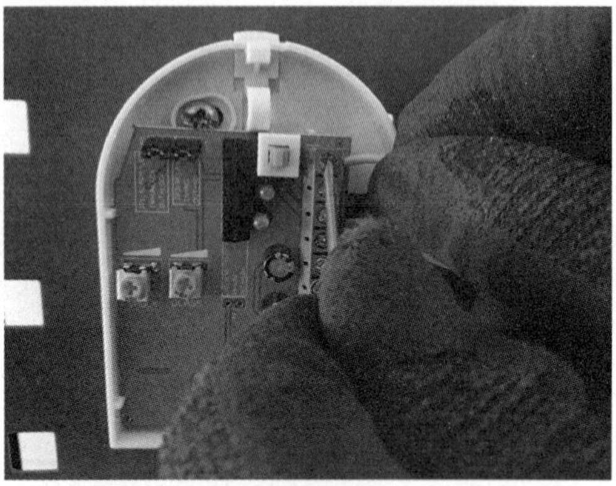

图 2-92　玻璃破碎探测器接线

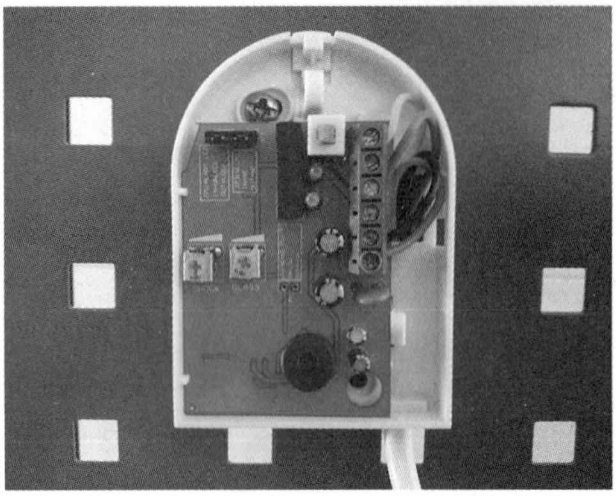

图 2-93　玻璃破碎探测器接线完成

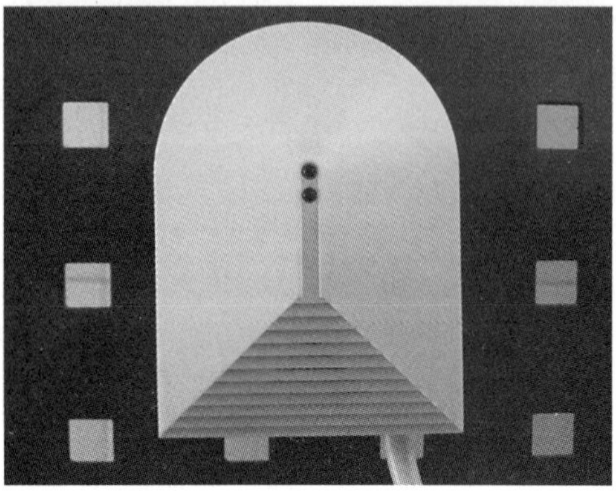

图 2-94　玻璃破碎探测器安装完成

技能点 7：振动探测器的安装和接线

振动探测器的安装和接线

1. 设备、工具及耗材

振动探测器 1 个、十字螺丝刀 1 把、小一字螺丝刀 1 把、剥线钳 1 把、螺丝若干、防护手套 1 副。部分材料如图 2-95 所示。

2. 实操步骤

步骤 1：底座安装。先拿取探测器，然后用十字螺丝刀拧开探测器外壳，拆下电路板，留下底座，如图 2-96—图 2-98 所示。

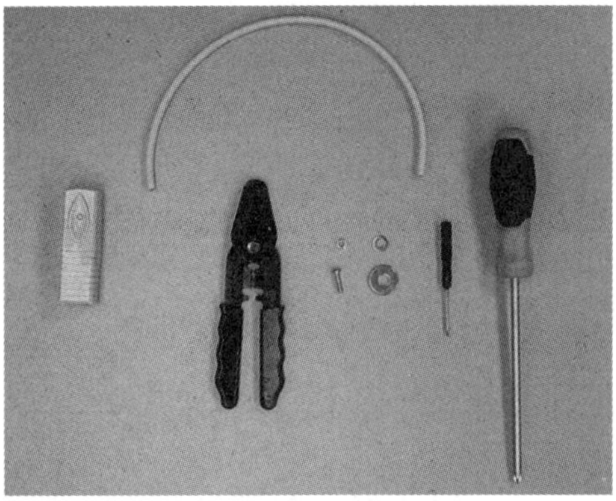

图 2-95　振动探测器材料

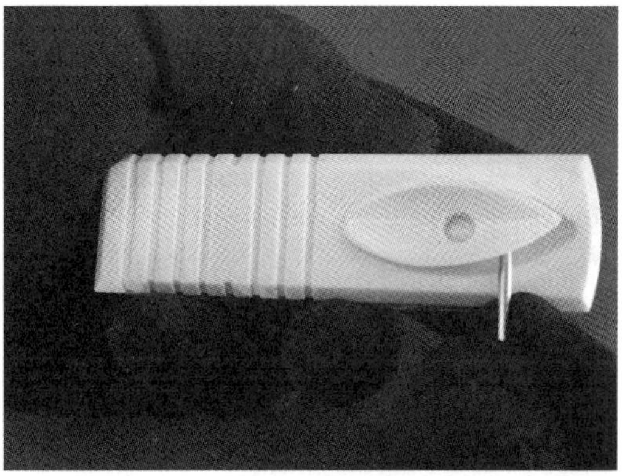

图 2-96　振动探测器拆底座（1）

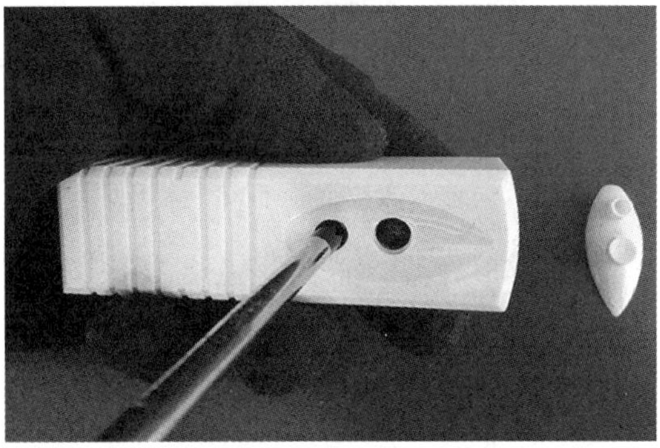

图 2-97　振动探测器拆底座（2）

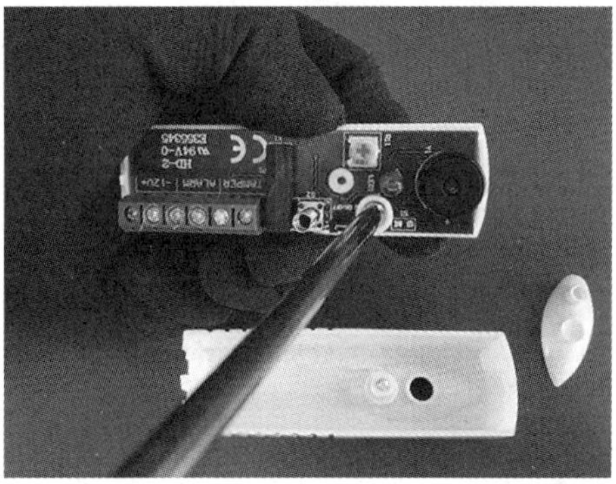

图 2-98　振动探测器拆底座（3）

将底座放置于展示板安装位置，然后拿取螺丝，从底座内固定孔穿入，从展示板后穿出，再拿取垫片、螺帽，依次穿在展示板后面的螺丝上，并紧固。依此步骤，继续紧固剩余螺丝，完成以后检查底座牢固度、平整度，如图 2-99 所示。

紧固好底座后，安装回电路板，如图 2-100 所示（说明：直接安装在受保护表面上，可任何方向安装）。

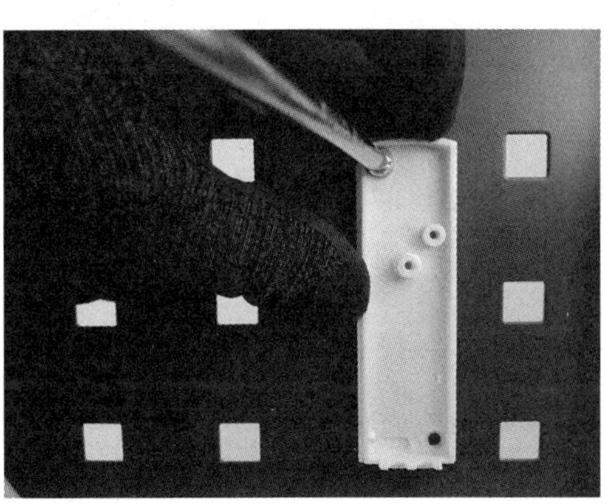

图 2-99　振动探测器底盒安装

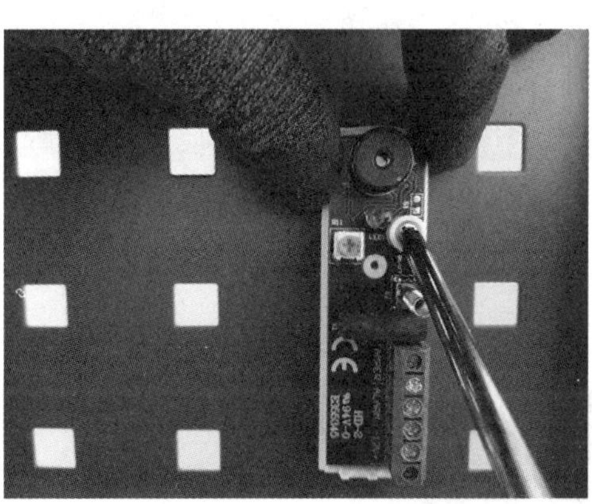

图 2-100　电路板安装

步骤 2：探测器接线。拿取桌上剥线钳，用剥线钳剥开预留线缆端部的铜芯，如图 2-101 所示。

将线缆绿、黄线分别接入探测器 ALARM 两个端子，用小一字螺丝刀紧固；同操作将线缆红、黑线分别接到探测器 DC 12V 正极和负极上，并用小一字螺丝刀紧固，如图 2-102 和图 2-103 所示。

线路接好后检查接线是否紧固，整理好线缆，多余部分放于探测器内，最后盖上探测器盖板，如图 2-104 所示。

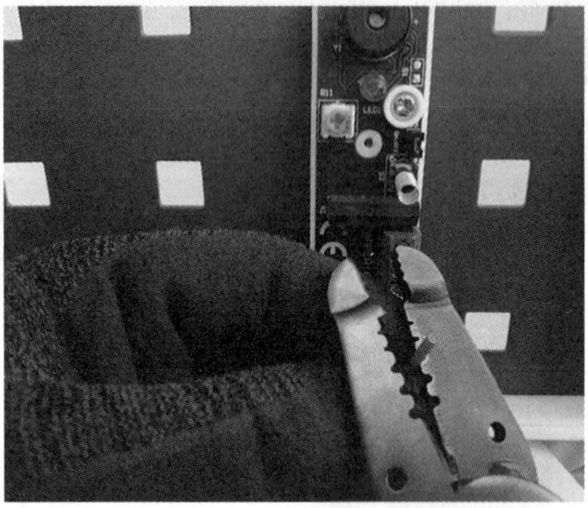

图 2-101　振动探测器剥线

图 2-102　振动探测器接线端子接线

图 2-103　振动探测器端子接线完成

图 2-104　振动探测器安装完成

技能点 8：脚踏开关的接线

使用场景：本款脚踏开关 TES -201 属于免安装型，用于银行等场所紧急报警，产品自带一根三芯线、白色公共端、黑色常闭、红色常开、脚踏功能、自复位（松脚弹回）。

脚踏开关的接线

1. 设备、工具和耗材

脚踏开关 1 个、剥线钳 1 把、防护手套 1 副、绝缘胶布若干。部分如图 2-105 所示。

2. 实操步骤

步骤 1：脚踏开关接线。将脚踏开关放置在展示板台面上，如图 2-106 所示。

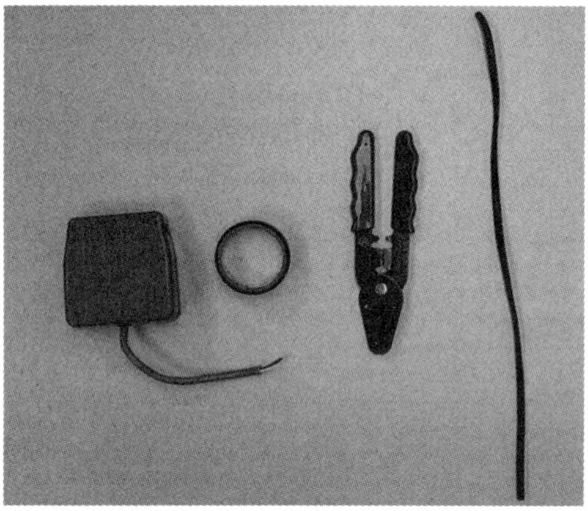

图 2-105　脚踏开关材料

图 2-106　脚踏开关放置

步骤 2：拿取剥线钳，将脚踏开关的线和预留线缆端部用剥线钳分别剥开，如图 2-107 所示。

步骤 3：然后开关白色线对接预留线缆绿色线，黑色线对接预留线缆棕色线，如图 2-108 所示。

图 2-107　脚踏开关剥线

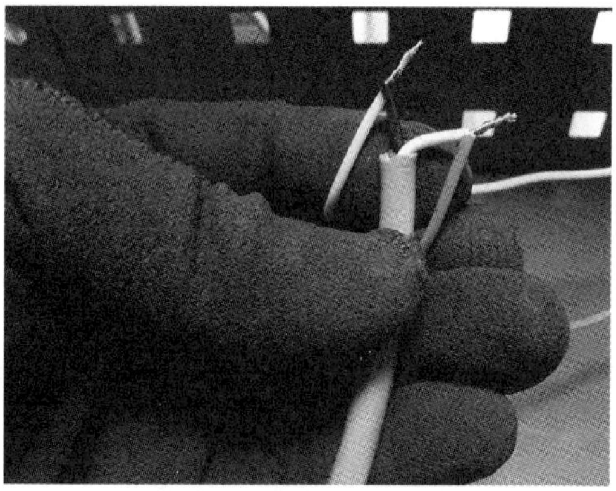

图 2-108　脚踏开关接线

步骤 4：接好以后用绝缘胶布分别缠绕紧固，缠绕美观，如图 2-109 和图 2-110 所示。

3. 实训收尾

收拾工具，打扫现场。

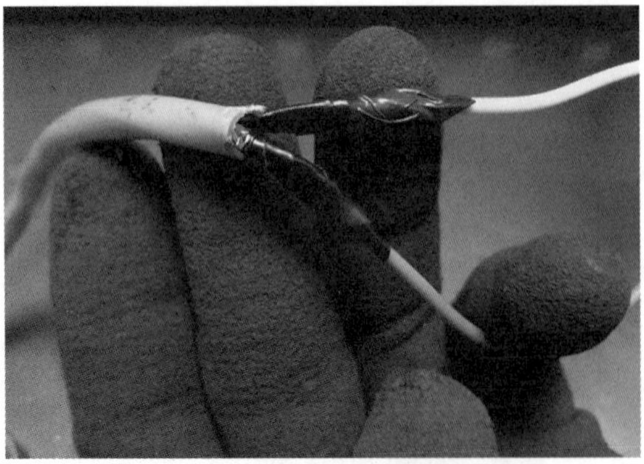

图 2-109 缠绝缘胶布

图 2-110 脚踏开关安装完成

后端设备安装接线

技能点 1： 8 防区网络模块的安装和接线

8 防区网络模块的安装和接线

1. 设备、工具及耗材

8 防区网络模块 1 个、剥线钳 1 把、网线钳 1 把、十字螺丝刀 1 把、小一字螺丝刀 1 把、防护手套 1 副、螺丝和水晶头若干。部分材料如图 2-111 所示。

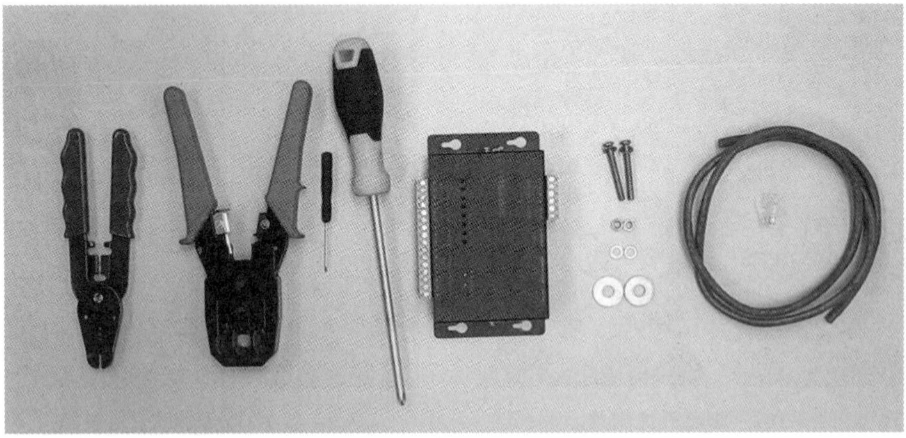

图 2-111 8 防区网络模块材料

2. 实操步骤

步骤 1：模块固定，先拿取模块，放置于展示板安装位置，再拿取螺丝，从模块固定孔穿入，从展示板后穿出，然后再拿取垫片、螺帽，依次穿在展示板后面的螺丝上，并紧固；依此步骤，继续紧固剩余螺丝，完成以后检查模块牢固度、平整度，如图 2-112 所示。

步骤 2：模块接线。拿取网线钳，将预留网线制作成水晶头（568B 标准型），做好后插入模块 IP 网络端口，如图 2-113 所示。

图 2-112　8 防区设备安装

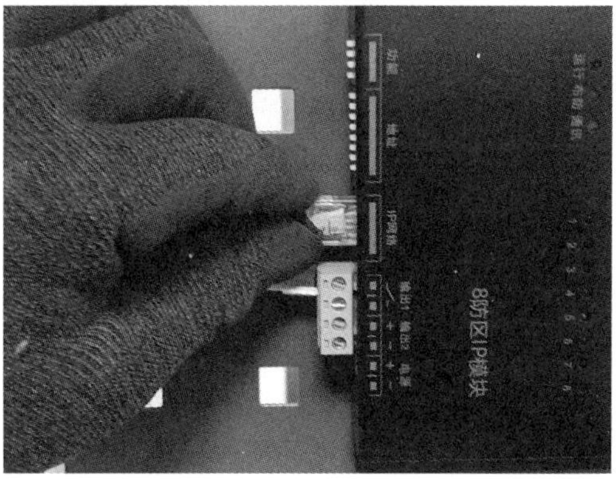

图 2-113　8 防区网线接线

用剥线钳剥开预留电源线端部的铜芯，将模块接线端子拆下，用小一字螺丝刀将预留电源线正极接到端子正极，电源负极接到端子负极，如图 2-114 所示。

接好后检查接线松紧度，最后将端子插入模块上，如图 2-115 和图 2-116 所示。

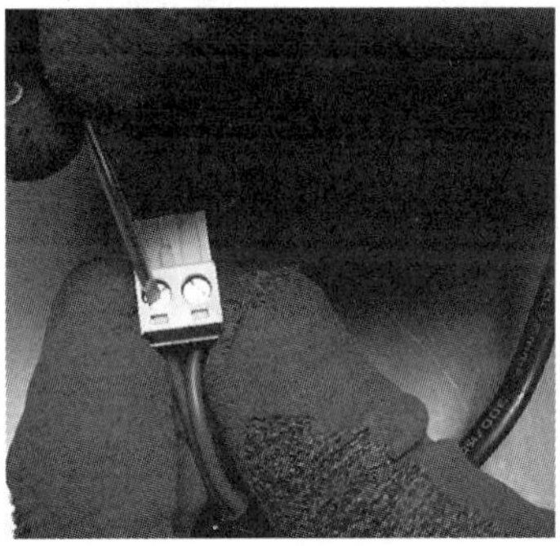

图 2-114　端子接线

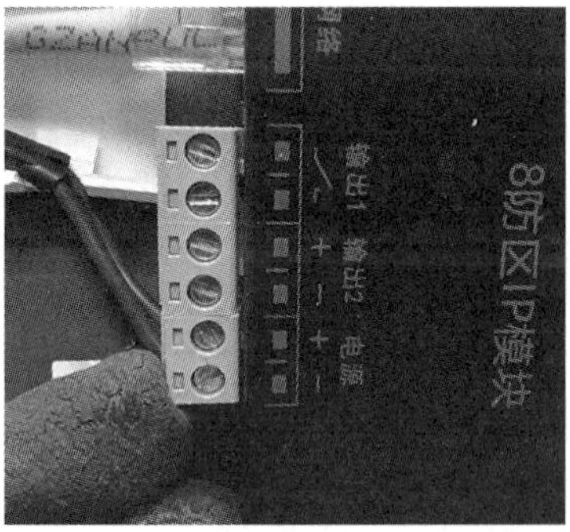

图 2-115　端子插接

图 2-116　8 防区网络模块安装完成

3. 实训收尾

收拾工具，打扫现场。

技能点 2：全网络报警主机的安装和接线

全网络报警主机的安装和接线

1. 设备、工具及耗材

全网络报警主机 1 台、十字螺丝刀 1 把、防护手套 1 副。部分材料如图 2-117 所示。

图 2-117　网络主机材料

2. 实操步骤

步骤 1：开箱检查。检查报警主机包装箱完整性，打开包装箱，检查设备完整性，主机、支架、电源适配器、LoRa 天线、安装配件、产品说明书、合格证等，如图 2-118 和图 2-119 所示。

图 2-118　产品说明书

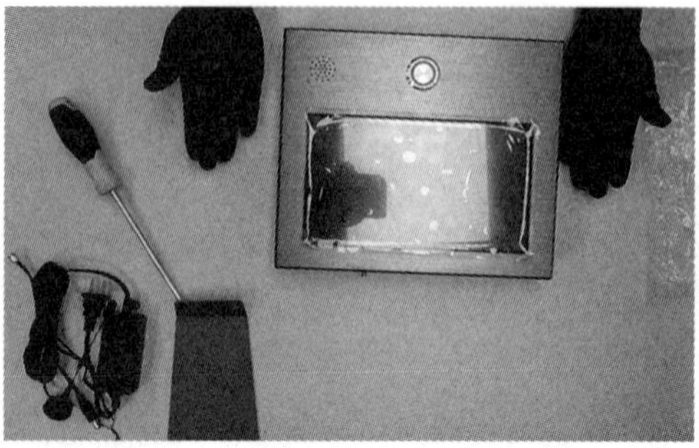

图 2-119　拆箱物品

步骤 2：支架安装。拿取主机，正面朝下放于桌子上，拿上支架，从配件中找到安装螺丝，用十字螺丝刀将支架拧入主机背面的螺孔内，依此方法，拧入另外一颗螺丝，安装完成以后，检查支架牢固，即可将主机立放在桌面上，再插上主机自带电源适配器，拧紧 LoRa 天线接头，整个主机安装即完成，如图 2-120—图 2-122 所示。

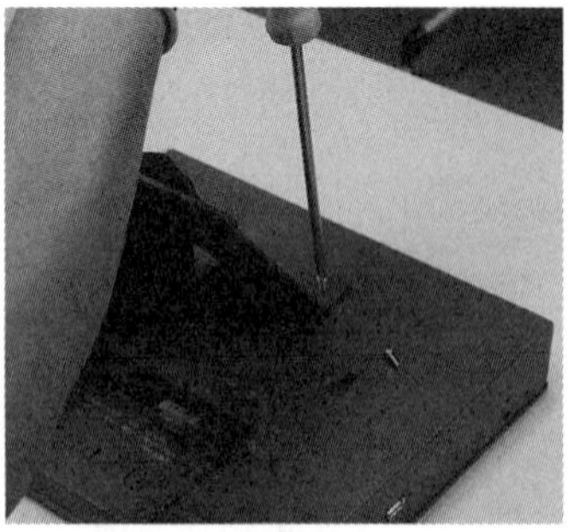

图 2-120　支架安装

图 2-121　电源线接线

图 2-122　LoRa 天线安装

3. 实训收尾

收拾工具，打扫现场。

五、实训报告及评价

姓名		区队	
组别		岗位	
同组成员		日期	
重点记录			
完成技能操作用到的标准规范、注意事项、工具、流程步骤等			
自评		组长评分	

操作实践		
类型	比例（比例可调）	分值
自评	30%	
组内互评	20%	
组间互评	20%	
教师评价	30%	
总评分（线上线下同步）		

六、课后拓展及应用

LoRa 无线智能型火灾烟雾探测器的安装

（一） LoRa 无线智能型火灾烟雾探测器的安装

1. 设备、工具及耗材

LoRa 无线智能型火灾烟雾探测器 1 个、十字螺丝刀 1 把、螺丝若干、防护手套 1 副。部分材料如图 2-123 所示。

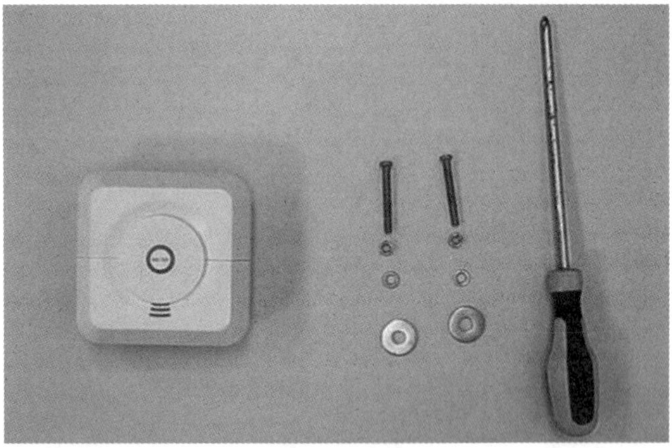

图 2-123　无线烟感材料

2. 实操步骤

步骤 1：底座安装。先从设备上拆下底座放置于展示板安装位置，如图 2-124 所示。

再拿取螺丝，从底座内固定孔穿入，从展示板后穿出，然后再拿取垫片、螺帽，依次穿在展示板后面的螺丝上，并紧固；依此步骤，继续紧固剩余螺丝，完成以后检查底座牢固度、平整度，如图 2-125 所示。

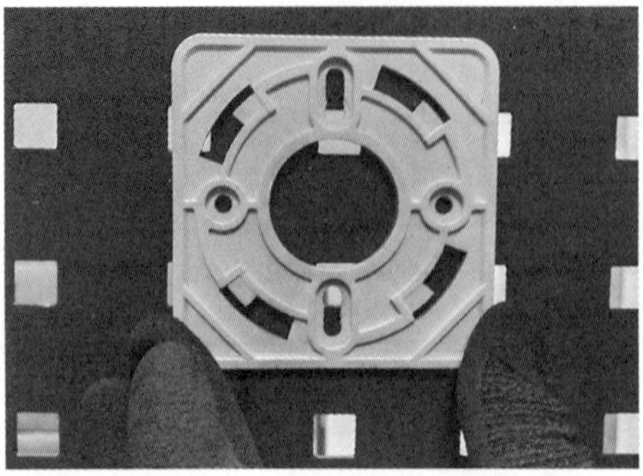

图 2-124　烟雾探测器底座放置

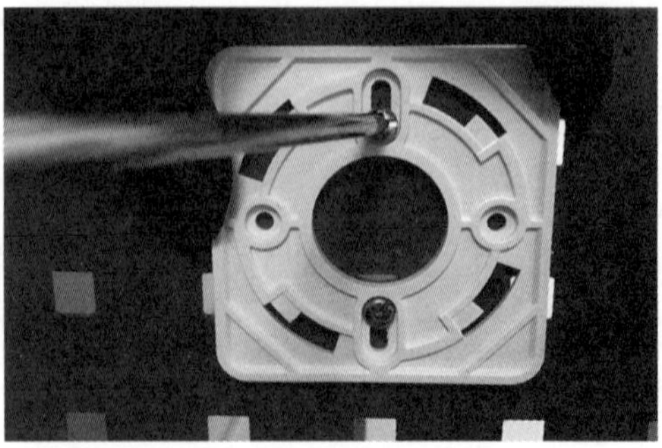

图 2-125　烟雾探测器底座安装

步骤 2：探测器安装。拿取桌面探测器，用手握紧探测器正面，对准底座放入，顺时针旋拧，听到咔的一声则探测器安装好，最后检查一下探测器牢固度，如图 2-126 和图 2-127 所示。

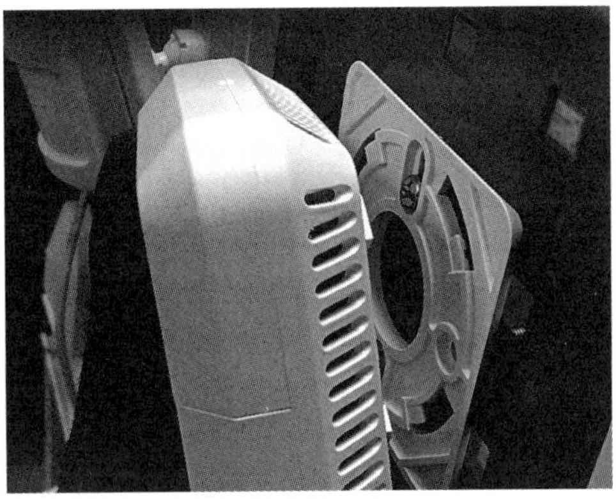

图 2-126　烟雾探测器设备安装

图 2-127　烟雾探测器安装完成

（二）PoE 网络脉冲电子围栏知识

使用本产品时需要注意的安全事项如下：

（1）在安装和使用本产品之前，应先对工作人员做好安全教育和技术培训。

（2）请勿把产品直接安装于潮湿的场所。

（3）为了产品安装以后的正常使用，产品的接地要求必须严格按照说明书的要求进行。

（4）本产品工作时内部带有高压，为避免电击伤害请勿私自拆装。

（5）切勿在下雨、雷电等天气环境下安装电子围栏系统。

（6）如出现异常情况，应先切断电源，并通知专业人员。

（7）切勿自行拆修，否则后果自负。

（8）用户不能自行打开产品维修，否则我公司不予保修。

（9）本产品的使用者，必须具有电器安全及触电解救知识。

（10）安装使用前必须阅读此说明书，熟悉本产品的正确使用方法并规范操作，否则由此产生的一切后果，由使用者负责。

1. 产品特性及参数说明

[产品特性]

（1）支持 PoE 网络供电技术，支持网络一键分配 IP 地址，每个系统最多支持 57600 台 PoE 网络脉冲电子围栏主机接入。

（2）保留 RS-485 总线通信，通过 RS-485 总线组成系统时，每个系统支持 255 个防区。

（3）支持高/低压手动切换或远程设置。

（4）具有短路、断线、防拆、通信失败报警功能；触网型主机具有短路、断线、触网、防剪、防拆、通信失败等报警功能。

（5）差分电压输出技术：每条线上有电压，相邻两线之间有压差。

（6）支持报警记录查询。

（7）支持报警灵敏度设置。

（8）支持 DC 12V 电源输出及常开/常闭干接点报警输出。

（9）支持蓄电池接口，可在停电的情况下继续工作，来电后自动转换成市电供电。

（10）具有电池接反或短路的提示、系统供电电压过低或过高的提示。

［产品技术参数］

供电电源电压	外部电源供电：DC 12V/3A	使用环境	温度：−25～55℃
	PoE 网络供电：标准 PoE 供电 36～54V 输入		相对湿度：≥95%
PoE 供电标准	IEEE 802.3af≥12W IEEE 802.3at≥25W	产品尺寸	340mm×245mm×140mm
工作电流	≤1A，不包含外部设备		
脉冲高压输出参数			
输出高压峰值	5～10kV	输出低压峰值	700～1000V
脉冲电流峰值	<10A	单个脉冲输出最大电量	2.5mC
脉冲间隔时间	1s	脉冲持续时间	≤0.1s
单个脉冲输出最大能量	<5.0J	系统功耗	15W

2. 脉冲电子围栏主机底部接线说明

［常规型脉冲电子围栏主机底部接线说明］

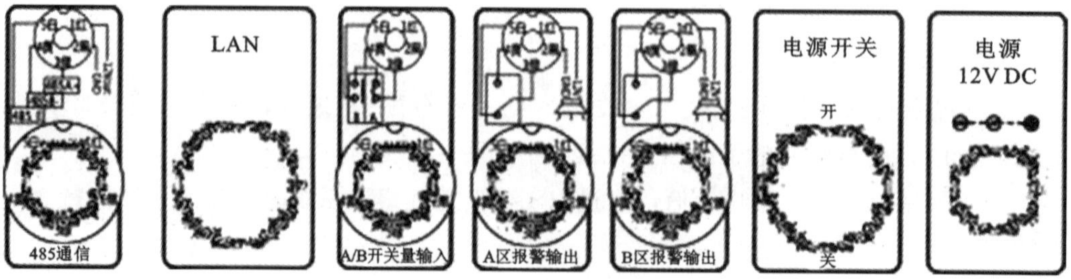

接键盘	网络接口	AB 开关量输入	A 区报警输出	B 区报警输出	电源开关	直流 12V 输入
1：12V DC		1：空脚	1：警号＋	1：警号＋	I：开	
2：GND		2：空脚	2：GND	2：GND	O：关	
3：485A＋		3：常闭输入	3：公共端	3：公共端		
4：485B－		4：公共端	4：常开输出	4：常开输出		
5：485E		5：常开输入	5：常闭输出	5：常闭输出		

（1）485 通信接口：RS -485 总线接口，在 5 针航空接头的 3/4 引脚上，通过手拉手连接于围栏系统的 RS -485 总线上。

（2）LAN：PoE 网线通过该接口供电和网络通信，实现网络上报管理中心。

（3）A/B 开关量输入：可外接其他报警器的开关量输出信号。

（4）A 区报警输出：5 针航空接头的 1 和 2 针脚定义为 DC 12V 警号报警输出接口，3、4、5 针定义为常开/常闭型开关量输出。

（5）B 区报警输出：功能定义跟 A 区类似。

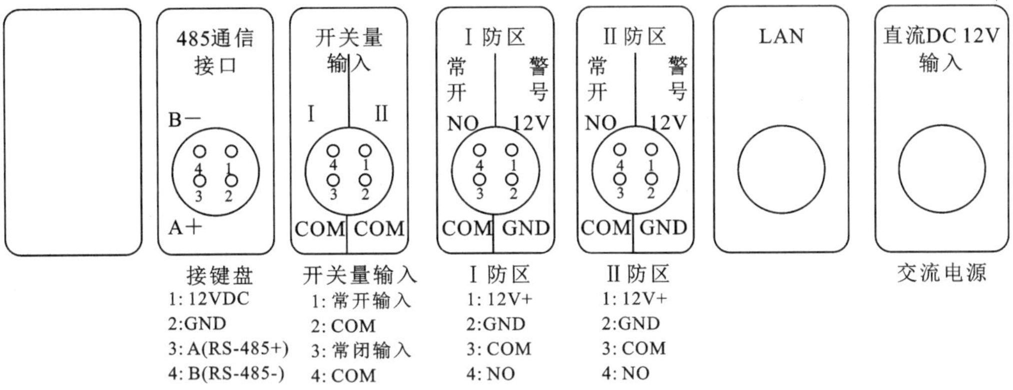

（6）电源开关：主机电源开关（电源开关也可以切断电池供电）。

（7）直流 DC 12V 输入：该端口支持 DC 12V/3A 电源适配器给主机供电，极性为内正外负。

3. 触网型脉冲电子围栏主机底部接线说明

（1）485 通信接口：RS -485 总线接口，在 4 针航空接头的 3/4 引脚上，通过手拉手连接于围栏系统的 RS -485 总线上。

（2）开关量输入：有两组开关量输入接口，1/2 脚为一组常开输入接口（B 防区）；3/4 脚为一组常闭输入接口（A 防区）。

（3）Ⅰ防区/Ⅱ防区报警输出

警号输出：DC 12V 报警电压输出接口，在 4 针航空接头的 1/2 引脚上，连接负载≤10W 报警设备；

开关量输出：开关量（常开）输出接口，在 4 针航空接头的 3/4 引脚上。

（4）LAN：PoE 网线通过该接口供电和网络通信，实现网络上报管理中心。

（5）直流 DC 12V 输入：该端口支持 DC 12V/3A 电源适配器给主机供电，极性为内正外负。

4. 常规型脉冲围栏主机安装说明示意图

（1）常规型四线制单防区脉冲围栏主机安装说明示意图。

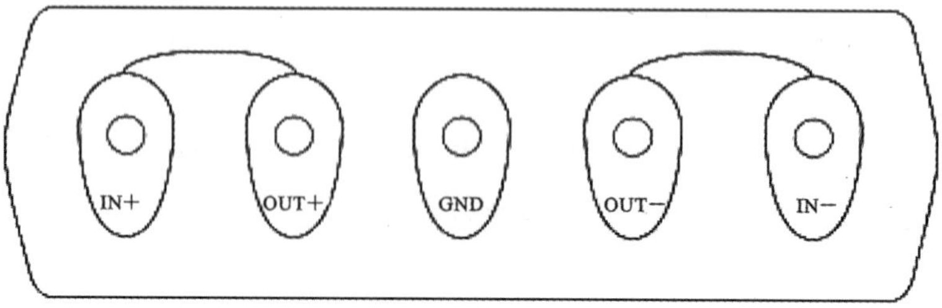

红色接线柱：四线制单防区主机以中间的黑色 GND（高压接地）接线柱将主机分成两组回路：左边的“＋”回路和右边的“－”回路。OUT＋和 IN＋为“＋”回路；OUT－和 IN－为“－”回路。

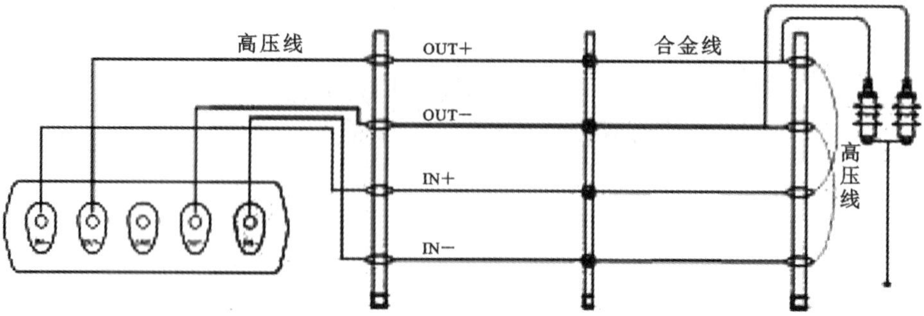

注：黑色 GND（高压接地）接线柱，高压输出接地端子，接地电阻要求≤10Ω。

（2）常规型四线制双防区脉冲围栏主机安装说明示意图。

红色接线柱：四线制双防区主机以中间的黑色 GND（高压接地）将主机分为 A 防区和 B 防区。每个防区分成“＋”“－”两组高压回路：OUT＋和 IN＋为一组回路，OUT－和 IN－为一组回路。

注：黑色 GND（高压接地）接线柱，高压输出接地端子，接地电阻要求≤10Ω。

（3）常规型六线制单防区脉冲围栏主机安装说明示意图。

红色接线柱：六线制单防区主机以中间的黑色 GND（高压接地）接线柱将主机分成两组回路：左边的“＋”回路和右边的“－”回路。OUT＋、IN＋1 和 IN＋2 为“＋”回路，OUT－、IN－1 和 IN－2 为“－”回路。

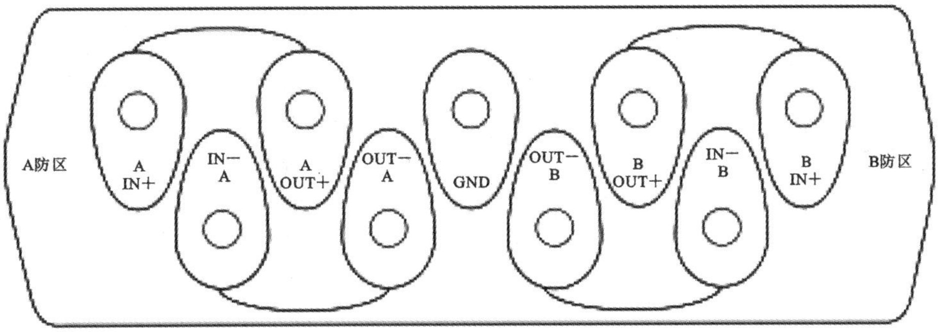

注：黑色 GND（高压接地）接线柱，高压输出接地端子，接地电阻要求≤10Ω。

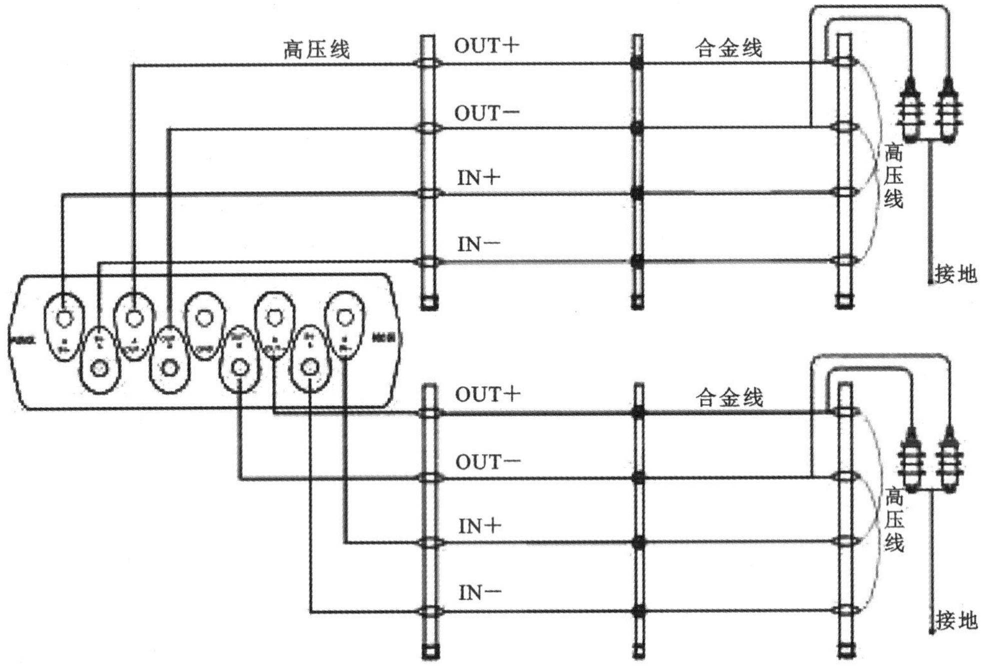

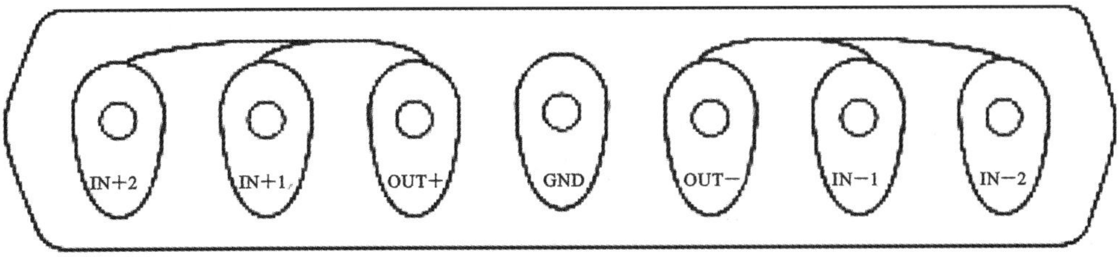

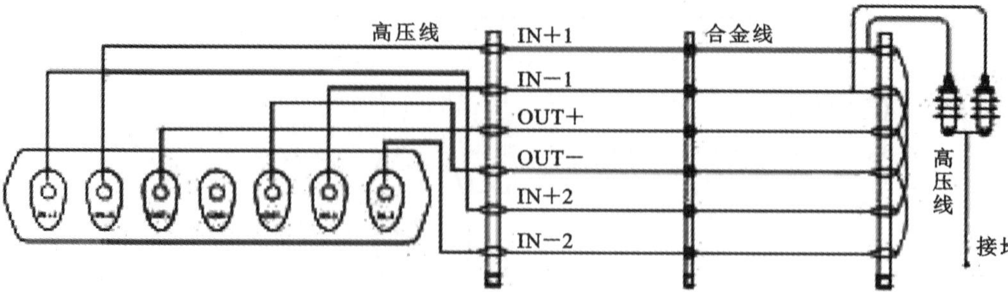

（4）常规型六线制双防区脉冲围栏主机安装说明示意图。

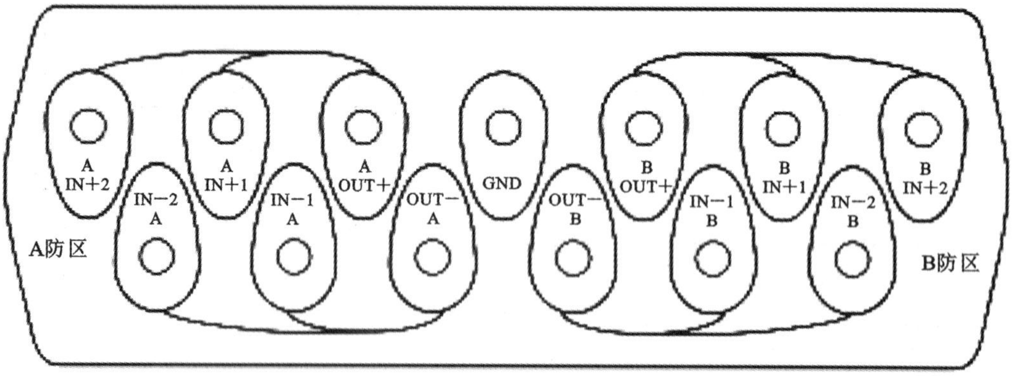

红色接线柱：六线制双防区主机以中间的黑色 GND（高压接地）将主机分为 A 防区和 B 防区。每个防区分成“＋”“－”两组高压回路：OUT＋、IN＋1 和 IN＋2 为“＋”回路；OUT－、IN－1 和 IN－2 为“－”回路。

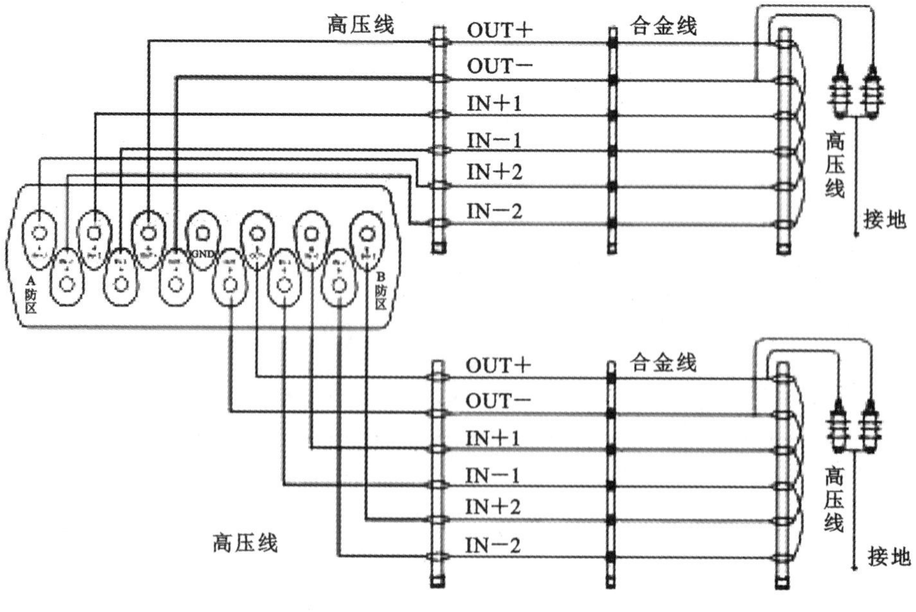

5. 触网型脉冲围栏主机安装说明示意图

（1）触网型四线制防区脉冲围栏主机安装说明示意图。

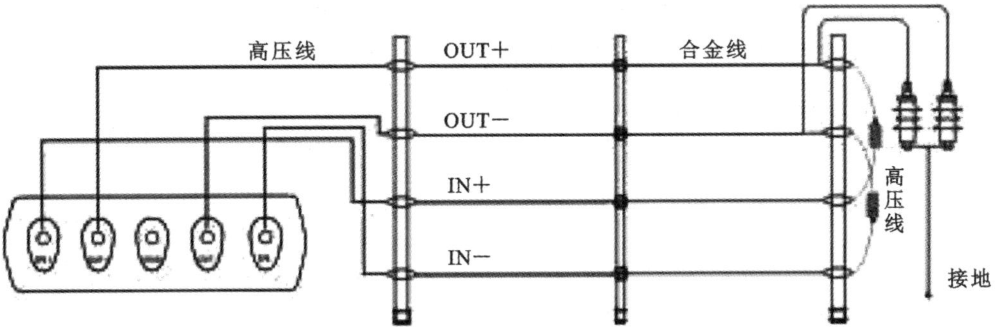

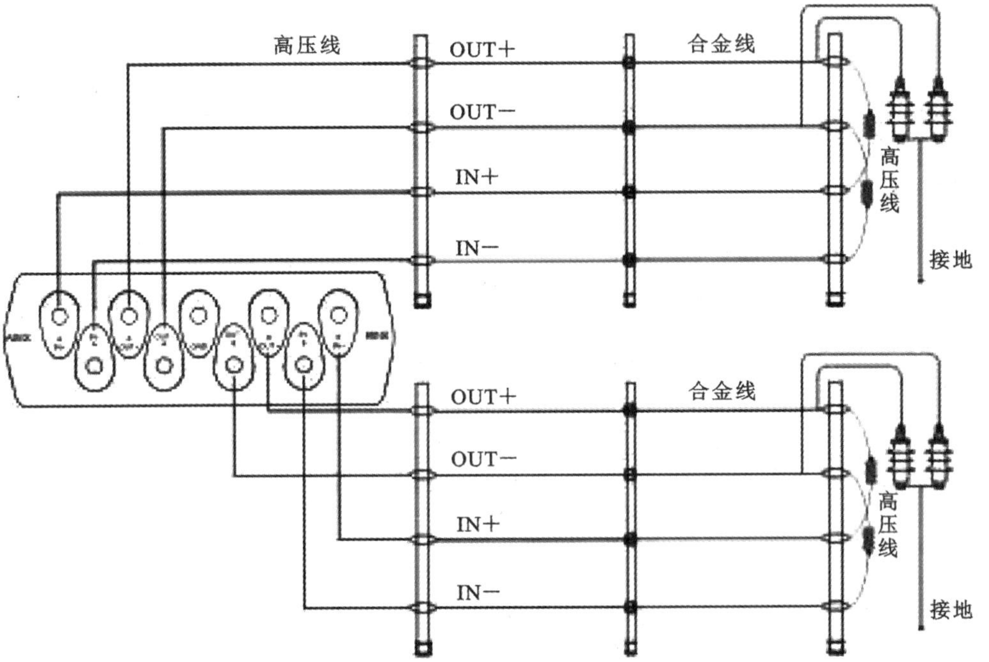

如上面围栏前端接线示意图所示，尾端连接防剪终端器，防剪终端器上的丝印要与主机上的高压端子丝印一致。

防剪终端器的“红色端”与主机高压接线端子的“OUT＋”连接。“黑色端”与主机高压接线端子的“IN＋”连接。

防剪终端器的“红色端”与主机高压接线端子的“IN－”连接。“黑色端”与主机高压接线端子的“OUT－”连接。

（2）触网型六线制防区脉冲围栏主机安装说明示意图。

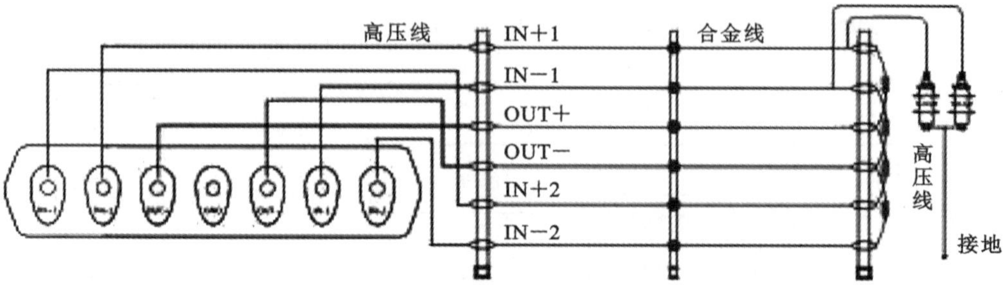

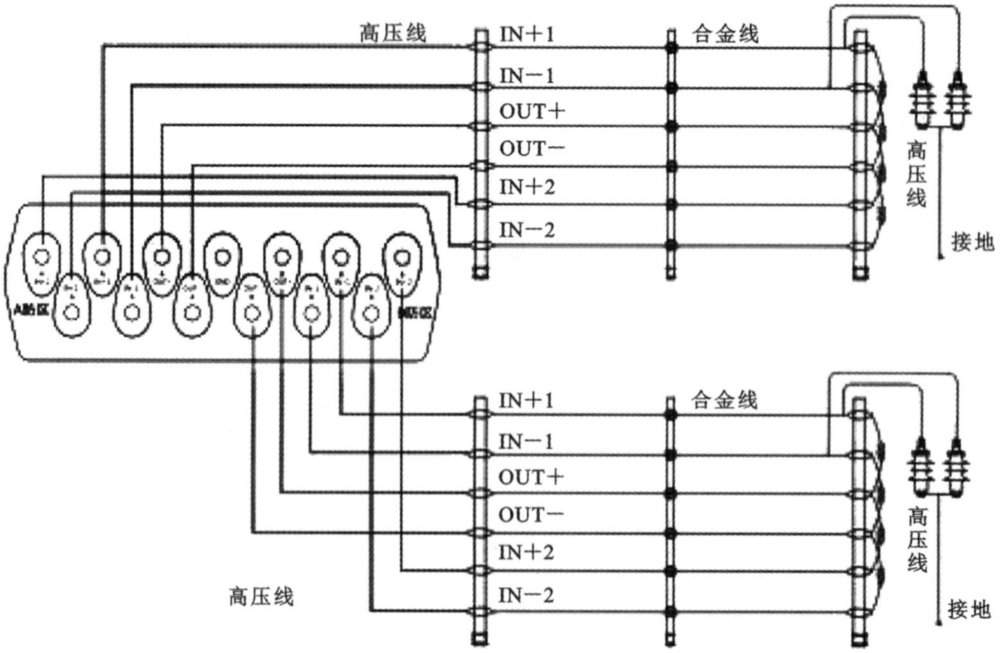

如上图所示围栏前端接线示意图，尾端连接防剪终端器，防剪终端器上的丝印要与主机上的高压端子丝印一致。

防剪终端器的“红色端”与主机高压接线端子的“OUT＋”连接。“黑色端”与主机高压接线端子的“IN＋”连接。

防剪终端器的“红色端”与主机高压接线端子的“IN－”连接。“黑色端”与主机高压接线端子的“OUT－”连接。

七、1+X证书考证题库

单选题

1. 入侵报警系统是由多个（　　）组成的点、线、面．空间及其组合的综合防护报警体系。

A. 探测器

B. 控制器

C. 报警器

D. 监控器

2. 通常在安全技术防范系统中，是以（　　）子系统为核心。

A. 电视监控

B. 入侵报警

C. 出入口控制

D. 报警通信

3. 报警系统紧急报警．入侵报警及防破坏报警响应时间应不大于（　　）。

A. 2s

B. 3s

C. 4s

D. 5s

4. 入侵探测报警系统在正常工作条件下平均无故障工作时间分为A、B、C、D四级，各类产品的指标不应低于A级的要求，A级要求的平均无故障工作时间为（　　）小时。

A. 1000

B. 2000

C. 5000

D. 10000

5. 现阶段全网络报警主机供电电压（　　），全网络报警主机V2.0的供电电压（　　）。

A. 5V，12V

B. 12V，5V

C. 12V，12V

D. 5V，12V～24V

多选题

1. 设计全网络报警系统方案相对我们传统系统的区别。（　　）

A. 施工布线

B. 通讯方式

C. 成本预算

D. 系统兼容性

E. 智能化

2. 主机支持多种设备类型。(　　)

A. 网络红外对射

B. 一键可视对讲

C. POE 脉冲电子围栏

D. 网络防区模块(1E/4E/8E)

E. LORA 智能门磁

任务四　智能化入侵报警系统设备调试

任务导学

一、三维教学目标

【知识目标】

记住入侵报警主机的设备参数修改操作步骤；识记入侵报警主机的报警联动设置流程。

【能力目标】

会在报警主机上修改探测器信息、各类参数；会独立设置报警联动功能，实现报警联动。

【素质目标】

通过系统调试的规范流程学习，培养学生国家安全观；通过系统调试的实践训练，培养学生树立严守法纪的警务素养。

二、岗证赛相融通

【安防系统安装维护员岗位】

四级/初级工

(1) 能在操作键盘上进行布防、撤防。

(2) 能触发前端探测器使主机报警。

(3) 能正确选择前端设备供电电源。

三级/高级工

（1）能设置入侵告警系统的布防延时、告警延时。

（2）能设置24小时防区。

【省级安防职业技能竞赛】

“湖北工匠杯”安防职业技能竞赛。

入侵报警系统相关调试。

三、引用标准规范

（一） GB 50348—2018《安全防范工程技术标准》

7.3.5 系统调试应符合下列规定

（3）入侵和紧急报警系统调试应至少包括下列内容。

1）探测器的探测范围、灵敏度、报警后的恢复、防拆保护等；

2）紧急按钮的报警与恢复；

3）防区、布撤防、旁路、胁迫警、防破坏及故障识别、告警、用户权限等设置、操作、指示/通告、记录/存储、分析等；

4）系统的报警响应时间、联动、复核、漏报警等；

5）入侵和紧急报警系统的其他功能。

（二） GB 51348—2019《民用建筑电气设计标准》

14.2.5 控制、显示记录设备应符合下列要求

（1）系统布防、撤防、报警、故障等信息的存储时间不应小于30d。

（2）系统应显示和记录发生的入侵事件、时间和地点；重要目标的入侵报警系统应有声音或视频复核功能。

（3）系统宜能按时间、区域、部位任意编程设防和撤防。

（4）除特殊要求外，系统报警响应时间不应大于5s。

（5）报警控制器应具有驱动外围设备功能，并应具有与其他系统集成、联网的接口。

（6）报警控制器应设有备用电源，备用电源容量应保证系统正常工作8h。

四、主要任务

全网络
报警主机调试

技能点：全网络报警主机调试

1. 调试要求

在全网络主机内，对前端探测器、模块设备参数进行修改、添加，将设备注册到主机内，使整套入侵报警系统连接成一个整体，使系统发挥安全防范的功能，达到入侵检测报警的目的。

2. 调试步骤

所有网络设备需要接入报警主机，单击“发布重启”图标，在开机界面设备在线就会正常显示蓝色，异常就会闪红色，并伴有语音播报。开机界面如图 2-128 所示。

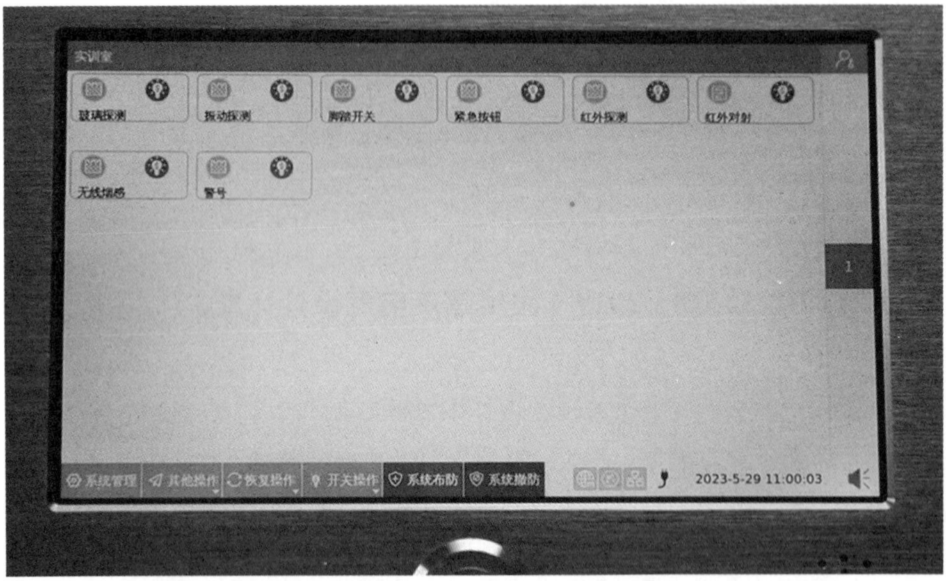

图 2-128　设备在线

[联动设置]

步骤 1：首先单击“系统管理”，进入系统管理子菜单界面，然后单击“防区管理”图标，进入防区管理界面，如图 2-129 所示。

步骤 2：在防区管理界面内，先单击“选择设备”按钮，如图 2-130 所示。

图 2-129　进入防区管理流程

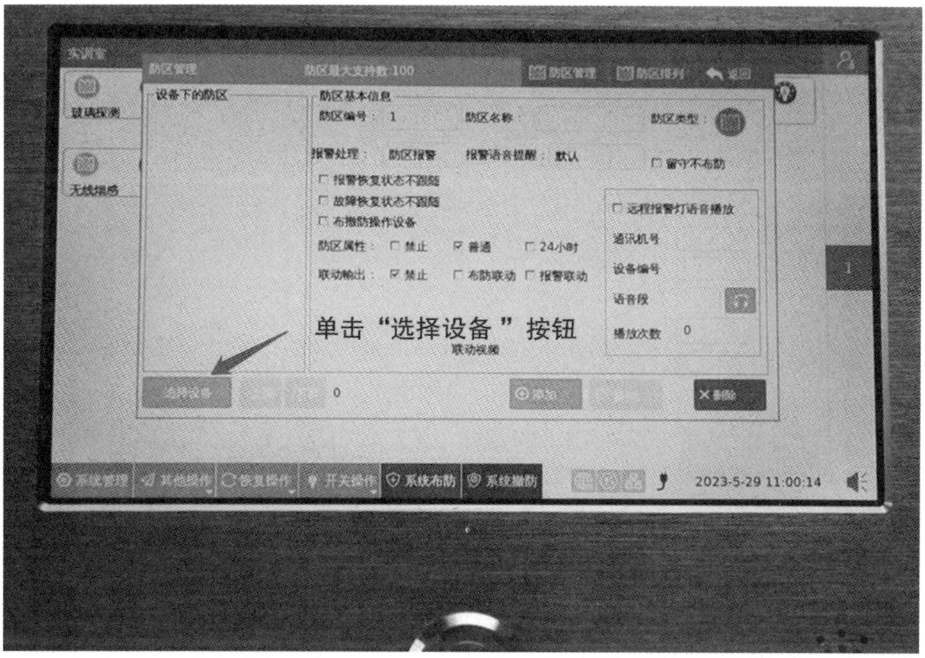

图 2-130　防区管理

单击“选择设备”按钮以后，进入选择设备界面，直接单击需要编写联动的设备，此处以“紧急按钮”为例，如图 2-131 所示。

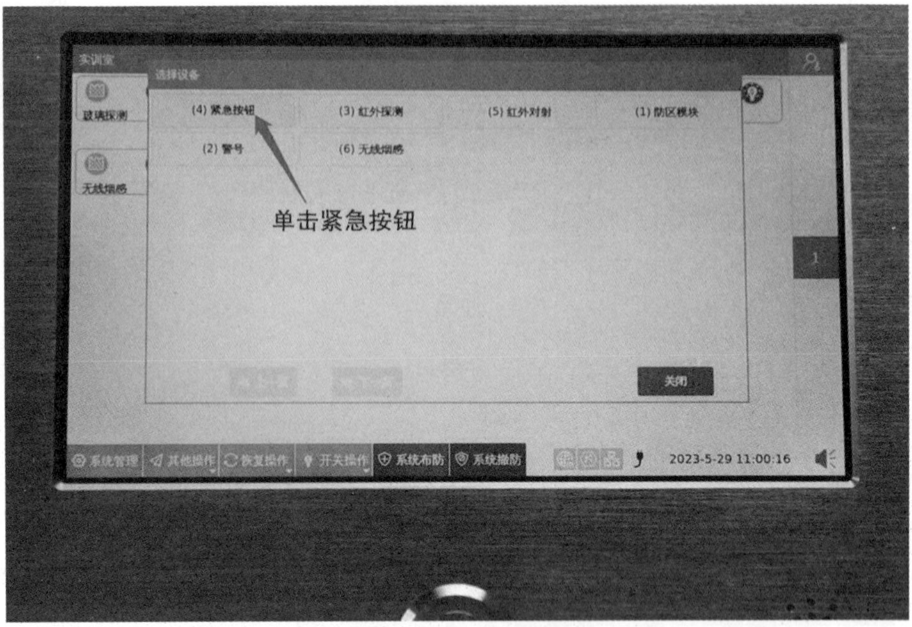

图 2-131　选择设备

步骤 3：单击选择“紧急按钮”之后，直接返回防区管理界面，在防区管理界面先勾选“报警联动”选项，然后单击“设置联动”按钮，如图 2-132 所示。

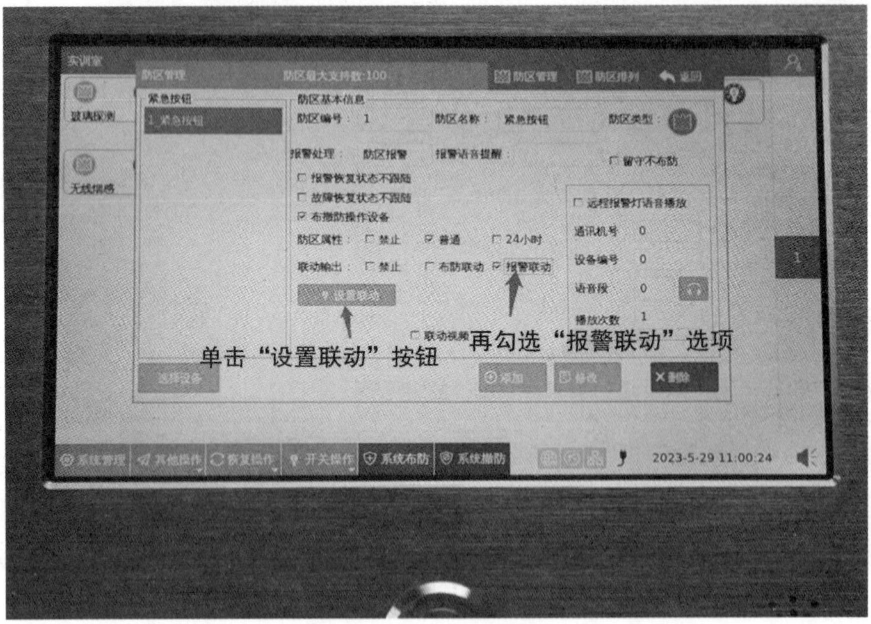

图 2-132　联动设置

步骤 4：在联动输出设置界面，先单击“通讯机/运设备 ID 编号”第一栏，选择报警时需要输出的设备（如“警号”），如图 2-133 和图 2-134 所示。

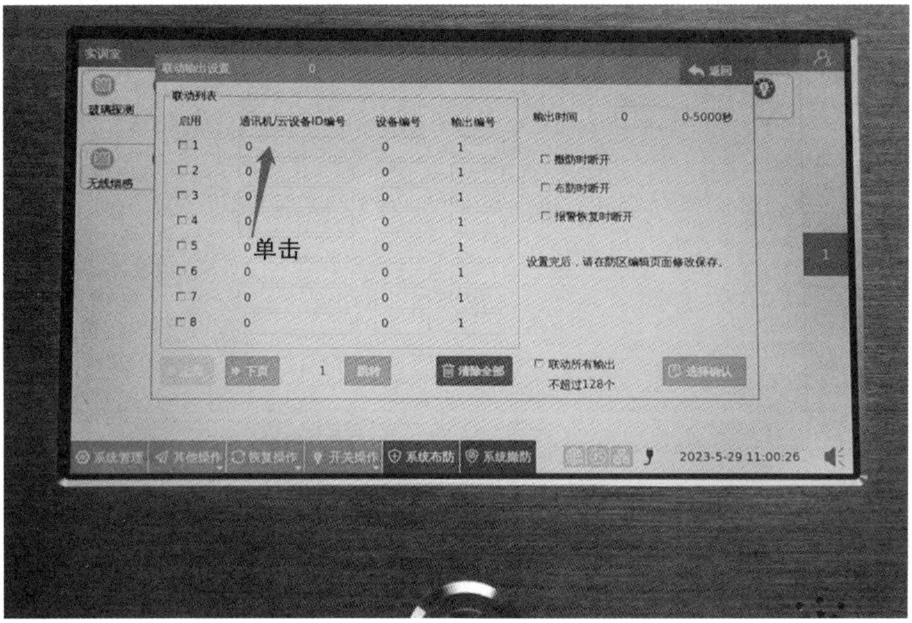

图 2-133 联动输出设置

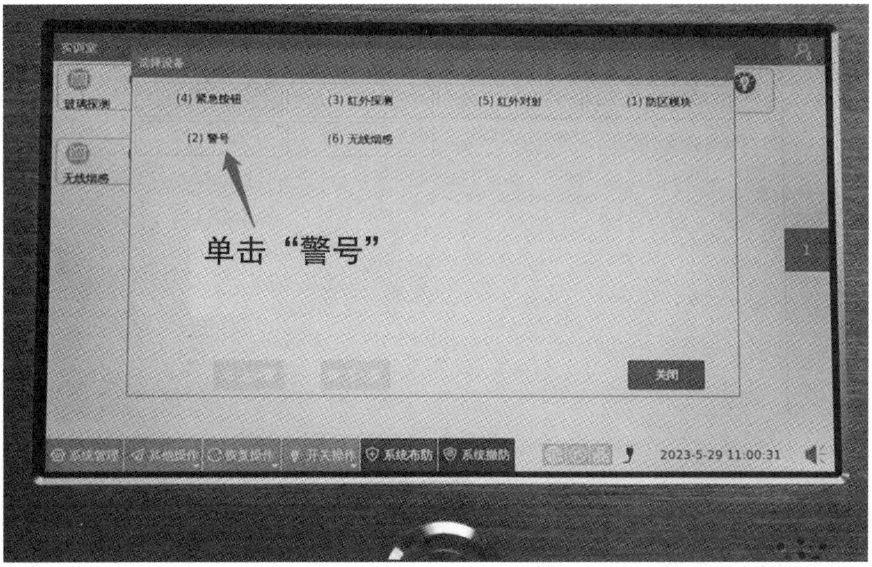

图 2-134 输出设备选择

步骤 5：选择好输出设备以后，在联动输出设置界面直接单击启用，然后修改右侧参数、勾选“撤防时断开”选项，最后单击“选择确认”按钮，如图 2-135 所示。

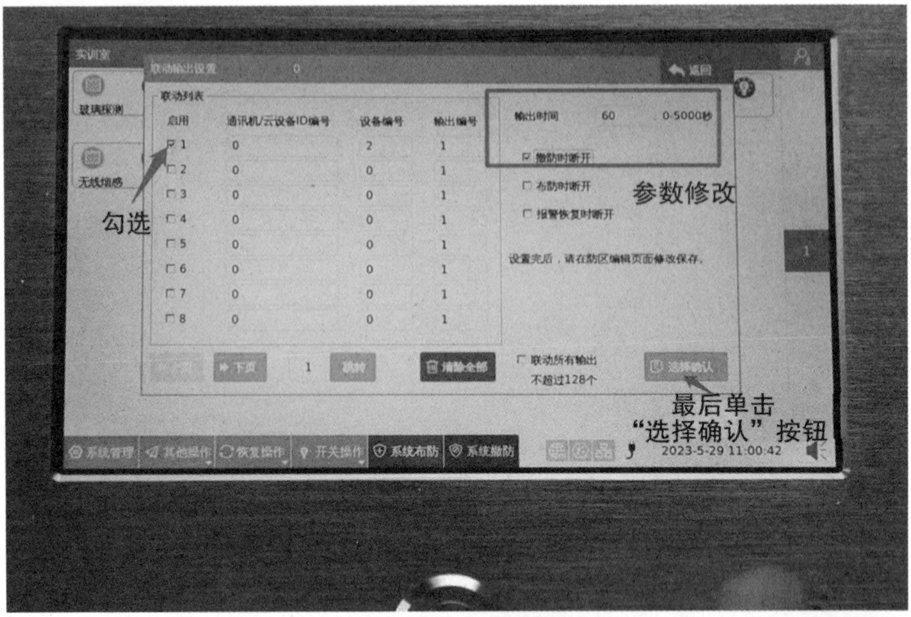

图 2-135 联动参数设置

保存联动设置以后，单击“返回”按钮，回到防区管理界面，单击“修改”按钮，如图 2-136 所示。

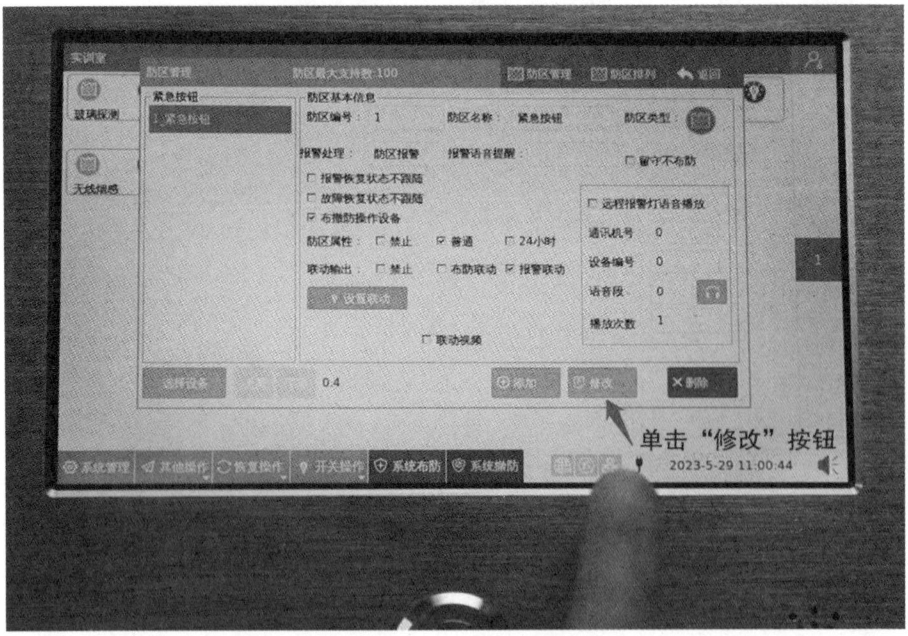

图 2-136 参数保存修改

保存成功以后单击“确定”按钮，如图 2-137 所示。

图 2-137　保存确认

步骤 6：依据步骤 1 到步骤 5 的操作，依次可以将红外对射、双鉴红外、玻璃破碎、振动探测、脚踏开关、烟感探测的联动设置完成，全部设置完成以后，在系统管理界面单击“发布重启”按钮，保存所有联动配置，如图 2-138 所示。

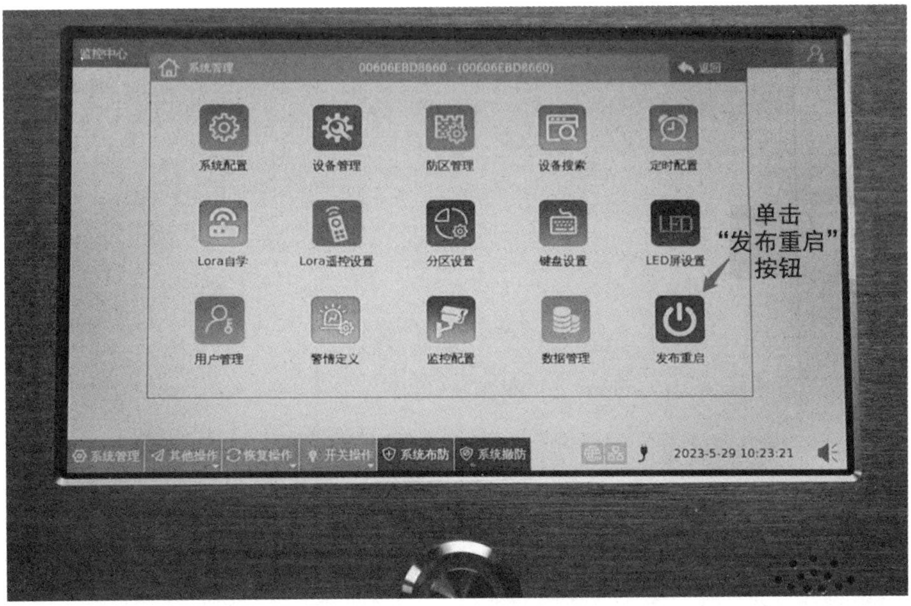

图 2-138　发布重启

[报警测试]

所有探测器联动设置完成并发布重启后，主机重启界面。根据需求，可以逐一测试每个探测器。测试步骤如图 2-139 所示。

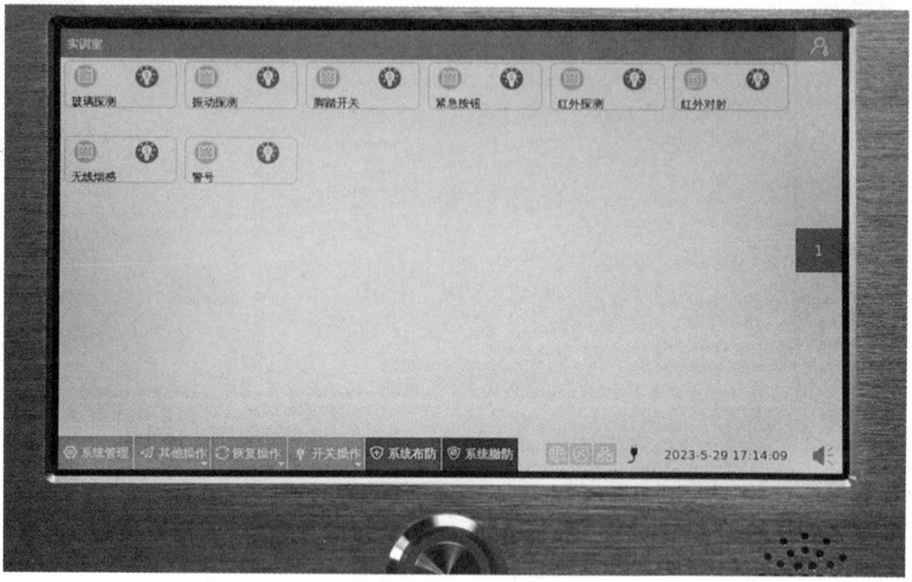

图 2-139　主机界面

(1) 紧急报警按钮测试

步骤 1：在系统人机界面中，先单击“紧急按钮”选项，然后选择布防，即可以开始测试，如图 2-140 和图 2-141 所示。

图 2-140　紧急按钮布防

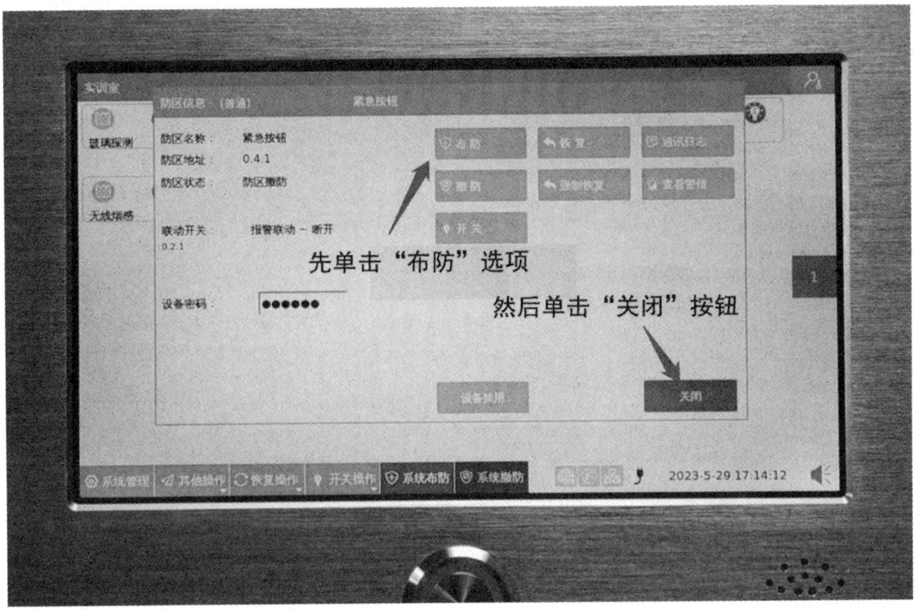

图 2-141　紧急按钮布防流程

步骤 2：布防完成以后，直接可以测试。按下报警红色按钮，按钮指示灯变红，主机界面显示按钮防区报警并伴有语音播报，并且警号也会发出声光告警，如图 2-142—图 2-144 所示。

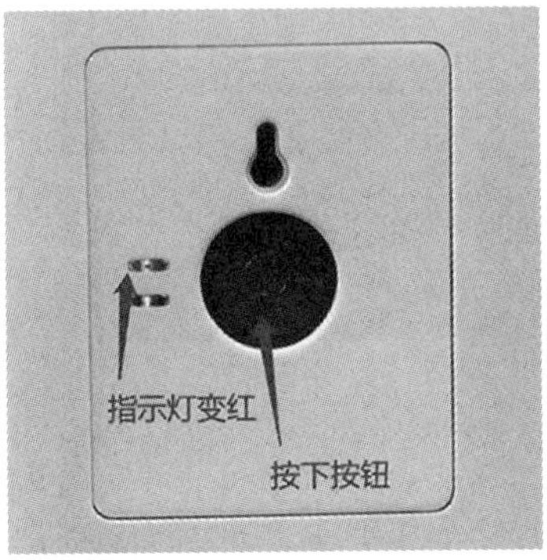

图 2-142　报警按钮测试

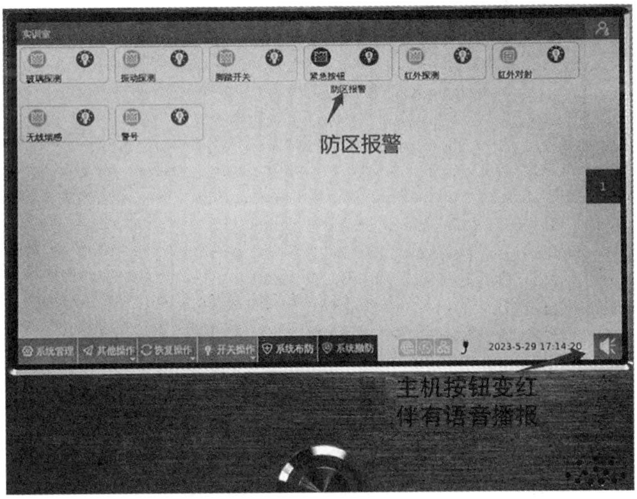

图 2-143　按钮报警主机报警

步骤 3：测试完毕后，按钮开关用复位钥匙插入复位孔，还原报警按钮，然后回到主机界面单击按钮，选择“撤防”选项、按消音键并单击“强制恢复”按钮。关闭对话操作框，返回主机主界面，如图 2-145 所示。

图 2-144　警号报警

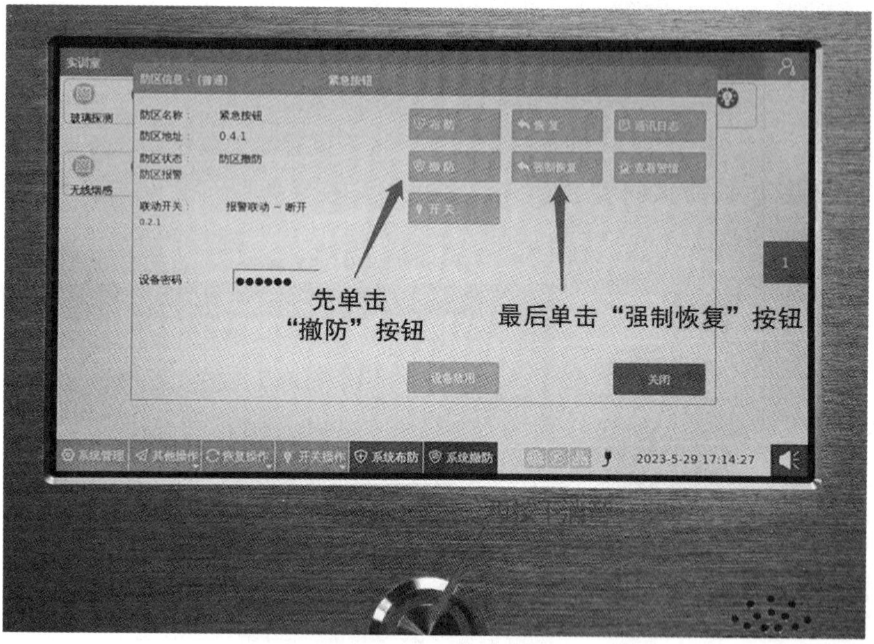

图 2-145　紧急按钮恢复

（2）PoE 双鉴红外探测器测试

步骤 1：在系统人机界面，先单击“红外探测”按钮，然后选择“布防”选项，即可开始测试，如图 2-146 所示。

步骤 2：布防完成后，直接可以测试。人缓慢进入红外探测区域，探测器指示灯变红，主机界面显示按钮防区报警并伴有语音播报，并且警号也会发出声光告警，如图 2-147 和图 2-148 所示。

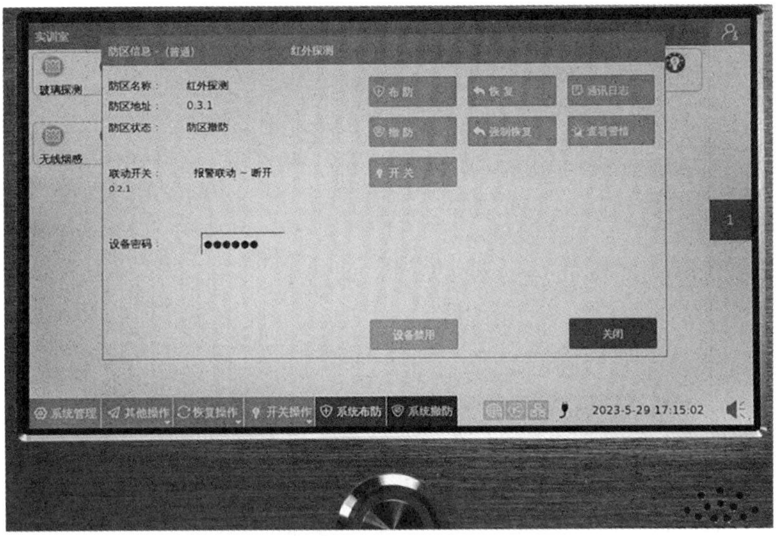

图 2-146 红外探测布防

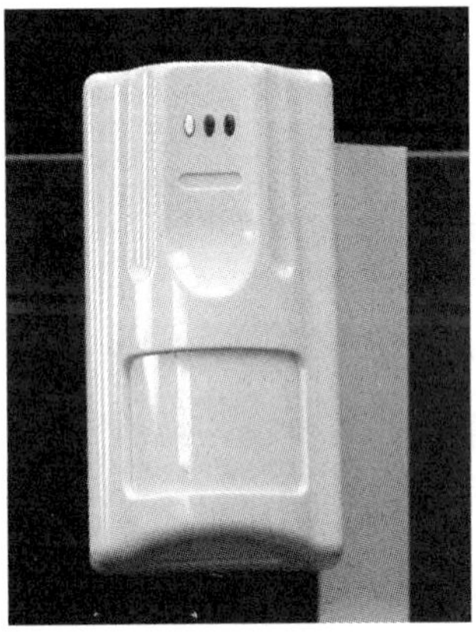

图 2-147 红外探测报警

图 2-148 红外探测主机报警

步骤 3：测试完毕后，主机界面单击“红外探测”按钮，选择“撤防”选项、按消音键并单击“强制恢复”按钮。关闭对话操作框，返回到主机主界面，如图 2-149 所示。

（3）PoE 红外对射探测器测试

步骤 1：在系统人机界面，先单击“红外对射”按钮，然后选择“布防”选项，即可以开始测试，如图 2-150 所示。

步骤 2：布防完成后，直接可以测试。用一块纸板，挡在红外对射探测器之间，主机界面显示按钮防区报警并伴有语音播报，并且警号也会发出声光告警，如图 2-151 和图 2-152 所示。

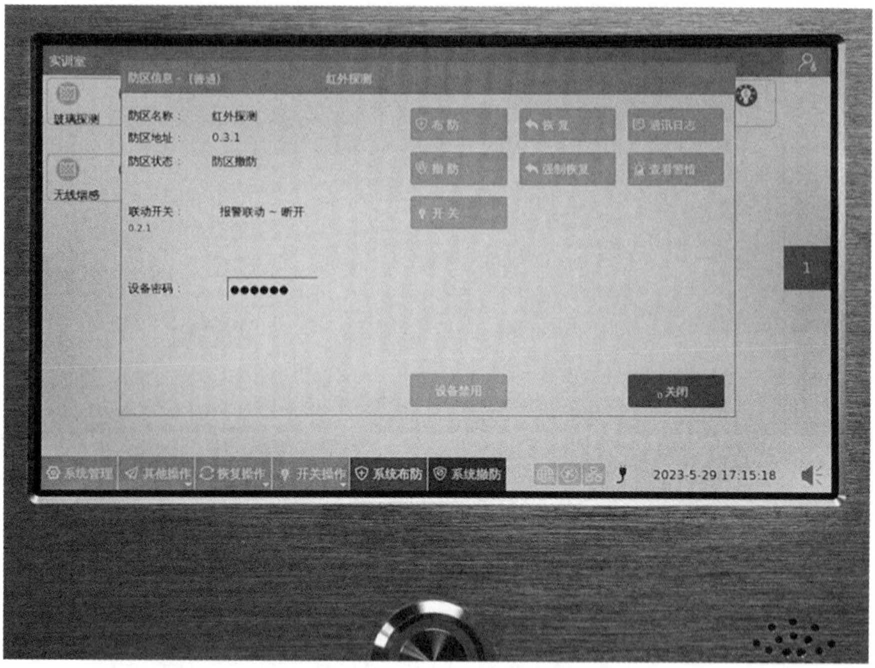

图 2-149　红外探测报警恢复

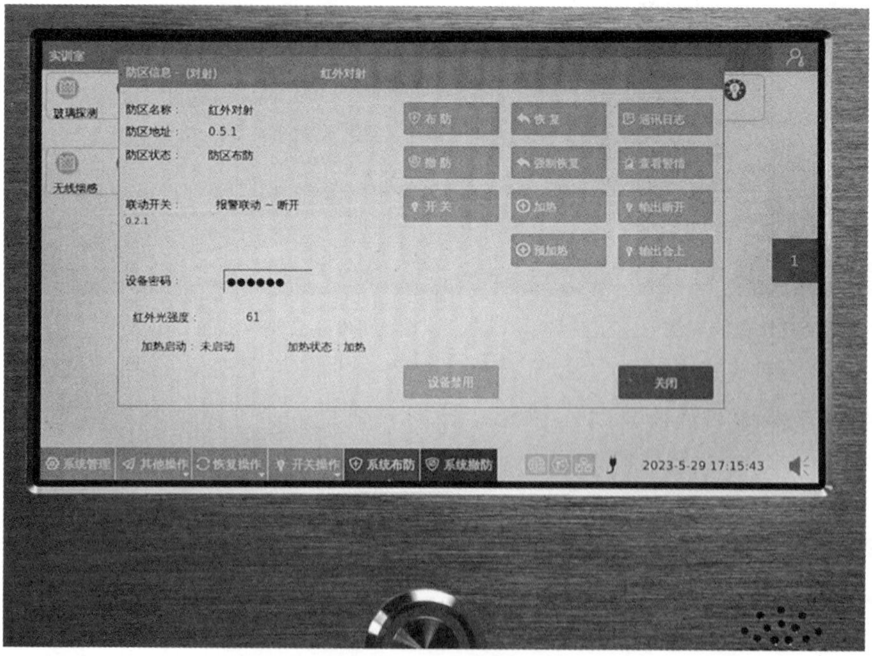

图 2-150　红外对射布防

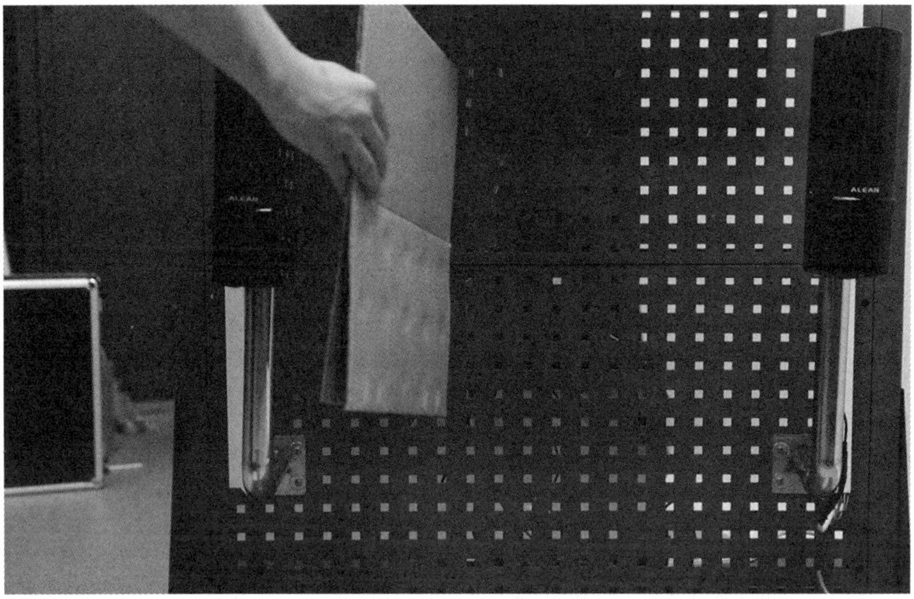

图 2-151　红外对射测试

图 2-152　红外对射主机报警

步骤 3：测试完毕后，主机界面单击红外对射，选择“撤防”选项、按消音键并单击“强制恢复”按钮。关闭对话操作框，返回到主机主界面，如图 2-153 所示。

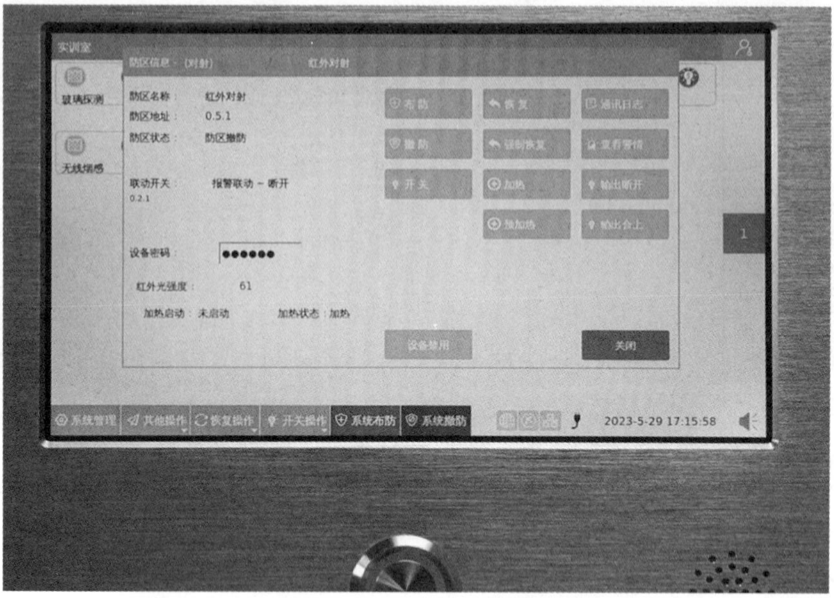

图 2-153　红外对射主机恢复

（4）LoRa 智能无线烟感探测器测试

步骤 1：在系统人机界面中，先单击“无线烟感”按钮，然后选择“布防”选项，即可以开始测试，如图 2-154 所示。

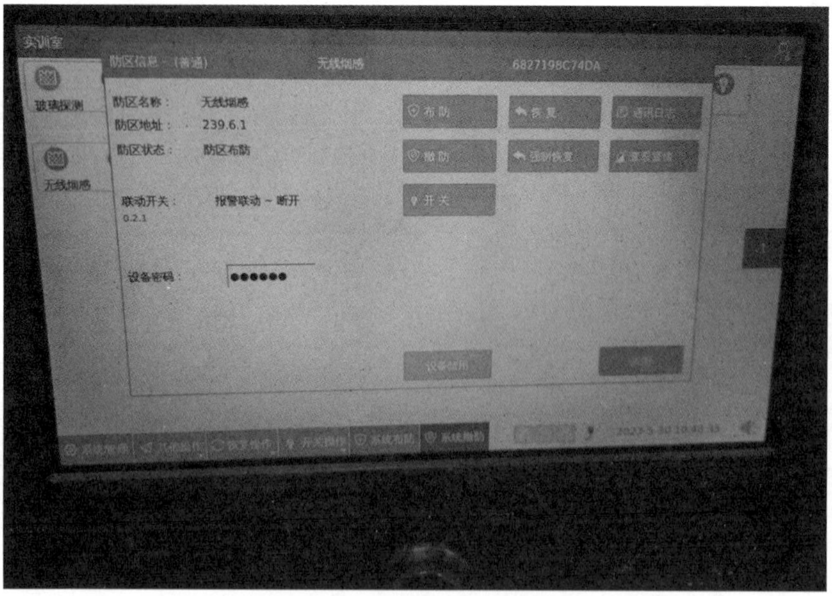

图 2-154　无线烟感主机布防

步骤 2：布防完成后，直接可以测试。使用专用测试烟雾测试无线烟感报警，主机界面显示按钮防区报警并伴有语音播报，并且警号也会发出声光告警，如图 2-155 和图 2-156 所示。

图 2-155 无线烟感测试

图 2-156 无线烟感主机报警

步骤 3：测试完毕后，主机界面单击“无线烟感”按钮，选择“撤防”选项、按消音键并单击“强制恢复”按钮。关闭对话操作框，返回到主机主界面，如图 2-157 所示。

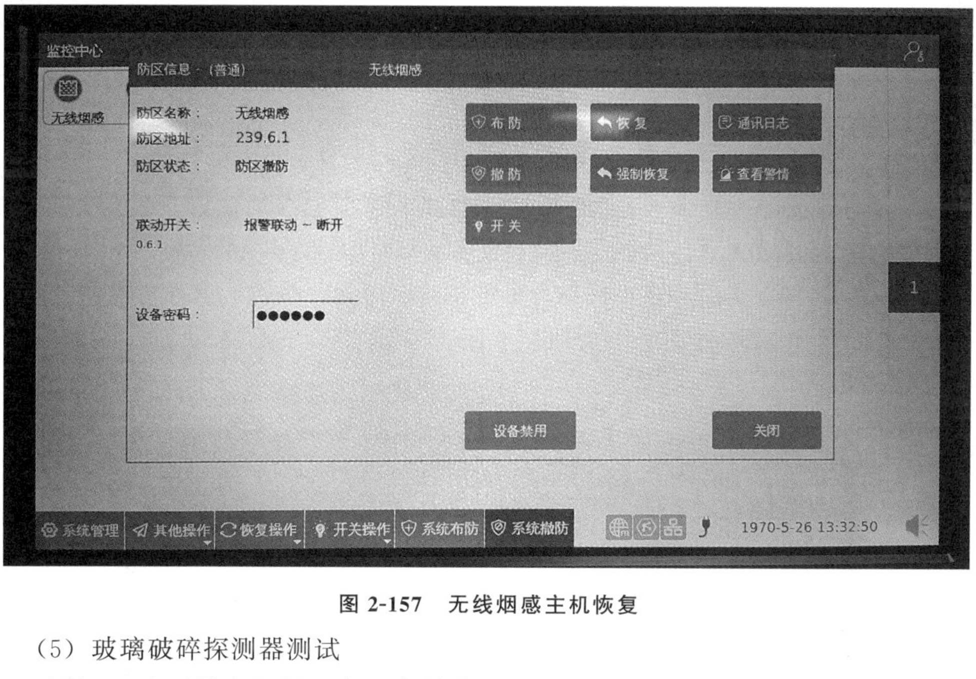

图 2-157 无线烟感主机恢复

（5）玻璃破碎探测器测试

步骤 1：在系统人机界面中，先单击“玻璃探测”按钮，然后选择“布防”选项，即可开始测试，如图 2-158 所示。

步骤 2：布防完成以后，直接可以测试。探测器检测到高频尖锐声波信号就会触发报警，主机界面显示按钮防区报警并伴有语音播报，并且警号也会发出声光告警，如图 2-159 和图 2-160 所示。

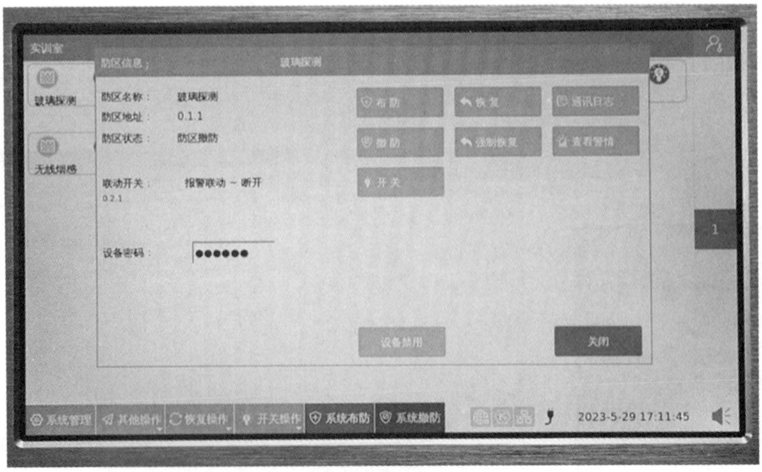

图 2-158　玻璃探测布防

图 2-159　玻璃探测测试

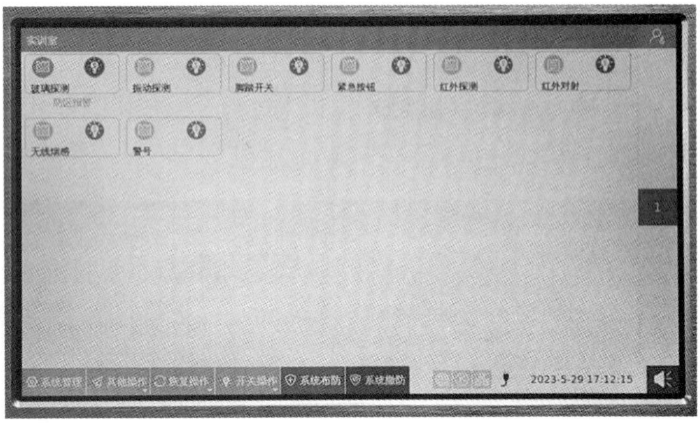

图 2-160　玻璃探测主机报警

步骤 3：测试完毕后，在主机界面单击“玻璃探测”按钮，选择“撤防”选项、按消音键并单击“强制恢复”按钮。关闭对话操作框，返回到主机主界面，如图 2-161 所示。

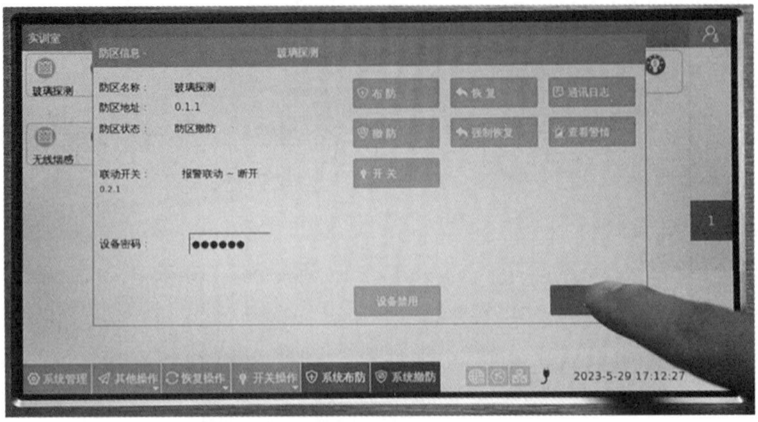

图 2-161　玻璃探测主机恢复

（6）振动探测器测试

步骤 1：在系统人机界面，先单击“振动探测”按钮，然后选择“布防”选项，即可开始测试，如图 2-162 所示。

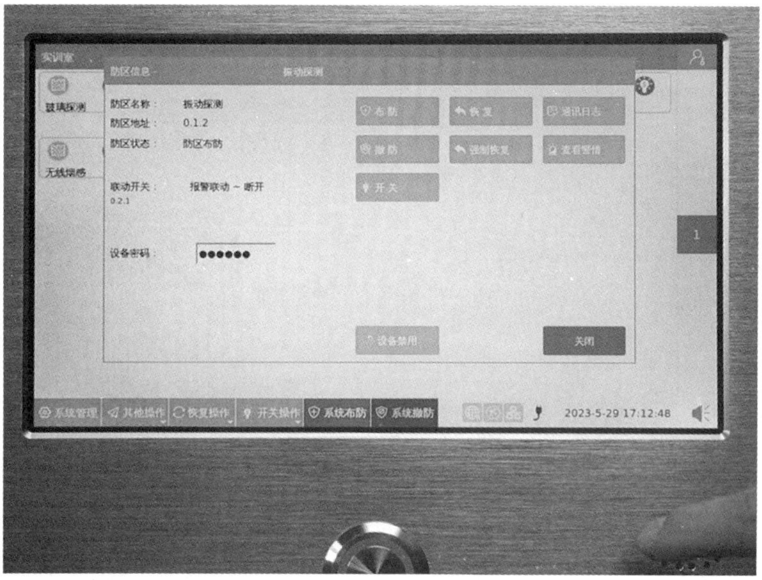

图 2-162　振动探测布防

步骤 2：布防完成以后，直接可以测试。敲击探测器平面，探测器指示灯变红，主机界面显示按钮防区报警并伴有语音播报，并且警号也会发出声光告警，如图 2-163 和图 2-164 所示。

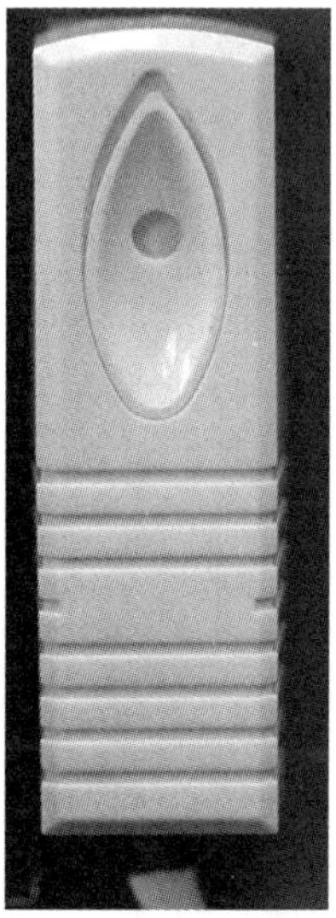

图 2-163　振动探测报警

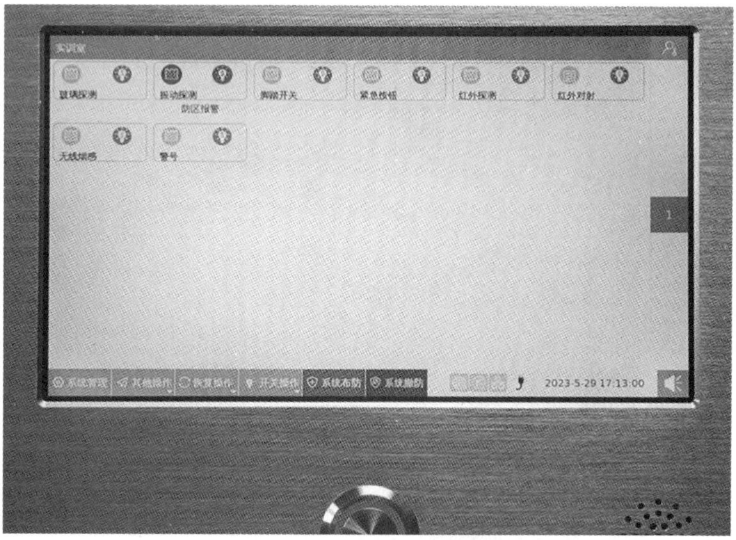

图 2-164　振动探测主机报警

步骤 3：测试完毕后，在主机界面单击“振动探测”按钮，选择“撤防”选项、按消音键并单击“强制恢复”按钮。关闭对话操作框，返回到主机主界面，如图 2-165 所示。

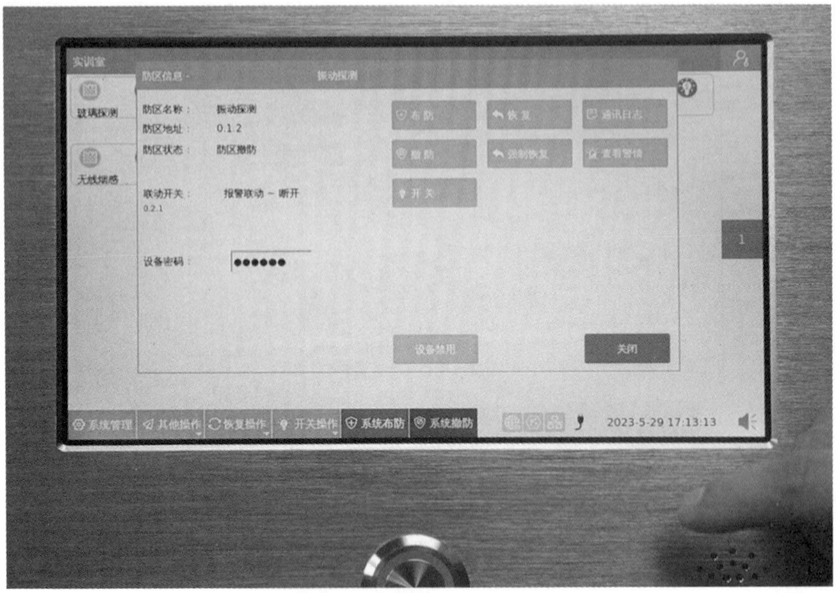

图 2-165　振动探测主机恢复

（7）脚踏开关测试

步骤 1：在系统人机界面，先单击“脚踏开关”按钮，然后选择“布防”选项，即可开始测试，如图 2-166 所示。

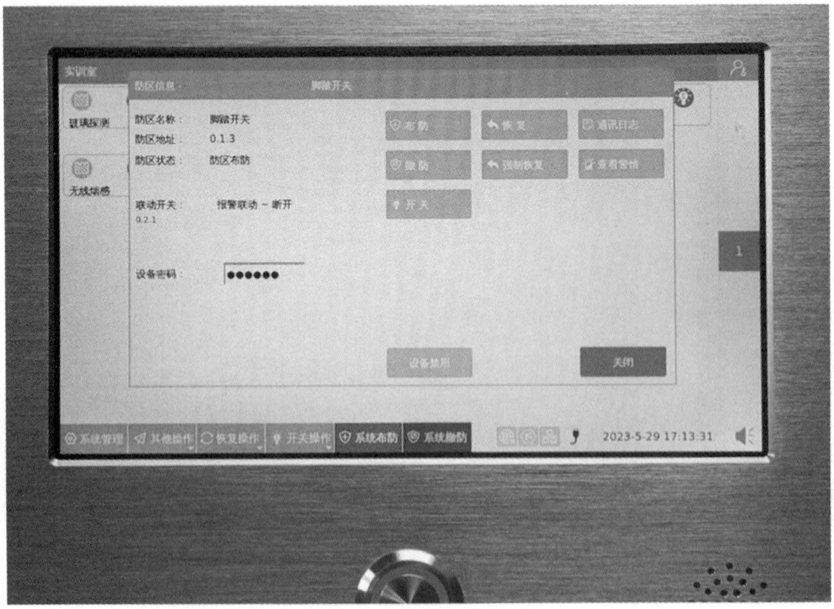

图 2-166　脚踏开关布防

步骤 2：布防完成后，直接可以测试。用脚踩在脚踏开关上面测试，主机界面显示按钮防区报警并伴有语音播报，并且警号也会发出声光告警，如图 2-167 和图 2-168 所示。

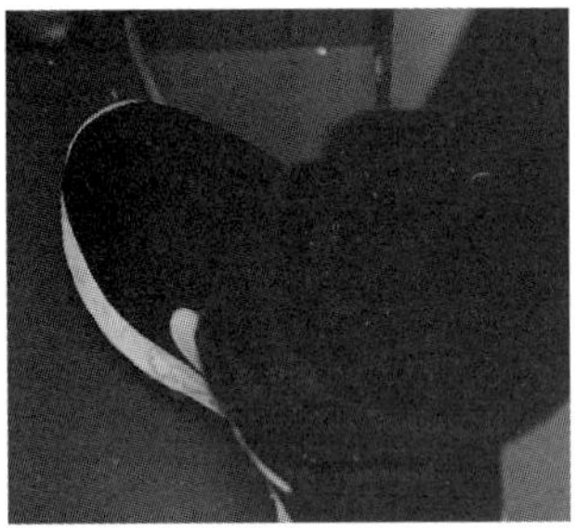

图 2-167 脚踏开关测试

图 2-168 脚踏开关主机报警

步骤 3：测试完毕后，在主机界面单击“脚踏开关”按钮，选择“撤防”选项、按消音键并单击“强制恢复”按钮。关闭对话操作框，返回到主机主界面，如图 2-169 所示。

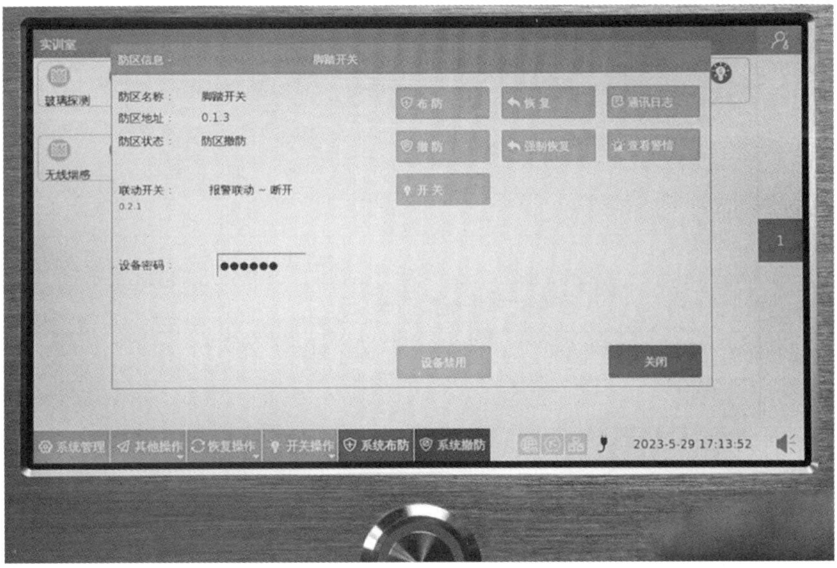

图 2-169 脚踏开关主机恢复

3. 任务收尾

恢复出厂设置。

五、实训报告及评价

姓名		区队	
组别		岗位	
同组成员		日期	
重点记录			
完成技能操作用到的标准规范、注意事项、工具、流程步骤等			
自评		组长评分	

操作实践		
类型	比例（比例可调）	分值
自评	30%	
组内互评	20%	
组间互评	20%	
教师评价	30%	
总评分（线上线下同步）		

六、课后拓展及应用

脉冲电子围栏主机调试与报警试验知识。

[通电检查]

（1）检查杆体安装是否牢固，绝缘子的位置是否正确，合金线架设是否正常。

（2）检查接地是否满足要求，电子围栏的绝缘电阻是否满足要求。

（3）前端合金线与围栏主机之间的高压连接是否正确。

（4）围栏主机功能接口是否连接正确。

[报警试验]

1．短路测试

用金属导线短接任意相邻两根合金线，2～3 秒，主机报警，脉冲围栏显示面板上报警状态栏显示短路报警。解除触发源后，主机报警延迟 15s 后自动复位，系统恢复正常（键盘与计算机对其复位除外）。

2．断线测试

剪断前端围栏上任何一根合金线，2～3 秒，主机报警，脉冲围栏显示面板上报警状态栏显示断线报警。解除触发源后，主机报警延迟 15s 后自动复位，系统恢复正常（键盘与计算机对其复位除外）。

3．防剪测试

用金属线短接 OUT＋与 IN＋1，OUT＋与 IN＋2，OUT－与 IN－1，OUT－与 IN－2 中的任意一对线，2～3 秒，主机报警，脉冲围栏显示面板上报警状态栏显示防剪报警。解除触发源后，主机报警延迟 15s 后自动复位，系统恢复正常（键盘与计算机对其复位除外）。

4．触网测试

用 30k 欧姆电阻跨接在任意相邻两根合金线上，2～3 秒，主机报警，脉冲围栏显示面板上报警状态栏显示触网报警。解除触发源后，主机报警延迟 15s 后自动复位，系统恢复正常（键盘与计算机对其复位除外）。

5．开关量输入报警测试

将报警输入航空头的两根线短接，大约 1 秒，主机报警，脉冲围栏显示面板上报警状态栏显示输入报警。解除触发源后，系统恢复正常（键盘与计算机对其复位除外）。

6．防拆测试

打开主机壳，主机报警，键盘显示屏上显示“防拆”，合上主机壳，主机报警延迟 10s 后自动复位，系统恢复正常。

七、 1+X 证书考证题库

多选题

1. 入侵和紧急报警系统调试应至少包括下列内容（　　）。

A. 探测器的探测范围、灵敏度、报警后的恢复、防拆保护等

B. 摄像机的调试

C. 防区、布撤防、旁路、胁迫警、防破坏及故障识别、告警、用户权限等设置、操作、指示/通告、记录/存储、分析等

D. 系统的报警响应时间、联动、复核、漏报警等

2. 控制、显示记录设备应符合下列要求（　　）。

A. 系统布防、撤防、报警、故障等信息的存储时间不应小于 15d

B. 除特殊要求外，系统报警响应时间不应大于 5s

C. 报警控制器应设有备用电源，备用电源容量应保证系统正常工作 8h

D. 重要目标的入侵报警系统应有声音或视频复核功能

任务五　智能化入侵报警系统工程验收

一、三维教学目标

【知识目标】

记住项目工程验收主要流程。

【能力目标】

会按要求制作验收表格。

【素质目标】

通过对现场工程质量检测，培养学生匠心安防的职业操守。

二、主要任务

技能点：工程验收表格制作

项目按照合同完成所有内容工作，资料齐全、质量合格，在规定工期内完成以后就可以组织业主方、监理方、施工方等进行验收，验收见表 2-4。

表 2-4　验收表

<table>
<tr><td colspan="9">入侵报警系统验收表</td></tr>
<tr><td>项目名称</td><td colspan="8"></td></tr>
<tr><td rowspan="2">参加单位</td><td>建设单位</td><td colspan="7"></td></tr>
<tr><td>承建单位</td><td colspan="7"></td></tr>
<tr><td>开工时间</td><td></td><td>完工时间</td><td></td><td>验收时间</td><td></td><td>项目经理</td><td colspan="2"></td></tr>
<tr><td rowspan="4">验收内容</td><td>入侵报警设备安装</td><td colspan="7">□ 安装合理　□ 安装不合理</td></tr>
<tr><td>入侵报警系统接线</td><td colspan="7">□ 接线正确　□ 接线不正确</td></tr>
<tr><td>入侵报警联动设置</td><td colspan="7">□ 联动设置正确　□ 联动设置不正确</td></tr>
<tr><td>入侵报警系统联动报警</td><td colspan="7">□ 报警正常　□ 报警不正常</td></tr>
<tr><td>验收意见以及评价</td><td colspan="8"></td></tr>
<tr><td>验收结论</td><td colspan="8">□ 合格　□ 不合格
年　月　日</td></tr>
</table>

续表

承建单位（盖章）： 负责人签字： 日期：	建设单位（盖章）： 负责人签字： 日期：

三、实训报告及评价

姓名		区队	
组别		岗位	
同组成员		日期	
重点记录			
填写入侵报警系统分项工程质量验收记录表			
自评		组长评分	

四、课后拓展及应用

三鉴红外探测器步行测试

1. 红外步行测试

(1) 接通12V直流电源，LED指示灯亮，探测器进入自检状态，自检时间约60秒，LED指示灯灭时表示探测器进入正常监测状态；

（2）模拟入侵者在红外微波覆盖范围内活动，每次触发红外时探测器的绿色指示灯亮 5 秒；

（3）调整探测器的距离跳线位置或角度，测出红外最佳有效探测范围。

2. 微波步行测试

（1）接通 12V 直流电源，LED 指示灯亮，探测器进入自检状态，自检时间约 60 秒，LED 指示灯灭时表示探测器进入正常监测状态；

（2）模拟入侵者在微波范围内活动，每次触发微波时探测器的黄色指示灯亮 5 秒；

（3）调节微波灵敏度及探测器的位置或角度，测出红外最佳有效探测范围。

3. 综合报警步行测试

（1）接通 12V 直流电源，LED 指示灯亮，探测器进入自检状态，自检时间约 60 秒，LED 指示灯灭时表示探测器进入正常监测状态；

（2）模拟入侵者在保护区域内活动，每次同时触发红外和微波时，黄色与绿色指示灯同时亮 5 秒，发出报警信号；

（3）调整红外与微波的覆盖范围至基本重合即可。

五、 1+X 证书考证题库

单选题

1. 在下列报警器中选出属于被动式报警器（　　）。

A. 振动

B. 超声波

C. 微波

D. 电场

2. 在下列各个探测器中选出可使用于各种不同形状房间的探测器（　　）。

A. 微波多普勒

B. 被动红外

C. 超声波

3. 在下列探测器中选出可用于室内也可用于室外的探测器（　　）。

A. 超声波

B. 主动红外

C. 被动红外

D. 平行线电场

4. 主动红外报警器的报警时间阈值主要是根据（　　）参数设定的。

A. 正常人跑动的速度

B. 正常人的平均高度

C. 正常人的体形

D. 正常人的体重

工作情境三

智能化出入口控制系统安装与调试

◆ **任务背景**

根据客户要求需要对某项目安防系统做数字化升级，客户要求人员进入办公大楼区域内要进行测温、人脸识别、人证核验等，做好人脸抓拍管理，同时在监控中心实现远程可视对讲、室内远程开门、查询记录等功能。

任务一 智能化出入口控制系统工程识图

一、三维教学目标

任务导学

【知识目标】

记住智能化出入口控制系统工程识图流程。

【能力目标】

识读智能化出入口控制系统拓扑图。

【素质目标】

通过标准规范学习，树立学生法治精神；通过图例的识记和识图流程，树立学生严谨的职业操守。

二、岗证赛相融通

【智能安防实施与运维 1+X 证书】

能根据现场所给的拓扑图进行识图，并根据拓扑图进行设备安装。

【校、省、国安防职业技能竞赛】

学校“智能安防人”职业技能竞赛。

识读出入口控制系统的原理图、系统图及施工图。

三、引用标准规范

（一） GB 50348—2018《安全防范工程技术标准》

2.0.11 出入口控制系统 access control system（ACS）

利用自定义符识别和（或）生物特征等模式识别技术对出入口目标进行识别，并控制出入口执行机构启闭的电子系统。

（二）GA/T 74—2017《安全防范系统通用图形符号》

出入口控制系统设备图形符号。

序号	设备名称	英文名称	图形符号	说明
4401	读卡器	card reader	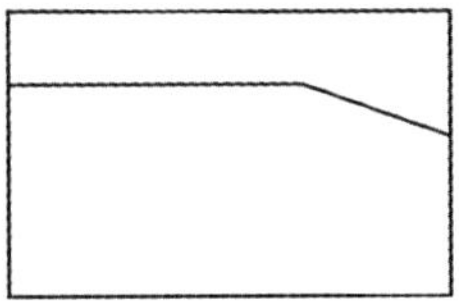	
4402	键盘读卡器	card reader with keypad		
4403	指纹识别器	finger print identifier	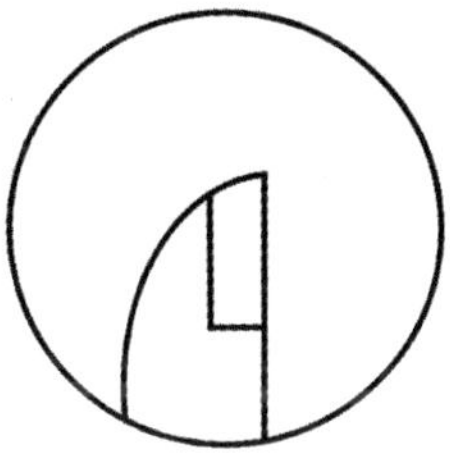	
4404	指静脉识别器	finger vein identifier		
4405	掌纹识别器	palm print identifier		

续表

序号	设备名称	英文名称	图形符号	说明
4406	掌形识别器	hand identifier		
4407	人脸识别器	face identifier	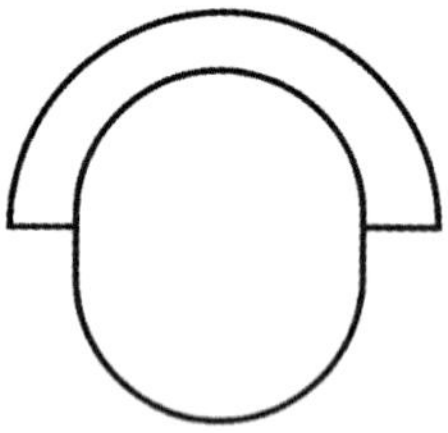	
4408	虹膜识别器	iris identifier	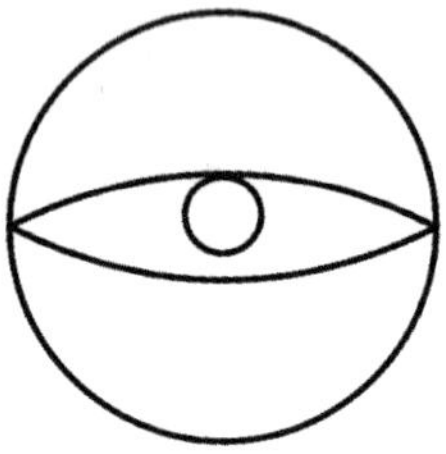	
4409	声纹识别器	voiceprint identifier	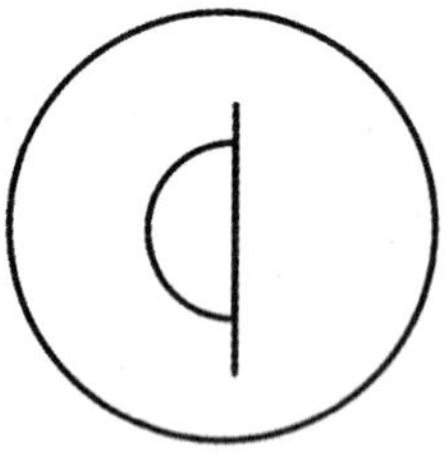	

四、主要任务

知识点：智能化出入口控制系统识图流程

智能化出入口系统中的核心设备——人脸门禁一体机是一款高性能、高可靠性的人脸识别类门禁产品。把人脸识别技术完美地融合到门禁产品中，依托深度学习算法，支持刷脸核验开门，实现人员的精确控制。人脸门禁一体机可配合室内机使用，实现楼宇可视对讲功能。该产品具备人脸识别率高、库容大、速度快、光线适应性好等特点。可广泛应用于智慧小区、公安、园区等楼宇系统中。

出入口控制系统原理图是将系统设备按照一定的规律连接起来，可以通过它研究整个系统的来龙去脉，了解整个系统内的信号处理过程，进而分析出系统的工作原理。

系统图主要表示出入口控制系统的组成，以及各组成部分设备之间信息传递的过程与途径。

出入口控制系统含有每层、每分部的平面图，用来表示设备的编号、名称、型号及安装位置，确立传输线的走向，线路的起始点、敷设部位、敷设方式及所用导线型号、规格、根数、管径大小等。

安全防范系统设计说明中有出入口控制系统的说明，它主要描述出入口控制系统在建筑物各出入口控制的布置及与其他安全防范子系统联动的情况，反映控制系统读取信息的方式和信息处理执行的过程，相关设备的安装方式；设计说明中还有出入口控制系统设备材料表，设备材料表包含系统各种设备需要的数量及型号；当然，设计说明中还有工程概况、设计依据等信息。

注意事项在识图时，必须注意设备安装的位置以及选用的各种线材管线；必须掌握出入口控制系统所涉及的各种图的类型及其作用；必须掌握出入口控制系统的各种图例，这是正确识图的必备基础；必须注意设计说明、系统图、平面图之间的相互参阅、相互印证，这样才能做到有效识图，全面把握图中的所有细节。

技能点：识读智能化出入口控制拓扑图

绘制一个利用标准图例的图纸。

图 3-1 为人脸门禁一体机、室内机、测温模块、磁力锁、电源、开门按钮的拓扑图。所有设备及配件联通，测温模块连接至人脸门禁一体机，可实现测温功能。人脸门禁一体机和室内机通过网线连接至交换机。可实现对讲功能，磁力锁接线至电源，通过人脸门禁一体机核验通过信号及开门按钮信号开门。注意：必须确保所有设备的网络配置在同一个网络下。

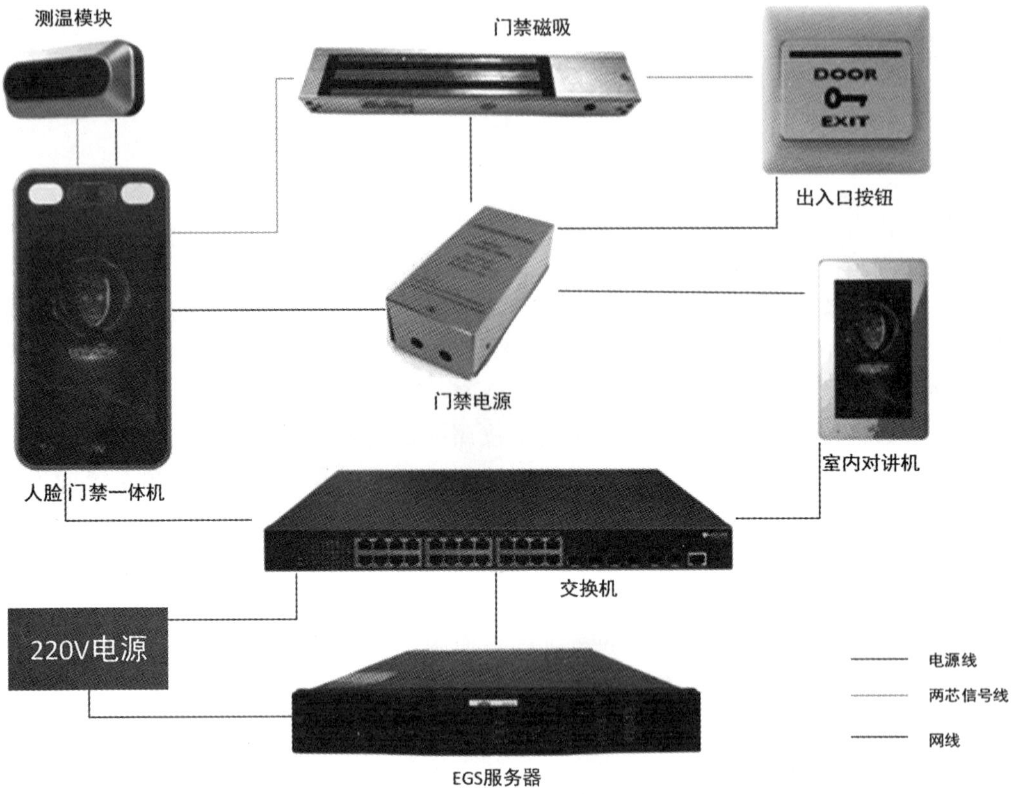

图 3-1　智能化出入口控制系统拓扑图

五、实训报告及评价

<table>
<tr><td>姓名</td><td></td><td>区队</td><td></td></tr>
<tr><td>组别</td><td></td><td>岗位</td><td></td></tr>
<tr><td>同组成员</td><td></td><td>日期</td><td></td></tr>
<tr><td colspan="4">重点记录</td></tr>
<tr><td colspan="4">图 3-1 所示为智能化出入口控制系统的系统图，请认真阅读，并按所学识图方法，写出识图报告，报告内容应详细全面</td></tr>
<tr><td colspan="4"></td></tr>
<tr><td>自评</td><td></td><td>组长评分</td><td></td></tr>
</table>

六、课后拓展及应用

识读复杂的出入口控制系统拓扑图如图 3-2 所示。

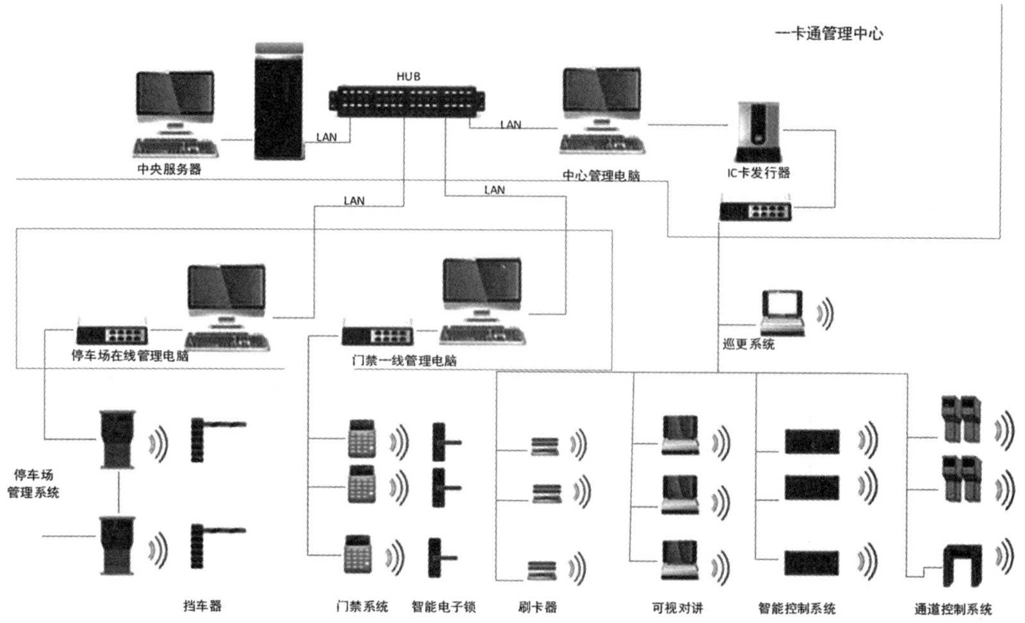

图 3-2 出入口控制系统拓扑图

七、 1+X 证书考证题库

判断题

1. 特征识别设备技术指标的测量要在特征载体与读取装置匹配的条件下共同完成，因此，许多具体的技术指标是两者共有，或必须在两者匹配时才能测量。 （ ）
2. 误识率——系统对合法请示予以拒绝的概率。 （ ）
3. 特征载体的特征含义是指它载有控制对象的身份和权限信息。 （ ）
4. 特征载体是唯一的，采用单一特征来表征。 （ ）

任务二　智能化出入口控制系统设备配置

任务导学

一、三维教学目标

【知识目标】

识别设备参数进行设备选型。

【能力目标】

会根据需求进行设备选型。

【素质目标】

通过客户需求调研，培养学生以人为本的职业操守；通过设备参数的比对严格选型，培养学生树立国家安全意识。

二、岗证赛相融通

【省级安防职业技能竞赛】

“湖北工匠杯”安防职业技能竞赛。

根据所给设备参数，进行设备的辨识及选型。

三、引用标准规范

GB 50348—2018《安全防范工程技术标准》

4.1.3

(2) 出入口的防护应符合下列规定。

1) 应根据现场环境和安全防范管理要求，合理选择实体防护和（或）出入口控制和（或）入侵探测和（或）视频监控等防护措施；

2) 应考虑不同的实体防护措施对不同风险的防御能力；

3) 应考虑出入口控制的不同识读技术类型及其防御非法入侵（强行闯入、尾随进入、技术开启等）的能力；

4) 应考虑不同的入侵探测设备对翻越、穿越等不同入侵行为的探测能力，以及入侵探测报警后的人防响应能力；

5) 应考虑视频监控设备对出入口的监视效果，通常应能清晰辨别出入人员的面部特征和出入车辆的号牌。

四、任务要求

识别设备参数与选型

知识点：识别设备参数进行设备选型

根据甲方所提供的设备名称、参数（见表 3-1），找到对应的厂家进行咨询选型，或根据爱采购网提供的参数进行设备选型。

表 3-1　设备参数表

设备名称	设备参数	设备数量
人脸门禁一体机	人脸识别率＞99%； 人脸识别时间 200ms； 人脸库容 5 万； 卡库容 10 万； 存储容量 16GB； 脱机记录数 20 万条事件记录（不含图片）； 常用核验方式人脸白名单（1∶N）； 号码白名单（1∶N）； 开门方式及组合支持人脸、密码、二维码、刷卡及相互组合的识别方式、微信小程序远程开门； 通信方式 10/100Mbps 自适应网口，4G； 可刷卡类型 IC 卡读卡区支持刷卡类型：Mifare 卡、USIMNFC 卡号，支持 Mifare 加密功能，支持读取 CPU 卡序列号； 接口网口×1、韦根输入×1、韦根输出×1、RS485×1、告警输入×2、告警输出×1、门锁接口×1、门磁接口×1、开门按钮×1； 电源 DC12V±25%输入； 安装方式标配金属安装挂板，支持明装、86 盒安装； 工作环境－20～60℃，＜95%不凝露； 适用场景室内、室外	1
室内机	1024×600 高清屏，并带有电容式触摸屏； 支持对关联门口机远程开门，一键开锁； 支持监视功能、安防报警、访客抓拍、监视网络摄像头； 安装方式磁吸壁挂式； 支持留影留言 5 条	1

设备名称	设备参数	设备数量
测温模块	支持对人员体温进行非接触式检测，对体温异常人员进行预警； 支持体温检测与人员信息绑定，可快速确认人员信息并进行体温检测； 支持体温检测阈值配置，可通过体温检测阈值配置人员门禁权限； 非接触式体温检测模块，测量范围在30～45℃，测量精度可达0.1℃，测量误差0.3℃，温度测量距离为1m	1
单门磁力锁	280KG单门磁力锁	1
开门按钮	门禁开关	1
12V电源适配器	12V 5A电源	1
以太网交换机主机	1. 接口类型：24个千兆电口； 2. 交换容量≥48Gbps、包转发率≥35.7Mpps； 3. MAC表项：8K； 4. 工作温度：0～40℃，工作环境湿度：10%～90%无凝结； 5. 尺寸（长×宽×高，单位：mm）：280×180×44	1
六类网线	Cat6	50m
电源线	RVV3×1.0	50m
线槽	20mm×12mmPVC线槽	100m
人脸门禁管理服务器	支持过人记录查看和基础考勤查看； 支持人员按部门分类并按部门下发给终端进行权限分配； 支持对访客进行批量增、删、改、查和设置有效权限； 支持按照时间权限模板灵活地分配人员时间权限； 支持按照区域对门组设备进行权限管理； 支持按区人员签到统计； 支持夜不归寝、长期晚归、长期未归、长期未出等系列数据统计； 支持访客统计、访客滞留统计； 支持与会人员抽奖活动； 可拓展接入考勤门禁系统（DA）； 支持区域、门组、通道管理（按区域、门组、通道增/删/改/查）； 支持按通道绑定的设备下发权限； 支持按时间模板配置权限； 支持远程开门； 支持对识别模块、闸机状态统一管理，呈现运行状态	1

技能点：根据需求进行设备选型

我们以宇视科技有限公司的产品为例，进行智能化出入口控制系统设备清单配置，具体见学校综合实训室实训平台。

序号	产品名称	品牌	产品型号	数量	单位	价格
前端设备						
1	7 寸人脸门禁一体机	UNV	ET-B33H-M@RS	1	台	
2	室内机	UNV	EI-B32H	1	台	
3	室内机壁挂架配件包	UNV	EP-IL02	1	台	
4	矩阵型测温模块+测温模块通用支架	UNV	KIT-EP-BTM32-SZ66-M@RS	1	台	
执行设备						
5	单门磁力锁 280KG	UNV	EA-SM11-280	1	台	
6	单门磁力锁 L 形支架	UNV	EA-SB11-280L	1	台	
识别设备						
7	闸机开门按钮	UNV	EA721	1	台	
电源设备						
8	DC 12V/60W 电源适配器	国产	PWR-DC1205-A-NB	1	台	
传输设备						
9	以太网交换机主机	UNV	NSW5110-24GT4GP	1	台	
辅材						
10	六类网线	UNV	CAT6	50	m	
11	电源线	国产	RVV3×1.0	50	m	
12	线槽	国产	PVC20mm×12mm	100	m	
控制设备						
13	人脸管理服务器	UNV	EGS511-PM@RS	1	台	

五、实训报告及评价

姓名		区队	
组别		岗位	
同组成员		日期	
重点记录			
制作智能化出入口控制系统设备清单配置			
自评		组长评分	

六、课后拓展及应用

根据清单找出价格。

举例：出入口系统设备网络价格查询。

人脸门禁一体机网络价格，如图 3-3 所示。

图 3-3　人脸门禁一体机网络价格

网线网络价格，如图 3-4 所示。

图 3-4　网线网络价格

磁力锁网络价格，如图 3-5 所示。

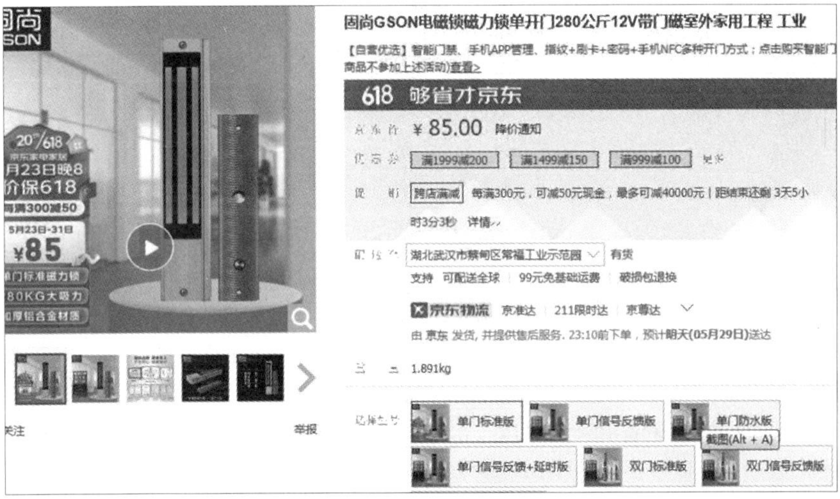

图 3-5　磁力锁网络价格

七、 1+X 证书考证题库

单选题

1. （　　）决定了出入口控制系统的不同应用。

A. 读卡器　　　　　　B. 密码键盘

C. 锁定机构　　　　　D. 生物特征识别类型

2. 出入口控制系统常见的特征卡包括条码卡、磁卡和（　　）。

A. 视频卡　　B. IC 卡

C. 加密卡　　D. ID 卡

3. 出入口控制系统的核心技术是（　　）。

A. 开关门　　B. 特征识别

C. 记录信息　　D. 门锁

4. 出入口控制系统根据安全要求对非法请求采用不同的反应方式，不正确的反应方式是（　　）。

A. 拒绝　　B. 报警

C. 启动联动机构　　D. 同意放行

任务三　智能化出入口控制系统设备安装

一、三维教学目标

任务导学

【知识目标】

记住前端设备磁力锁、开关按钮、电源、测温模块、室内对讲机、人脸门禁一体机、人脸门禁服务器的安装规范及安装流程。

【能力目标】

会磁力锁、开关按钮、电源、测温模块、室内对讲机、人脸门禁一体机的安装；会给磁力锁、测温模块、室内对讲机、人脸门禁一体机供电；会进行磁力锁、开关按钮、测温模块、室内对讲机、人脸门禁一体机的线路连接。

【素质目标】

通过设备安装的规范流程学习，培养学生安全为上的职业操守；通过设备安装的实践技能训练，培养学生劳动素质、团队协作的职业操守。

二、岗证赛相融通

【安防系统安装维护员岗位】

五级/初级工：

（1）能连接电锁、按钮、门磁等主要部件。

（2）能使用按钮打开电锁。

四级/中级工：

使用工具测试线缆质量。

三级/高级工：

能制作超五类双绞线接头。

【智能安防实施与运维 1+X 证书】

能根据现场所给出的拓扑图进行识图，并根据拓扑图进行设备的安装。

【全国安防职业技能竞赛】

全国安防职业技能竞赛。

A 模块：办公楼出入口人员门禁系统的安装。

访客要进入办公楼内，需要核对人员身份信息，并进行测温检查，与室内机可视对讲人工核验访客信息。

涉及的设备有：人脸门禁室内室外机、测温终端模块、人证比对模块等。

1. 任务要求

（1）将人脸门禁室内室外机、测温终端模块、人证比对模块分别安装在比赛提供的网孔板上，位置牢固、美观。

（2）根据区域布局图完成电源线、信号线的敷设。

（3）按照功能要求完成设备接线。

2. 完成以上任务后请做以下步骤

（1）根据任务要求，确认设备安装位置、质量符合要求。

（2）根据任务要求，确认设备接线正确。

三、引用标准规范

（一） GB 50348—2018《安全防范工程技术标准》

7.2.5 设备安装应符合下列规定

（1）设备安装前应对设备进行规格型号检查、通电测试。设备安装应平稳、牢固、便于操作维护，避免人身伤害，并与周边环境相协调。

（2）实体防护设备安装应符合下列规定：……

（3）应避免对既有建（构）筑物、管线、水电气热设备等造成破坏。

（5）出入口控制设备安装应符合下列规定。

1）各类识读装置的安装应便于识读操作；

2）感应式识读装置在安装时应注意可感应范围，不得靠近高频、强磁场；

3）受控区内出门按钮的安装，应保证在受控区外不能通过识读装置的过线孔触及出门按钮的信号线；

4）锁具安装应保证在防护面外无法拆卸。

（7）楼寓对讲设备安装应符合下列规定。

1）访客呼叫机、用户接收机的安装位置、高度应合理设置；

2）应调整访客呼叫机内置摄像机的方位和视角于最佳位置。

7.2.8 线缆接续连接应符合下列规定

（1）电缆与电气设备之间的连接，连接器件应与电气设备的性能相符，电缆外接部分不得外露，并留有适当余量。

（2）电缆连接和中间接续应符合现行行业标准《安防线缆应用技术要求》GA/T 1406 的有关规定，做到线序正确、连接可靠、密封良好。

（二）GB 50396—2007《出入口控制系统工程设计规范》

7 传输方式、线缆选型与布线

7.0.1 传输方式除应符合现行国家标准《安全防范工程技术规范》GB 50348 的有关规定外，还应考虑出入口控制点位分布、传输距离、环境条件、系统性能要求及信息容量等因素。

7.0.2 线缆的选型除应符合现行国家标准《安全防范工程技术规范》GB 50348 的有关规定外，还应符合下列规定：

（1）识读设备与控制器之间的通信用信号线宜采用多芯屏蔽双绞线。

（2）门磁开关及出门按钮与控制器之间的通信用信号线，线芯最小截面积不宜小于 $0.50mm^2$。

（3）控制器与执行设备之间的绝缘导线，线芯最小截面积不宜小于 $0.75mm^2$。

（4）控制器与管理主机之间的通讯用信号线宜采用双绞铜芯绝缘导线，其线径根据传输距离而定，线芯最小截面积不宜小于 $0.50mm^2$。

四、主要任务

磁力锁的安装

技能点 1：磁力锁的安装

安装要求：

根据门禁电源、磁力锁、开门按钮示意图进行安装和连线，如图 3-6 所示。

电源：连接至电源 NC/NO、COM/GND 口。

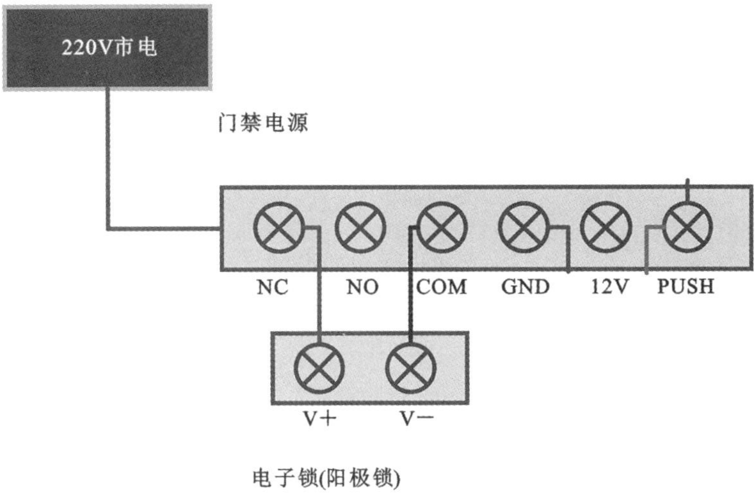

图 3-6　磁力锁接线

1. 设备、工具及耗材

十字螺丝刀、一字螺丝刀、六角扳手、磁力锁、防护手套、螺丝、胶塞、剥线钳。

2. 实操步骤

步骤 1：检查设备外观及配件，如图 3-7 所示。

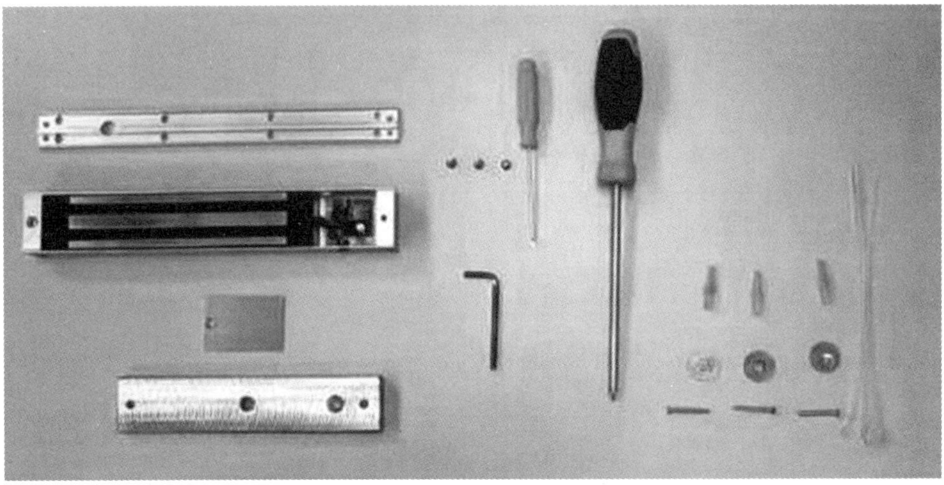

图 3-7　磁力锁及配件

步骤 2：用十字螺丝刀拧开锁主体盖板的螺丝，打开盖板，如图 3-8 所示。

用十字螺丝刀把底部螺丝拧下来，如图 3-9 所示。

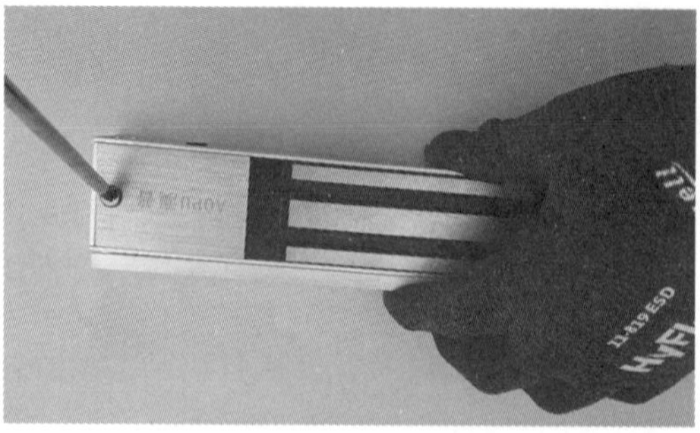

图 3-8 磁力锁开盖板

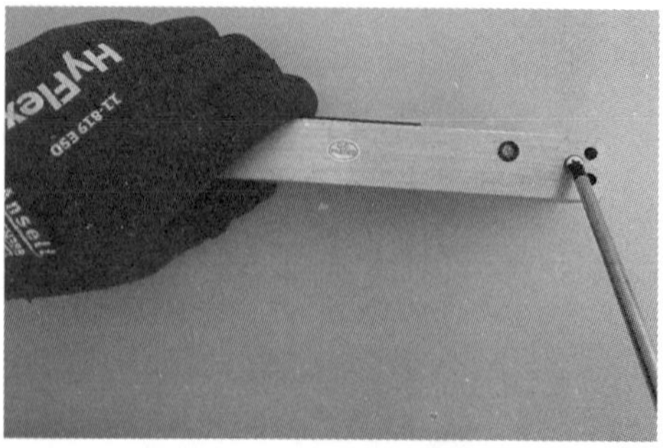

图 3-9 磁力锁底部螺丝

用六角扳手打开边板，如图 3-10 所示。

磁力锁安装前准备完成，如图 3-11 所示。

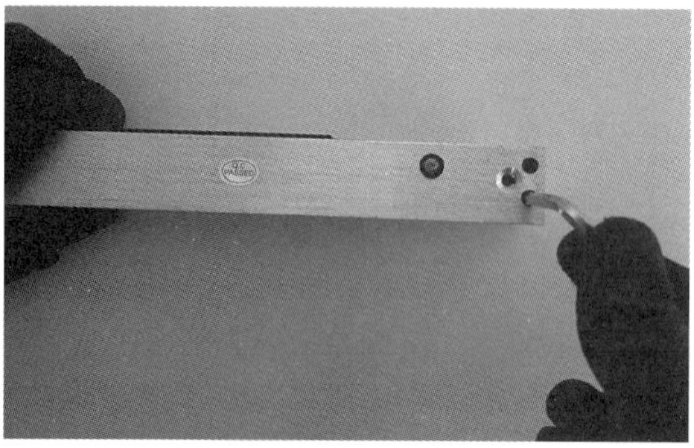

图 3-10 磁力锁底部六角螺丝

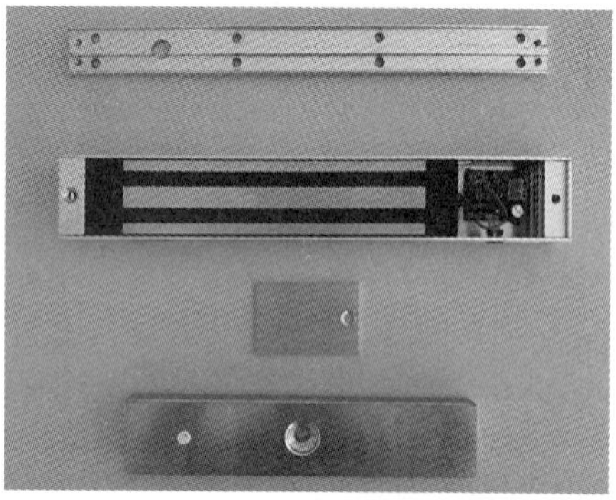

图 3-11 磁力锁打开

步骤 3：磁力锁边板安装。取出边板，安装至展示板对应位置，使用十字螺丝刀固定螺丝。安装完成后晃动边板，确认安装牢固。在实际安装中，边板应固定至门框，边板位置应能贴合继铁板安装位置，如图 3-12 所示。

步骤 4：锁主体安装。锁主体对准边板对应孔位，将预留线缆从锁主体圆孔穿入至锁体内部，如图 3-13 所示。

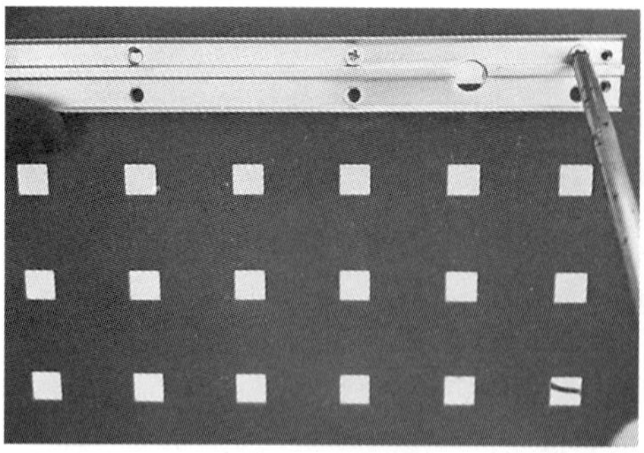

图 3-12 边板安装

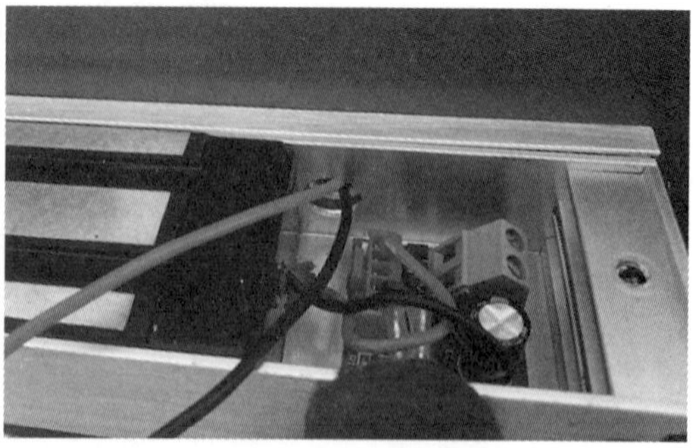

图 3-13 线缆穿线

使用六角扳手固定锁体螺丝至边板，安装完成后晃动边板，确认是否安装牢固。使用十字螺丝刀固定锁底部螺丝，检查是否安装牢固，如图 3-14 所示。

步骤 5：锁主体端子接线。按照说明书的指示接线。磁力锁“V+”端口对接电源“NC”端口，磁力锁“V-”端口对接电源“GND”端口，使用剥线钳剥出铜芯，使用一字螺丝刀固定至锁体端子。使用十字螺丝刀盖上锁主体盖板，安装完成，如图 3-15—图 3-17 所示。

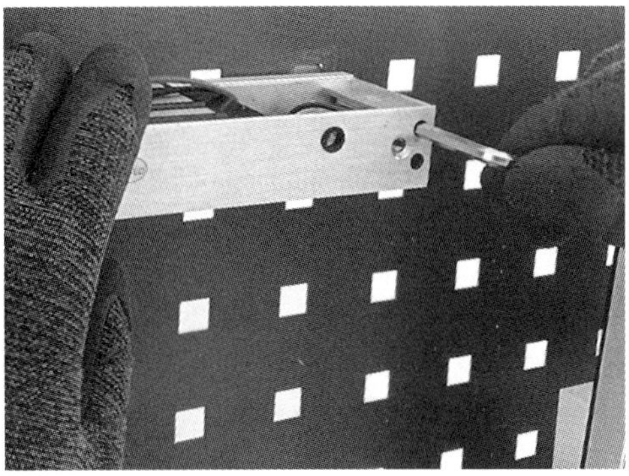

图 3-14 锁主体安装

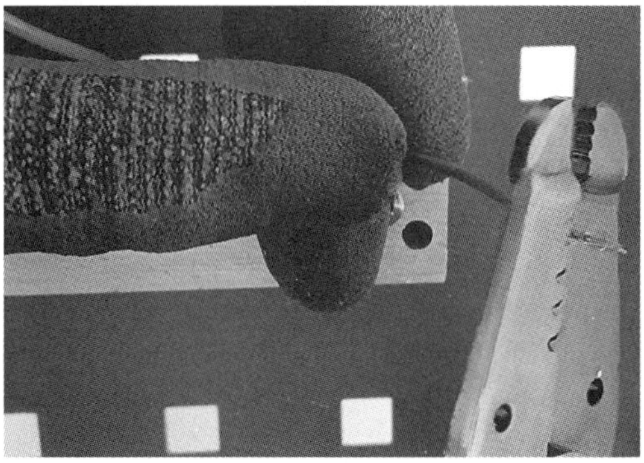

图 3-15 锁主体剥线钳剥线

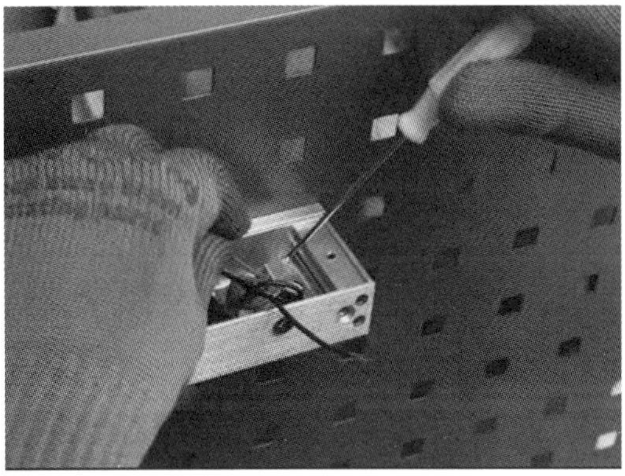

图 3-16 磁力锁安装接线

图 3-17 锁主体上盖板

步骤 6：继铁板安装。继铁板的固定，使用扎带活动安装至展示板，位置能够贴合锁体。实际安装过程中继铁板固定于门上，关门状态下继铁板应能贴合锁主体，如图 3-18 所示。

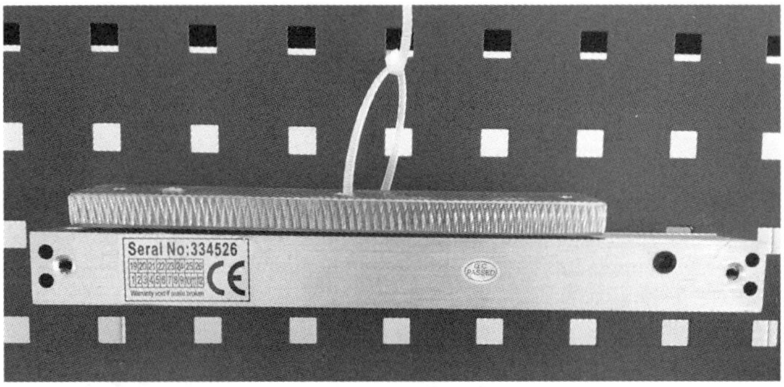

图 3-18 继铁板安装

技能点 2：开门按钮安装

开门按钮安装

根据门禁电源、磁力锁、开门按钮示意图进行安装和连线，如图 3-19 所示。

电源：连接至电源 PUSH、GND 口。

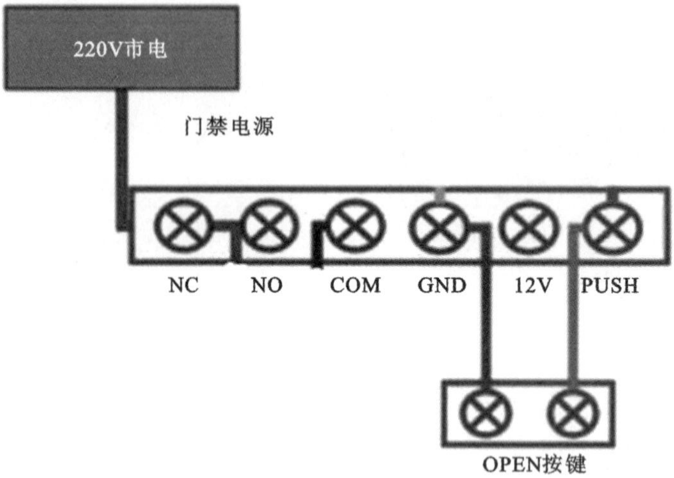

图 3-19　开门按钮接线

1. 设备、工具及耗材

十字螺丝刀、一字螺丝刀、剥线钳、开门按钮、螺栓、防护手套。

2. 实操步骤

步骤 1：检查设备外观及配件（现场实际安装位置为展示板），如图 3-20 所示。

步骤 2：开门按钮安装高度。确定安装位置。实际安装过程中高度为 1.2m 至 1.4m，可依据现场情况适当调整，如图 3-21 所示。

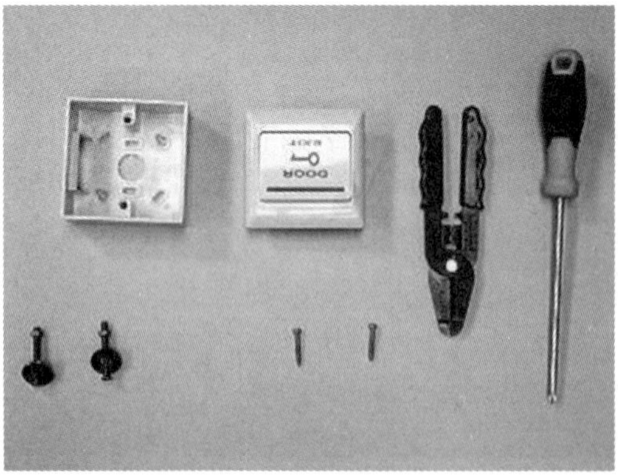

图 3-20　开门按钮及配件

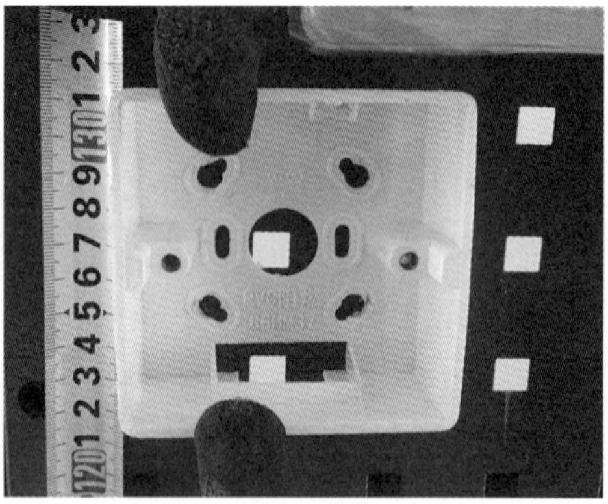

图 3-21　开门按钮高度测量

步骤 3：底座固定牢固。打开开关面板，使用螺栓固定开关底座至展示板，使用十字螺丝刀依次固定螺栓，确认安装牢固。将线缆穿入开关底座内，用手晃动底座，确认无松动，如图 3-22 所示。

步骤 4：开关面板线缆接入电源“PUSH 1”端口、“GND”端口，开关接线不分正反。使用剥线钳剥出铜芯，使用十字螺丝刀固定，如图 3-23 和图 3-24 所示。

步骤 5：扣回开关面板，使用十字螺丝刀固定螺丝。扣回开关盖板，用手晃动确认开门按钮无松动，安装完成，如图 3-25—图 3-27 所示。

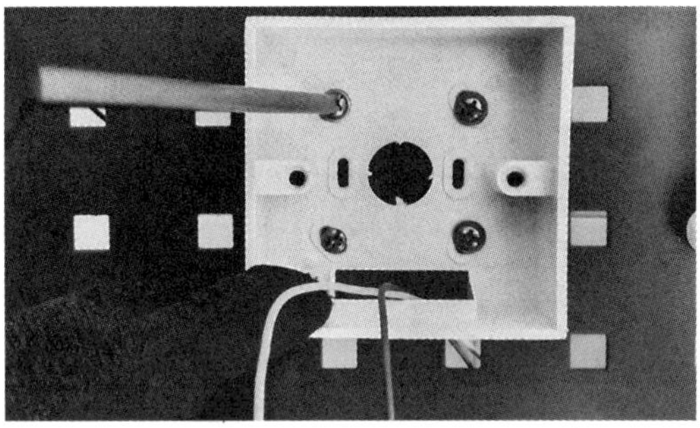

图 3-22 开关底座安装

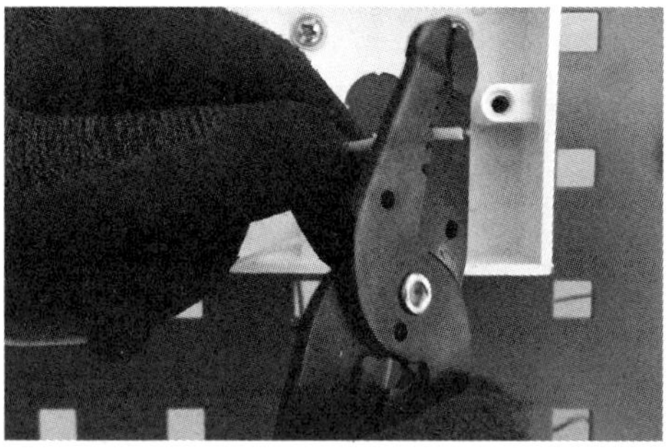

图 3-23 开门按钮线缆剥线

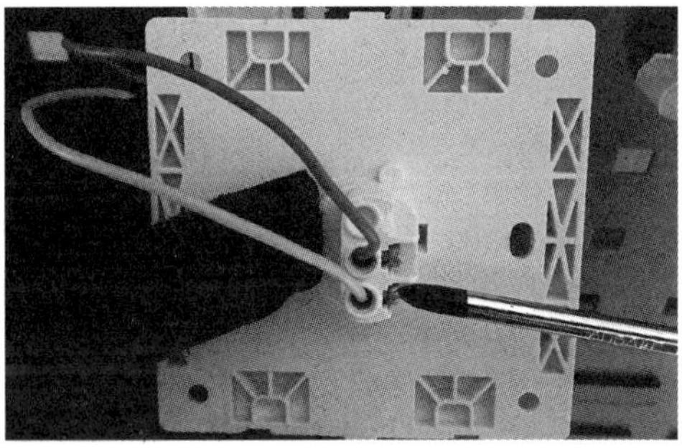

图 3-24 开关端子接线

图 3-25 固定开关面板

图 3-26 开关扣回盖板

图 3-27 开门按钮安装完成

技能点 3：门禁电源安装

门禁电源安装

根据门禁电源、磁力锁、开门按钮示意图进行安装和连线，如图 3-28 所示。

磁力锁。

电源：连接至电源 NC/NO、COM/GND 口。

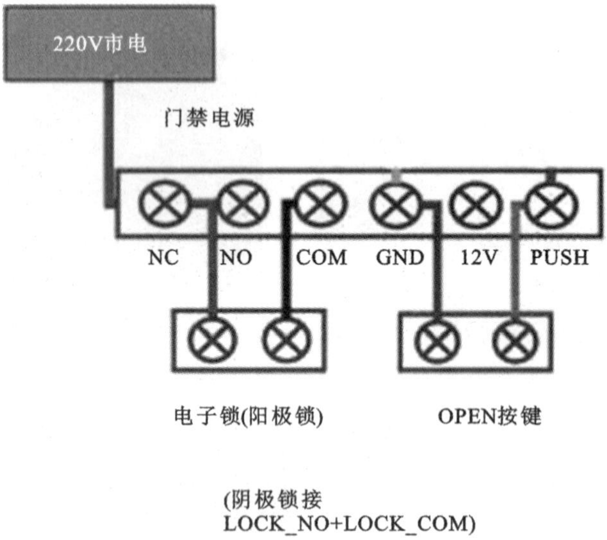

图 3-28　门禁电源接线

开门按钮。

电源：连接至电源 PUSH、GND 口。

1. 设备、工具及耗材

十字螺丝刀、电源、绝缘胶布、剥线钳、螺栓、防护手套。

2. 实操步骤

步骤 1：检查设备外观及配件（现场实际安装位置为展示板），如图 3-29 所示。

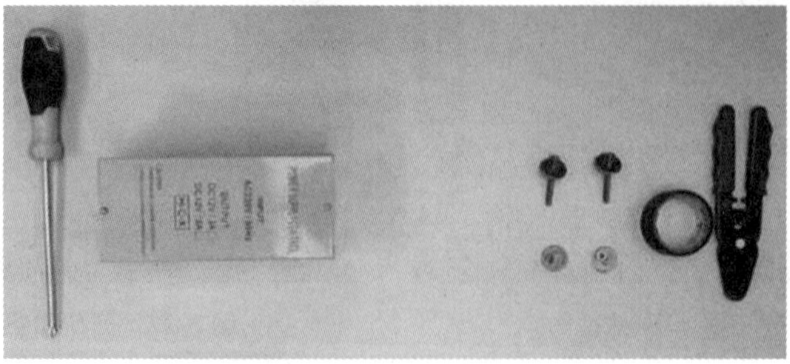

图 3-29　门禁电源及配件

步骤 2：将电源底座安装牢固。用十字螺丝刀打开电源盖板，取下电源主板，使用螺丝刀固定螺栓，将电源底座安装至展示板上；使用十字螺丝刀将门禁电源主板安装至门禁电源底座。用手晃动电源底座，确认无松动，如图 3-30—图 3-32 所示。

步骤 3：接线应正确牢固。使用剥线钳将 220V 输入电源线剥出铜芯，连接至门禁电源 220V 尾线，使用绝缘胶布固定接头，接线应正确牢固，如图 3-33 所示。

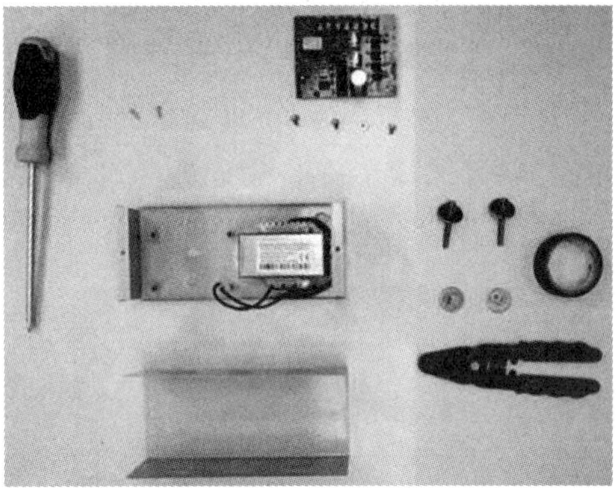

图 3-30 门禁电源打开

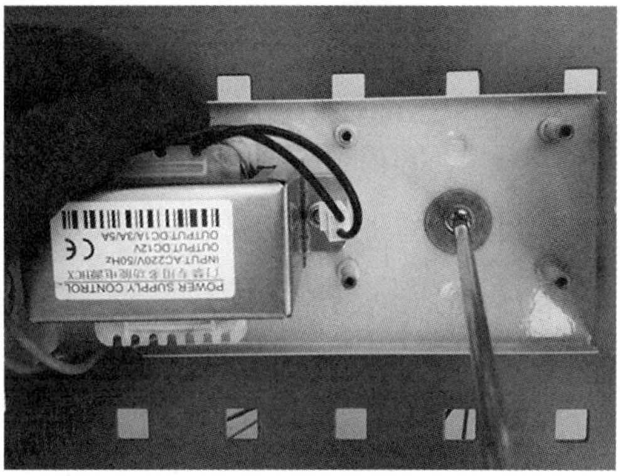

图 3-31 门禁电源底座安装

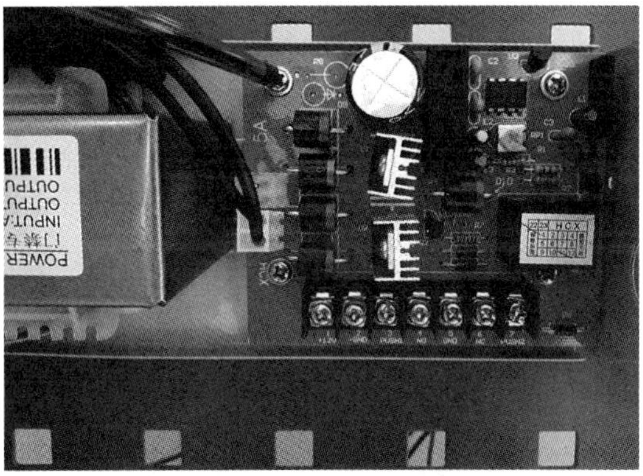

图 3-32 门禁电源主板安装

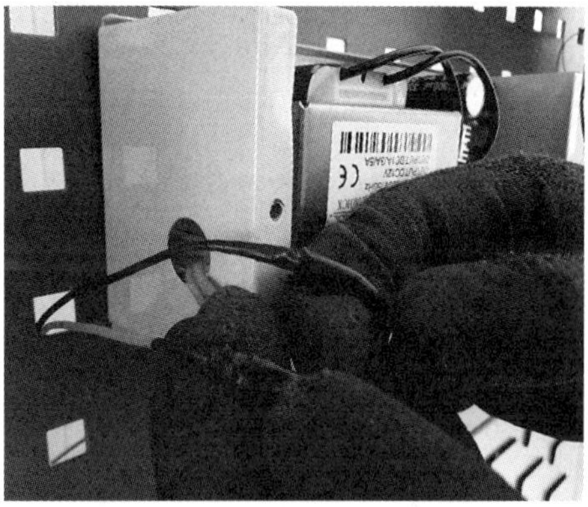

图 3-33 门禁电源 220V 接线

步骤 4：门禁电源主板上的“NC”端口对接磁力锁“V＋”端口，“GND”端口对接磁力锁“V－”端口。

门禁电源主板上“12V＋”端口对接室内机、人脸门禁一体机设备电源“12V＋”正极端口；“GND”端口对接室内机、人脸门禁一体机设备电源“12V－”负极端口。

门禁电源主板“PUSH1”端口、“GND”端口对接开门按钮端口，开门按钮接线不分正负。

电源门禁电源主板“PUSH1”端口对接人脸门禁一体机“LOCKNO”端口，电源“GND”端口对接人脸门禁一体机“LOCKCOM”端口，如图 3-34 所示。

步骤 5：使用缠绕管将两端尾线进行缠绕，如图 3-35 所示。

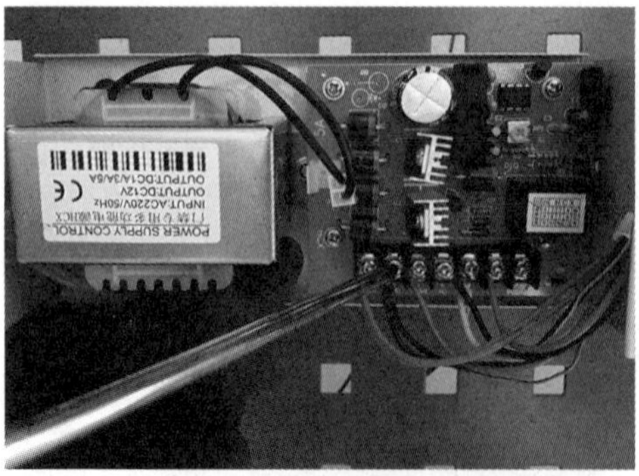

图 3-34　门禁电源端子接线

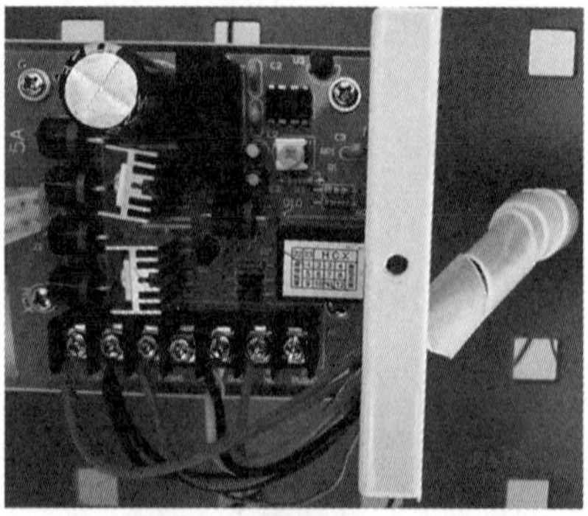

图 3-35　尾线绑扎缠绕管

步骤 6：扣回电源盖板，使用十字螺丝刀固定盖板螺丝。安装完成后晃动电源，检查是否安装牢固，如图 3-36 和图 3-37 所示。

图 3-36　固定门禁电源盖板

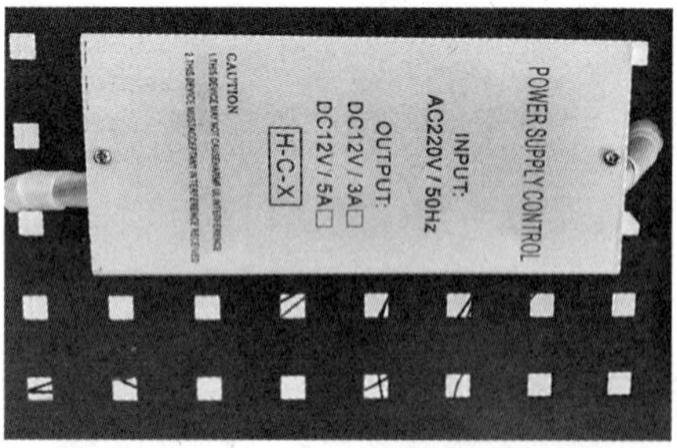

图 3-37　门禁电源安装完成

技能点 4：室内机的安装

根据室内机示意图进行室内机的安装和连线，如图 3-38 所示。

室内机的安装

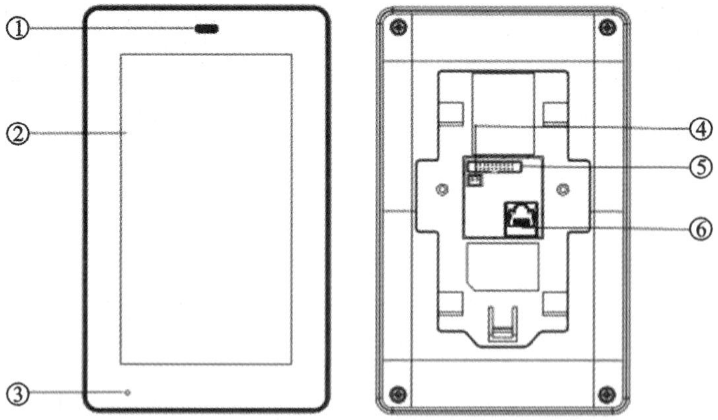

1.扬声器	2.显示屏
3.麦克风	4.电源输入(DC 12V)
5.20pin接口	6.网口

图 3-38　室内机接线

电源：12V 端口对接电源 12V 端口。

网口：连接至交换机网口。

1. 设备、工具及耗材

卷尺、十字螺丝刀、室内机、室内机支架、螺栓、底盒、绝缘胶布、防护手套。

2. 实操步骤

步骤 1：检查设备外观及配件（现场实际安装位置为展示板），如图 3-39 所示。

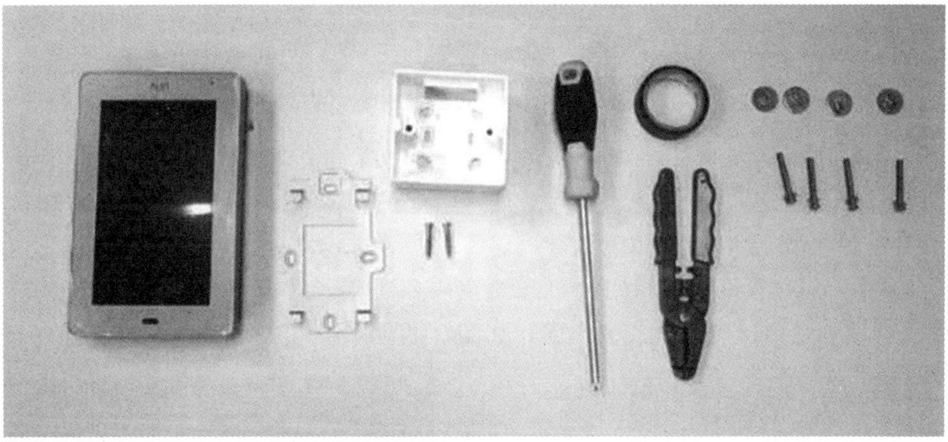

图 3-39　室内机设备及配件

步骤 2：根据现场环境，使用卷尺确认安装位置，设备安装高度距离地面 1.2m 至 1.4m。实际安装过程中可根据现场情况调整，如图 3-40 所示。

步骤 3：室内机支架安装，现场实际安装位置为展示板，使用螺栓固定底盒至安装位置，使用十字螺丝刀固定四颗螺栓。安装完成后晃动底盒，确认安装牢固，如图 3-41 所示。

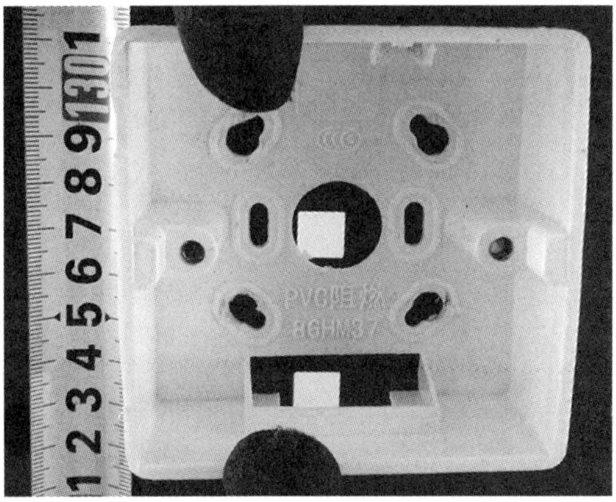

图 3-40　安装高度确认

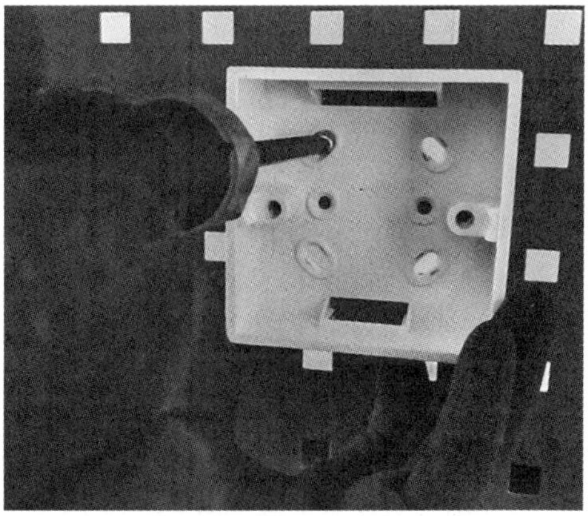

图 3-41　室内机底盒安装

步骤 4：安装室内机支架至底盒，使用十字螺丝刀固定螺丝，如图 3-42 所示。

步骤 5：室内机接线。网口接线，直接插入网络跳线，即可实现联网。

电源接口，室内机电源接口“12V＋”对接电源“12V＋”；室内机电源接口“12V－”对接电源“GND”端口。使用剥线钳剥出铜芯，正确连接后使用绝缘胶布缠绕。若使用 PoE 为设备供电，则不连接电源线。接线应注意接线方式正确，避免电源线接反而损坏设备，如图 3-43 所示。

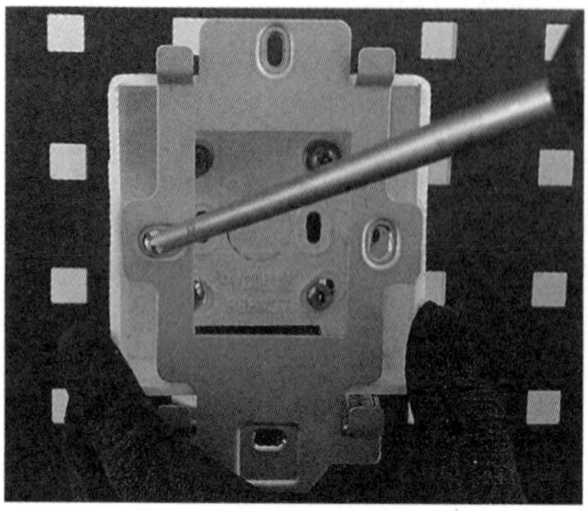

图 3-42　室内机支架安装

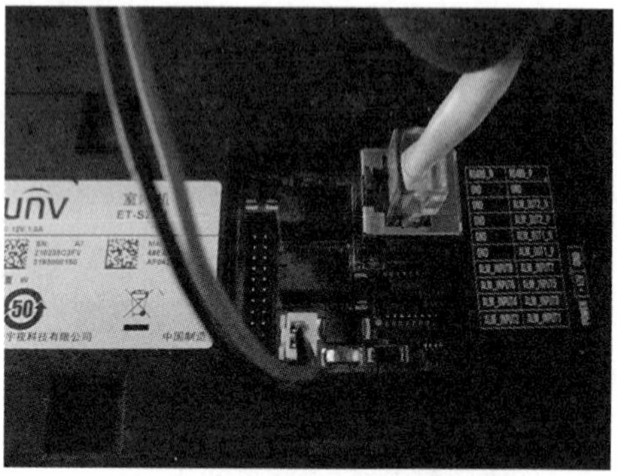

图 3-43　室内对讲机接线

步骤 6：正确接线后，将室内机扣至室内机支架，对准室内机背后的孔位。安装完成后晃动室内机，确认安装牢固，如图 3-44 和图 3-45 所示。

图 3-44　室内机扣上支架

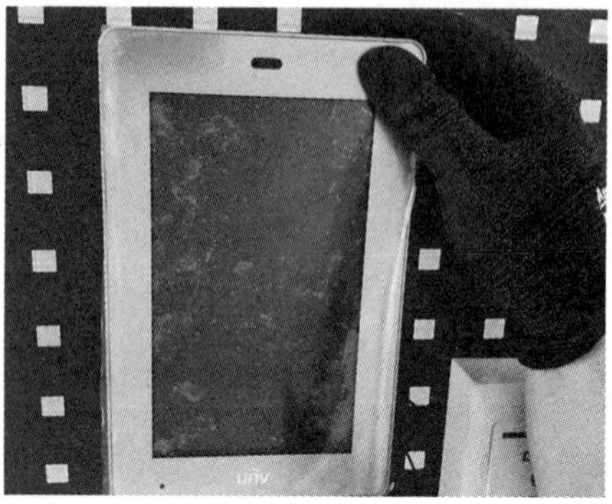

图 3-45　室内机安装完成

技能点 5：人脸门禁一体机、测温模块的安装实训

人脸门禁一体机、测温模块的安装实训

根据人脸门禁一体机连线示意图，进行安装和连接，如图 3-46 所示。

电源：12V 端口对接电源 12V 端口。

网口：连接至交换机网口。

测温：RS-485 端口对接测温模块 RS-485 端口。

开门：LOCK 端口对接电源 PUSH 端口。

测温模块示意图，如图 3-47 所示。

电源：12V 端口对接电源 12V 端口。

测温：RS-485 端口对接人脸门禁一体机 RS-485 端口。

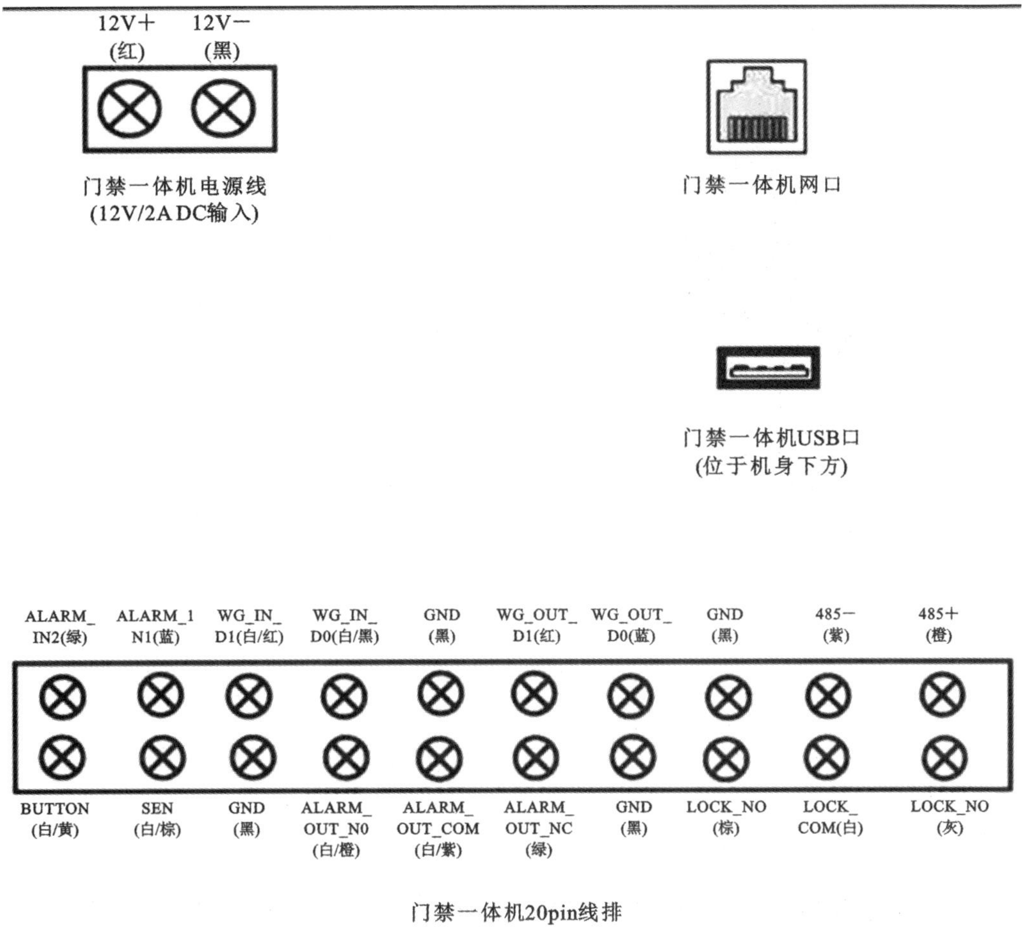

图 3-46　人脸门禁一体机接线

图 3-47　测温模块接线

1. 设备、工具及耗材

卷尺、剥线钳、绝缘胶布、十字螺丝刀、六角扳手、测温模块、人脸门禁一体机、人脸门禁一体机支架、底盒、螺栓、防护手套。

2. 实操步骤

步骤 1：检查设备外观及配件（现场实际安装位置为展示板），如图 3-48 所示。

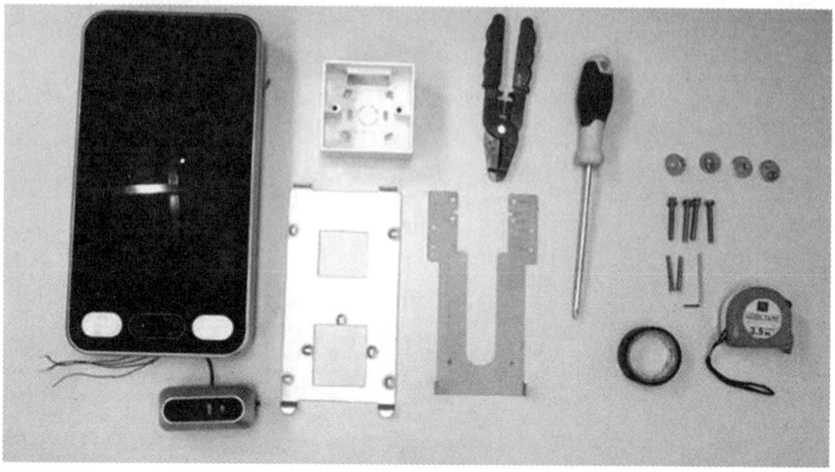

图 3-48 人脸门禁一体机设备及辅材

步骤 2：根据现场环境，使用卷尺确认安装位置，设备安装高度距离地面 1.2m 至 1.4m。可根据现场实际情况调整，如图 3-49 所示。

步骤 3：人脸门禁一体机支架安装，现场实际安装位置为展示板，使用螺栓固定底盒至安装位置，使用十字螺丝刀固定四颗螺栓。安装完成后晃动底盒，确认安装牢固，如图 3-50 所示。

图 3-49 门禁一体机底盒测量

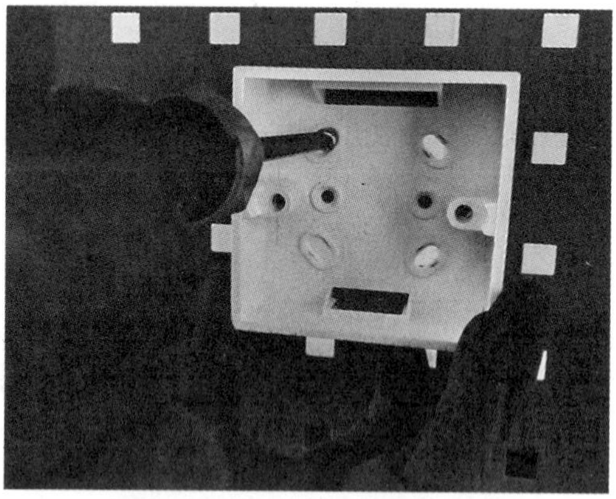

图 3-50 门禁一体机底盒安装

步骤 4：安装人脸门禁一体机支架至底盒，使用十字螺丝刀固定螺丝。如需测温功能，则将测温支架与人脸门禁一体机支架对准孔位，一同固定至底盒，如图 3-51 和图 3-52 所示。

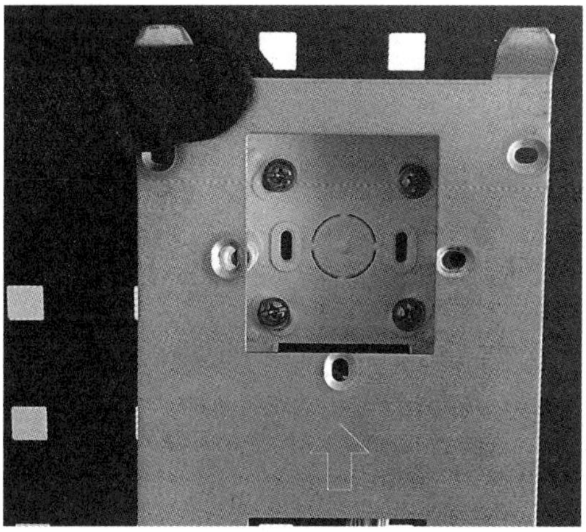

图 3-51 门禁一体机支架安装

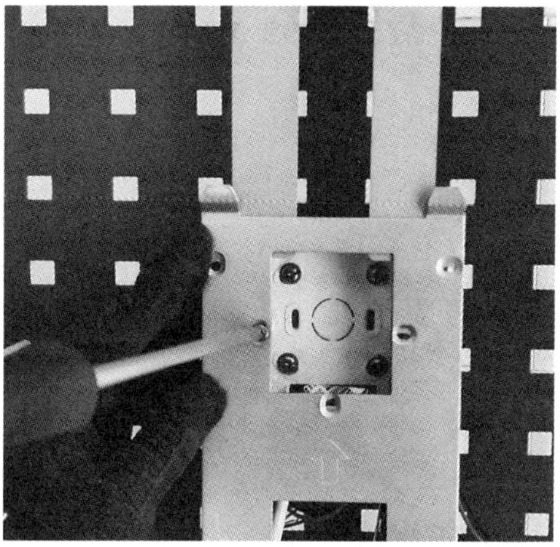

图 3-52 门禁一体机、测温支架安装

步骤 5：人脸门禁一体机接线，网口接线，直接插入网络跳线，即可实现联网。

电源接口：人脸门禁一体机电源接口“12V＋”对接电源“12V＋”；人脸门禁一体机电源接口“12V－”对接电源“GND”端口。

人脸门禁一体机“LCCKVNO”端口对接电源“PUSH1”端口，人脸门禁一体机“LOCKCOM”端口对接电源“GND”端口。

人脸门禁一体机“RS -485＋”端口对接测温模块“RS -485＋”端口，人脸门禁一体机“RS-485－”端口对接测温模块“RS -485－”端口。

测温模块电源“12V＋”对接人脸门禁一体机电源“12V＋”端口，测温模块电源“12V－”对接人脸门禁一体机“12V－”端口。

使用剥线钳剥出铜芯，正确连接后使用绝缘胶布缠绕。注意线缆的正确连接，电源线接反会导致设备损坏，如图 3-53 所示。

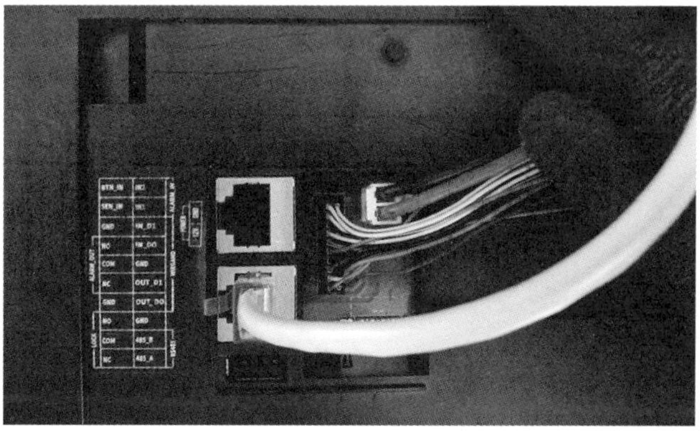

图 3-53 门禁一体机接线

步骤 6：接线完成后，将人脸门禁一体机扣至人脸门禁一体机支架上，测温模块扣至测温模块支架上，使用十字螺丝刀固定测温模块两端的螺丝，如图 3-54 和图 3-55 所示。

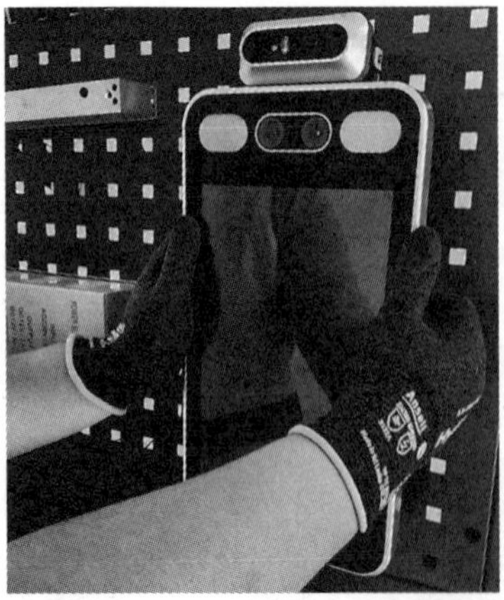

图 3-54　门禁一体机扣上支架

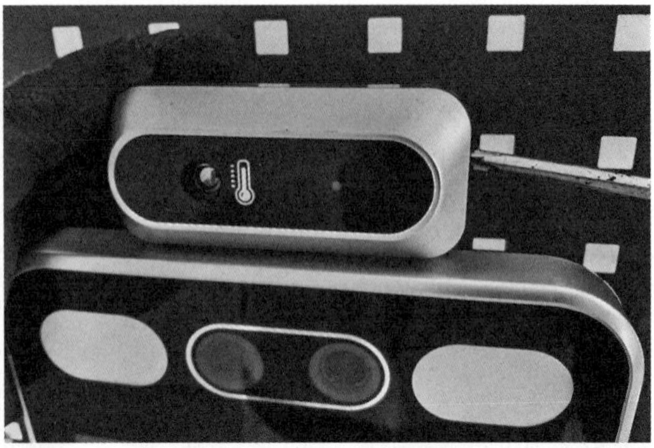

图 3-55　测温模块螺丝固定

步骤 7：使用六角扳手固定测温模块底部螺丝，如图 3-56 所示。

安装完成后晃动设备，确认无松动，如图 3-57 所示。

图 3-56　门禁一体机底部螺丝固定

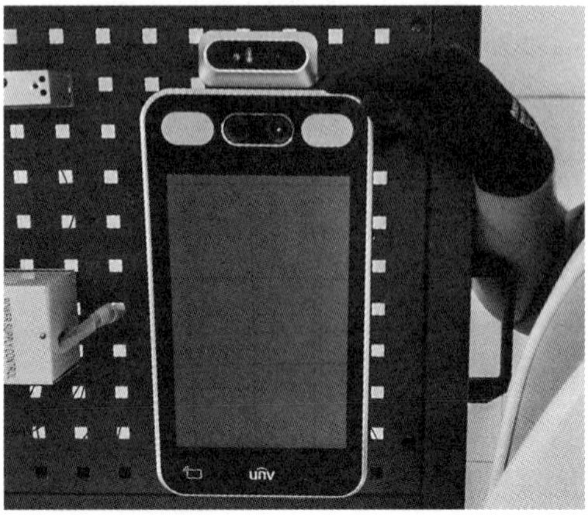

图 3-57　门禁一体机安装完成

技能点 6：人脸门禁服务器的安装

人脸门禁服务器的安装

1. 设备、工具及耗材

十字螺丝刀、硬盘、网线、人脸门禁服务器、电源线、防护手套。

2. 实操步骤

步骤 1：检查设备外观及配件，如图 3-58 所示。

步骤 2：打开服务器前面板，如图 3-59 所示。

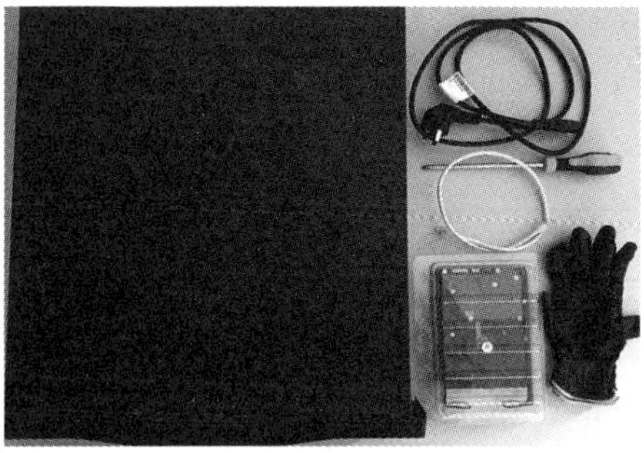

图 3-58　人脸门禁服务器设备及辅材

图 3-59　服务器前盖拆开

将硬盘插入硬盘插槽内，听见“咔嗒”声为安装完成，如图 3-60 所示。

图 3-60　硬盘安装

步骤 3：安装人脸门禁服务器前面板，使用十字螺丝刀固定螺丝，如图 3-61 所示。

步骤 4：将设备放置在展台桌面上，连接电源线至电源接口，网线跳线至网络接口，如图 3-62 所示。

图 3-61　前面板安装

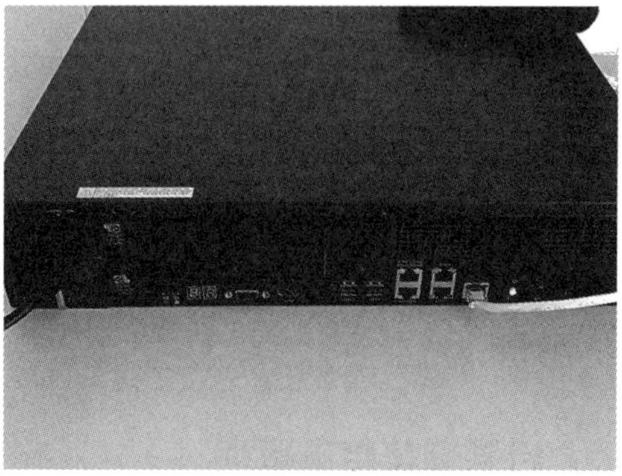

图 3-62　服务器线缆连接

3. 实训收尾

收拾工具，打扫现场。

五、实训报告及评价

姓名		区队	
组别		岗位	
同组成员		日期	
重点记录			
完成技能操作用到的标准规范、注意事项、工具、流程步骤等			
自评		组长评分	

操作实践		
类型	比例（比例可调）	分值
自评	30%	
组内互评	20%	
组间互评	20%	
教师评价	30%	
总评分（线上线下同步）		

六、课后拓展及应用

门禁安装相关事项

1. 安装前注意事项

（1）首先确定门禁的类型是独立型还是联网型；

（2）了解门的结构，不同的材质和结构的门配不同的锁；

（3）读卡机的安装位置，管理中心的位置以及它与控制主机、读卡器的距离，走线方式，另外还有电源的位置，管路的到位情况等；

（4）了解门禁的安装位置的整体状况。

① 如果是水泥墙或者是石墙，可以采用外置管线或者避开大理石；

② 如果是铁门或者是不锈钢门，门禁安装的时候要避开金属物，可以考虑把门禁安装位置那的金属切掉。读卡器可用塑胶片垫高，以避免出现干扰；

③ 了解控制器安装位置，如果控制器与电脑采用网络通信，如布线方便的话，可将所有控制器放到温控环境更为完善的中心机房或者弱电井，便于后期维护。如距离过远，也可将控制器就近连接网络。

2. 安装时注意事项

（1）注意防电磁干扰；

（2）预防传输信号的衰减，控制器和读卡器之间理想的传输距离是100m之内，将距离控制在有效范围内；

（3）所有走线都必须套管，走线不能与220V强电线在同一根管，必须分开；

（4）保证控制器机箱和交流电地线连接完善，且交流电地线真实接地，保护措施要做好；

（5）不要将控制器与其他大电流设备接在同一供电插座上，以避免电路负载过大；

（6）一般读卡器、开/关门按钮的安装高度距地面1.4米左右，也可以根据客户的使用习惯，适当进行调整；

（7）控制器建议安装在门内侧的天花板上或弱电井等便于维护的地点。

七、1+X证书考证题库

单选题

1. 出入口控制系统的管理端保存的事件记录能力，应不小于（　　）天。

A. 30

B. 60

C. 90

D. 180

2. 安防系统出入控制系统安装质量的要求主要有（　　）、安装工艺、线缆连接和通电测试等。

A. 设备功耗

B. 安装位置

C. 外观形状

D. 系统模式

3. 安防系统出入口系统功能设置的主要内容包括管理控制、（　　）、执行部分、报警和应急开启等功能设置。

A. 识读部分

B. 入侵探测

C. 入口锁闭

D. 特征识别

多选题

根据信息的读取方式 IC 卡分为（　　）卡。

A. 密耦合

B. 无耦合

C. 接触式

D. 非接触式

E. 无线传输

任务四　智能化出入口控制系统设备调试

任务导学

一、三维教学目标

【知识目标】

识记室内对讲机和人脸门禁一体机、人脸门禁服务器的 Web 界面进行调试的流程。

识记人脸门禁服务器的人员、设备添加、出入口记录导出流程。

【能力目标】

会登录室内对讲机、人脸门禁一体机的 Web 页面。

会修改室内对讲机、人脸门禁一体机的 IP 地址。

会修改室内对讲机、人脸门禁一体机的密码。

会进行室内对讲机与人脸门禁一体机的联调。

会进行人脸门禁服务器的人员、设备添加，出入口记录导出。

【素质目标】

通过系统调试的规范流程学习，培养学生国家安全意识。

通过系统调试的实践训练，培养学生树立严守法纪的警务素养。

二、岗证赛相融通

【安防系统安装维护员岗位】

五级/初级工：

（1）能登录出入口控制系统软件。

（2）能查询出入口控制系统开门记录。

四级/中级工：

（1）能使用软件控制电控锁开锁。

（2）能注册临时卡并开锁。

（3）能够更换发卡器、读卡器等设备。

（4）能够调试设备的通信协议。

三级/高级工：

（1）能添加密码或指纹识别信息并开锁。

（2）能添加人脸识别信息并开锁。

（3）能查看用户信息。

（4）能导出用户开门信息。

（5）能使用万用表检测电锁是否正常。

（6）能检测门磁是否正常。

二级/技师：

（1）能添加密码或指纹识别信息并开锁。

（2）能添加人脸识别信息并开锁。

（3）能设计出入口控制系统分布图。

（4）能导出用户开门信息。

【全国安防职业技能竞赛】

全国安防职业技能竞赛。

B 模块：门禁核验测温调试配置。

在人脸门禁使用过程中经常会要求加装其他配套的辅助模块来运行，以满足人员身份核验、人证比对、测温等功能，请根据以下任务要求完成对门禁 IP 地址、用户密码的修改，配置相应的模式并正常通行，最后将结果提交到指定位置。

（1）根据“监控设备 IP 表”，修改人脸门禁一体机的 IP 地址和用户密码。

（2）修改配置，开启测温功能。

（3）修改开门方式，改为核验通过。

（4）修改配置，选择对应的核验模板，如人脸白名单。

C 模块：人员管理平台调试配置。

门禁设备接入人员管理平台之后，可查询过人记录，同时人员权限管理功能调试过程中，需要保证权限分配满足任务要求，请根据任务要求完成以下工作。

（1）完成人员管理平台软件安装部署。

（2）按照IP地址表修改人员管理平台IP地址。

（3）升级软件新版本，保证各个服务正常。

（4）登录平台Web界面，输入账号密码并修改，创建用户名为admin1，用户权限为只能看过人记录、设备管理、人员管理权限。密码设置为Ab12345678。

D模块：人脸门禁功能测试。

人脸门禁安装调试完后要进行以下功能测试，确保门禁系统能够正常使用，满足比赛要求，请根据任务要求完成以下工作。

（1）可以刷脸测温正常通行。

（2）可以设置不同核验模式进行通行，如人证核验或者人脸白名单等。

（3）实现室内机和门禁可视对讲。

（4）测试开门按钮是否正常。

三、引用标准规范

（一）GB 50348—2018《安全防范工程技术标准》

6.4.6　出入口控制系统应根据不同的通行对象进出各受控区的安全管理要求，在出入口处对其所持有的凭证进行识别查验，对其进出实施授权、实时控制与管理，满足实际应用需求。

6.4.7

（3）出入口控制系统应采用编码识读和（或）特征识读方式，对目标进行识别。编码识别应有防泄露、抗扫描、防复制的能力。特征识别应在确保满足一定的拒认率的管理要求基础上降低误识率，满足安全等级的相应要求。系统应根据每个出入口控制点所对应的安全等级要求，选择适合的设备，并应符合下列规定：

2）只采用PIN识别的系统，其可分配的PIN总数和用户的最大数量之间的最小比率应至少为1000比1；

3）采用编码载体信息凭证的系统，其载体凭证的密钥量应满足相应安全等级的要求；

4）采用模式特征信息凭证识别的系统，其识读设备的误识率应满足相应安全等级的要求。

（二）《安全防范电子防护设计》

（5）出入口控制系统应根据安全管理要求，对不同目标出入各受控区的时间、出入控制方式等权限进行配置。

（8）出入口控制系统应根据安全等级的要求，采用相应自我保护措施和配置。位于对应受控区、同权限受控区或高权限受控区域以外的部件应具有防篡改/防撬/防拆保护措施。

（9）出入口控制系统应能对目标的识读结果提供现场指示。当系统出现违规识读、出入口被非授权开启、故障、胁迫等状态和非法操作时，系统应能根据不同需要在现场和（或）监控中心发出可视和（或）可听的通告或警示。并应满足各安全等级规定的相关要求。

（10）系统的信息处理装置应能对系统中的有关信息自动记录、存储，并有防篡改和防销毁等措施。出入口控制系统的事件记录存储要求，应满足各安全等级规定的相关要求。

四、主要任务

室内对讲机的调试

技能点 1：室内机修改 IP 地址

室内机
修改 IP 地址

1. 调试要求

依据 IP 地址规划表修改室内对讲机的 IP 地址，设置室内机编号（见表 3-3）。

表 3-3 IP 地址规划表

名称	初始 IP 地址	初始密码	修改后 IP 地址	修改后密码
室内机	192.168.1.30	123456	192.168.1.20	123456@A
人脸门禁一体机	192.168.1.13	123456	192.168.1.50	123456@A
人脸门禁服务器	192.168.1.90	123456	192.168.1.100	123456@A
调试时注意修改密码和 IP 地址后应进行记录。调试完成后需要恢复出厂设置。				

2. 调试步骤

室内机访问 Web 界面修改 IP 地址。

（1）IE 浏览器输入设备 IP 地址，如图 3-63 所示。

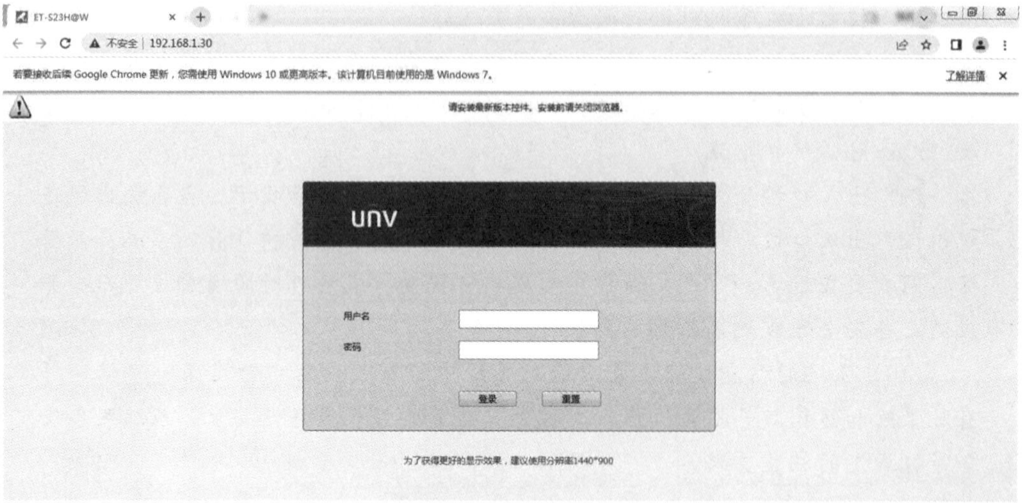

图 3-63　室内机 Web 界面

（2）输入默认用户名 admin 密码 123456，单击“登录”按钮，如图 3-64 所示。

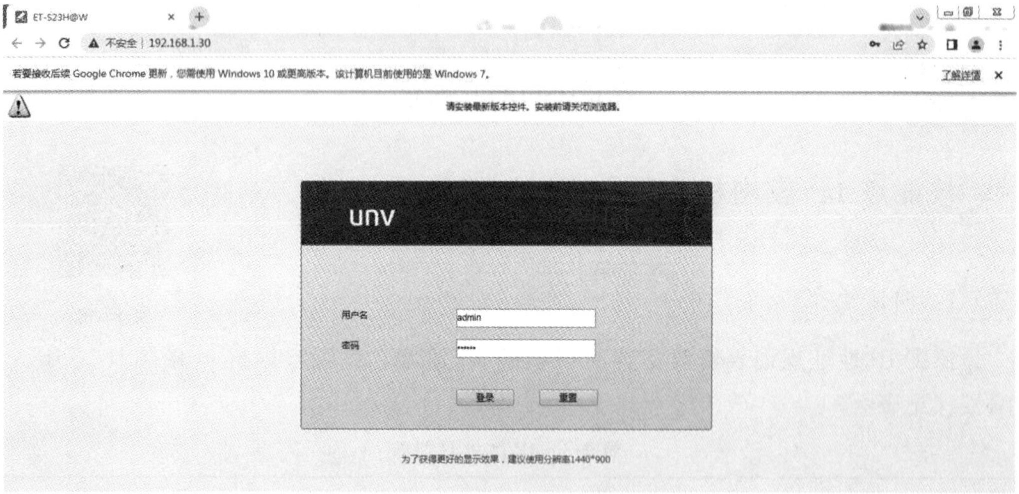

图 3-64　室内机密码登录界面

（3）登录成功后提示修改密码，强密码为数字、字母、符号组合。

（4）跳过“请修改密码”或“修改密码完成”后：

① 单击“配置”。

② 单击“网络配置”。

③ 单击“TCP/IP”。

④ 将“IPV4 地址”“IPV4 子网掩码”“IPV4 默认网关”修改为和人脸门禁一体机在同一网段。

⑤ 单击“保存”按钮，如图 3-65 和图 3-66 所示。

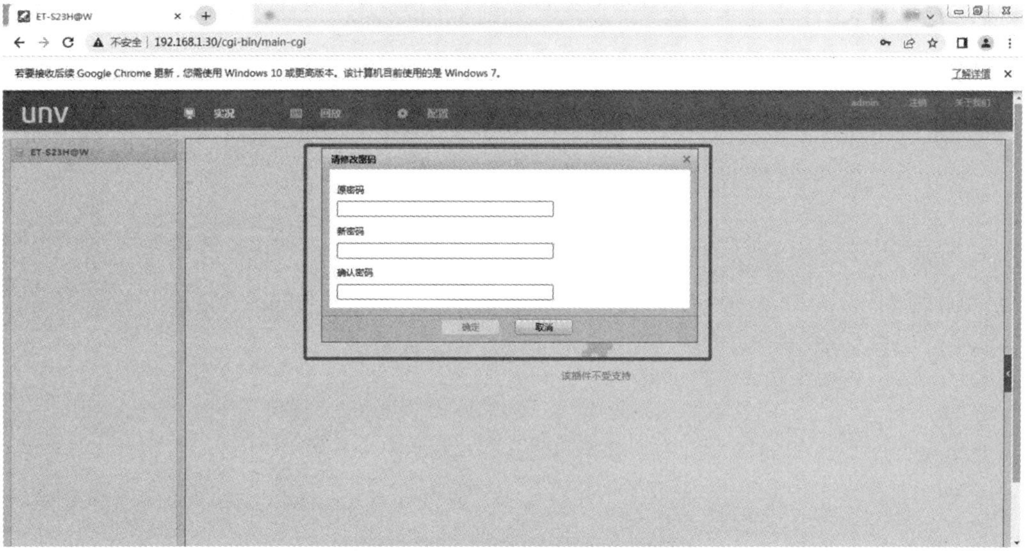

图 3-65　室内机密码提示界面

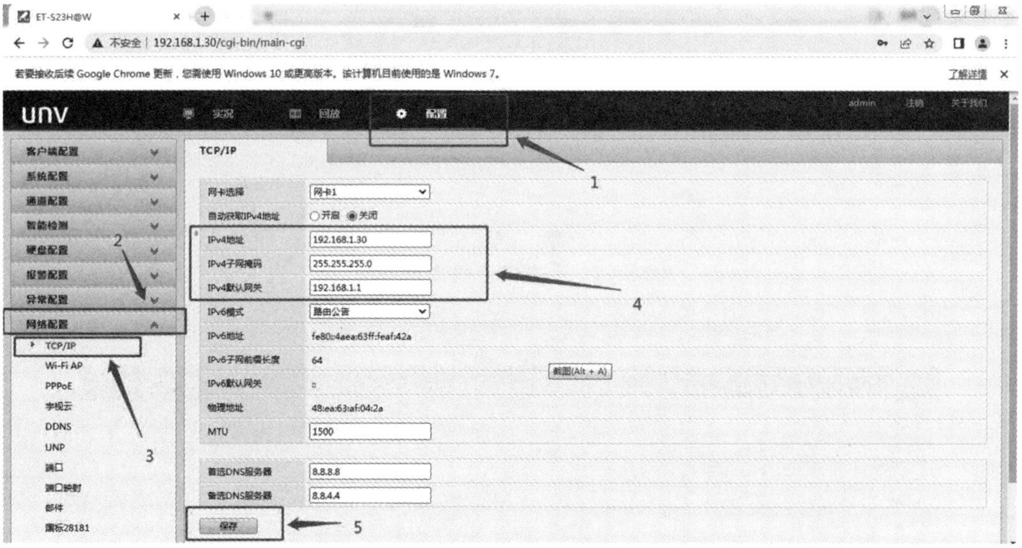

图 3-66　IP 设置界面

⑥ 单击保存后，界面刷新。IP 地址为修改后的 IP 地址，如图 3-67 所示。

⑦ 输入密码登录，如图 3-68 所示。

⑧ 在网络配置界面可以看到，IP 地址已修改完成，如图 3-69 所示。

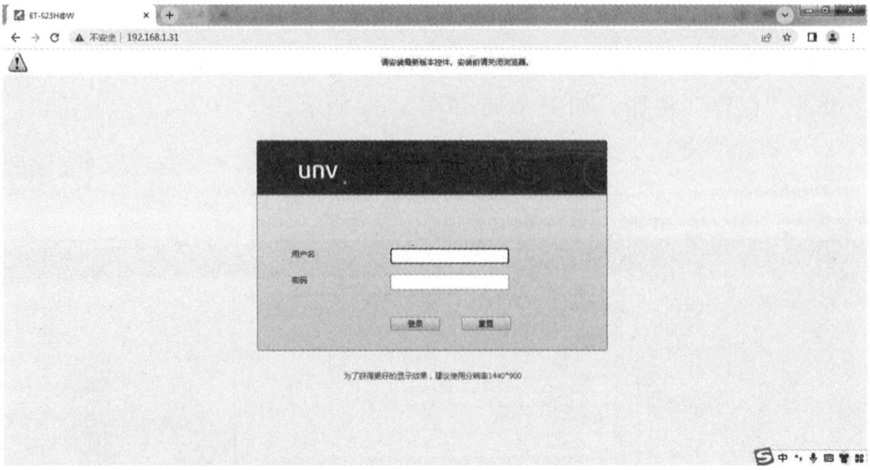

图 3-67　室内机 Web 界面

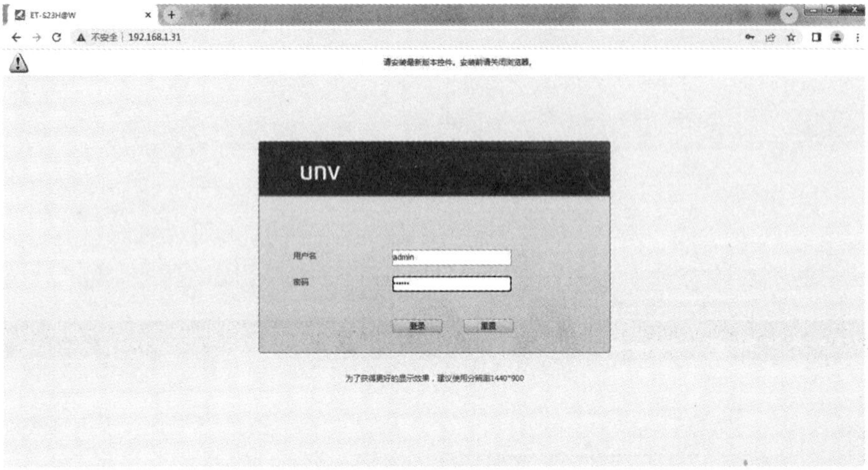

图 3-68　室内机密码登录界面

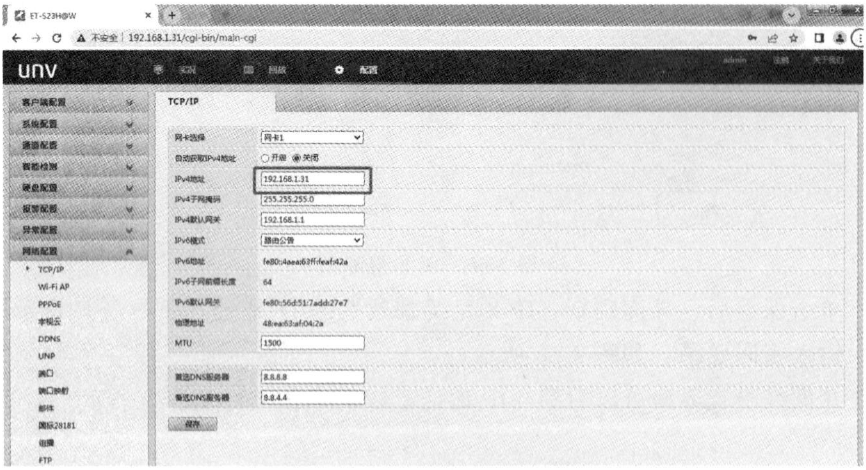

图 3-69　室内机 IP 地址界面

技能点 2：室内机人机界面调试

（1）长按主界面设置按钮 6s 以上，如图 3-70 所示。

进入工程配置界面，如图 3-71 所示。

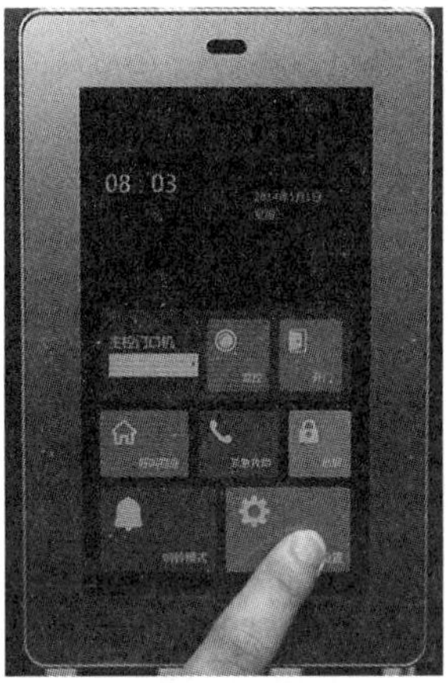

图 3-70　室内机人机界面

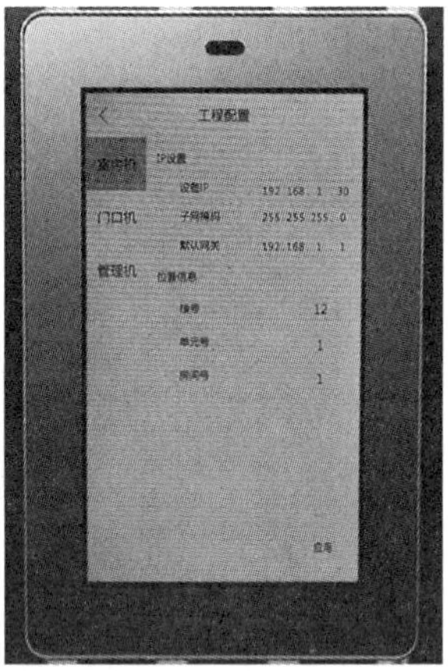

图 3-71　室内机工程配置界面

（2）默认为室内机，IP 地址设置部分为室内机 IP 地址，与室外机同一网段即可。

位置信息部分。

楼号：对应室外机“幢”。

单元号：对应室外机“单元”。

房间号：随机设置，注意不能重复。室外机呼叫时为房间号，如房间号为“12”，室外机呼叫界面则为“12”。

门口机：为人脸门禁一体机配置信息，IP 地址、密码为人脸门禁一体机 IP 地址、密码。

（3）设置完成，单击启用，如图 3-72 和图 3-73 所示。

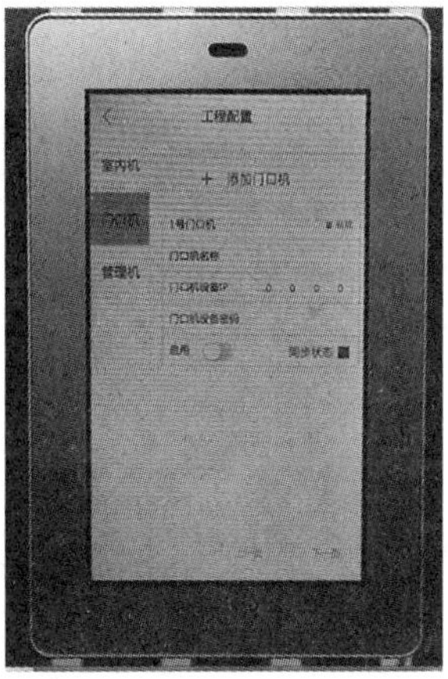

图 3-72　室内机工程配置界面

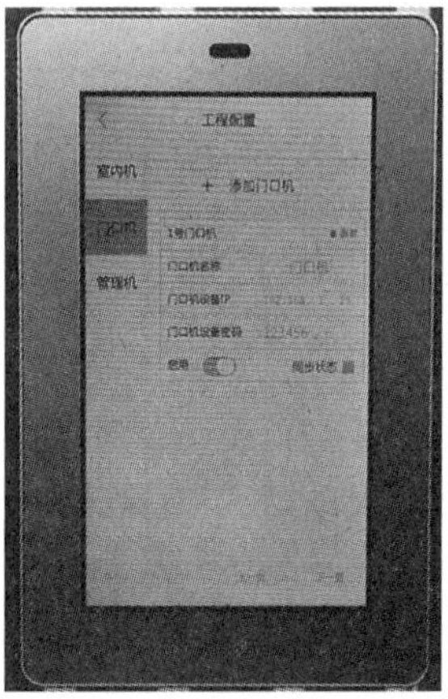

图 3-73　室内机工程配置界面

弹窗提示应用成功，单击确定，设置完成，如图 3-74 所示。

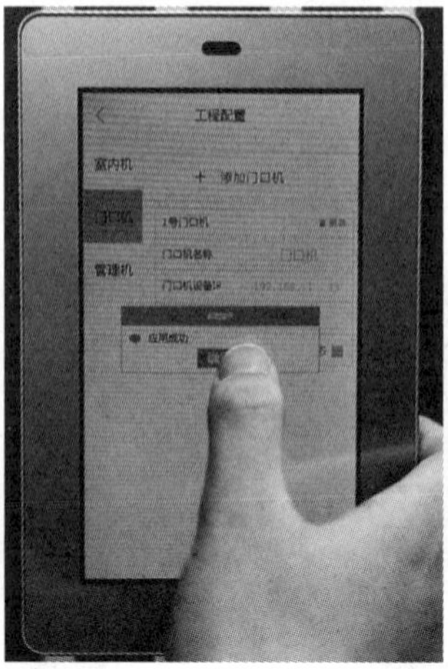

图 3-74　室内机工程配置界面

技能点 3：人脸门禁一体机、室内机对讲功能调试

(1) 人脸门禁一体机上单击“拨号”按钮进入拨号界面，如图 3-75 所示。

(2) 输入房间号（如房间号为室内机设置界面房间号，房间号设置为 1，此处拨号则为 1，如设置为 12，此处拨号则为 12)，如图 3-76 所示。

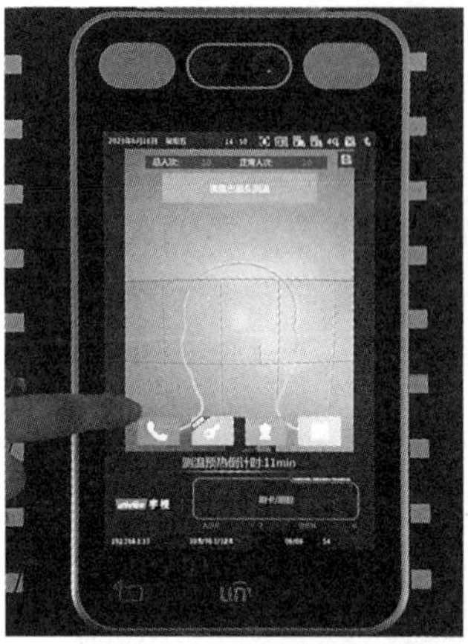

图 3-75　人脸门禁一体机人机界面

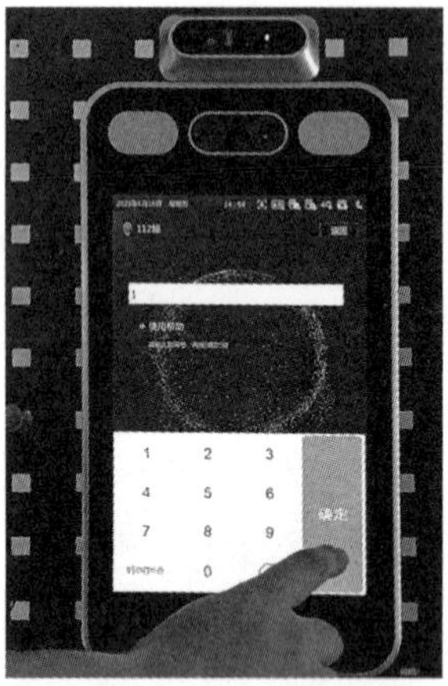

图 3-76　人脸门禁一体机拨号界面

(3) 拨号完成，单击“确定拨号”，进入待接听界面。

拨号成功后，室内机显示通话界面。

响铃 10 声过后，挂断和接通可以操作。

左侧为“挂断”，开门键单击开门，右侧为“接听”。单击“接听”，接通后，即可实现对讲功能，如图 3-77—图 3-80 所示。

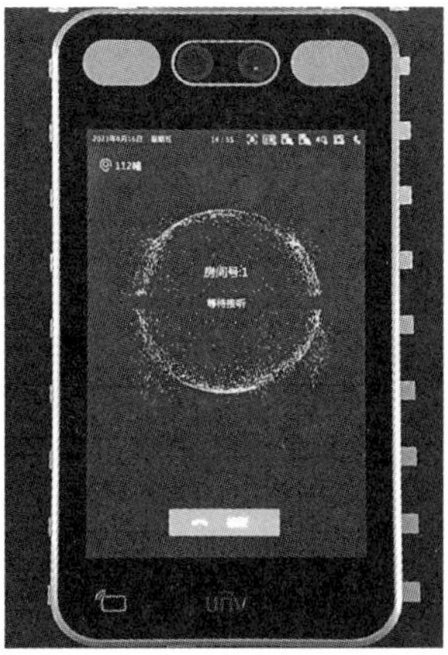

图 3-77　人脸门禁一体机拨号中界面

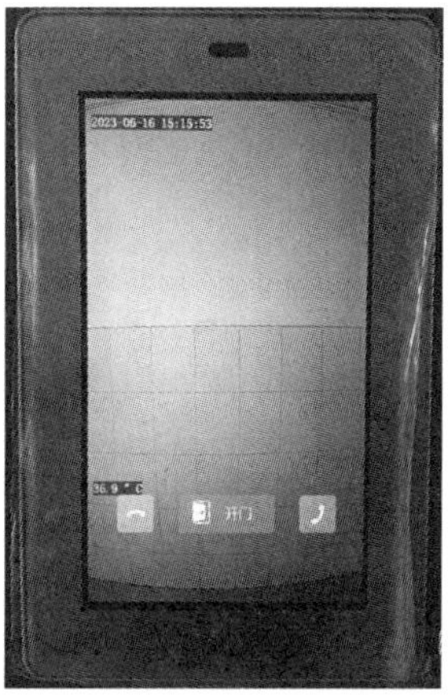

图 3-78　室内机待接听界面

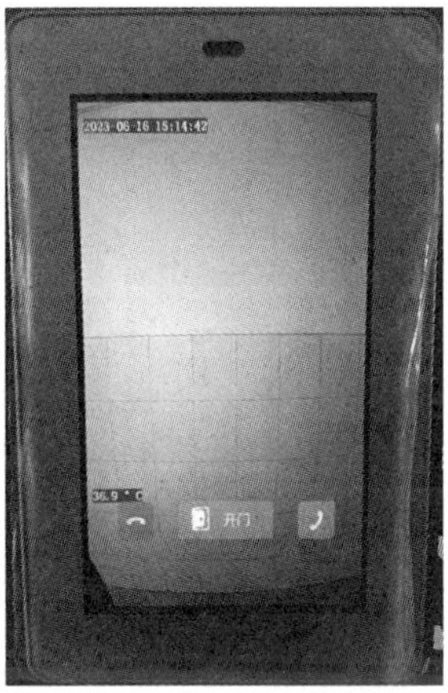

图 3-79　室内机待接听界面

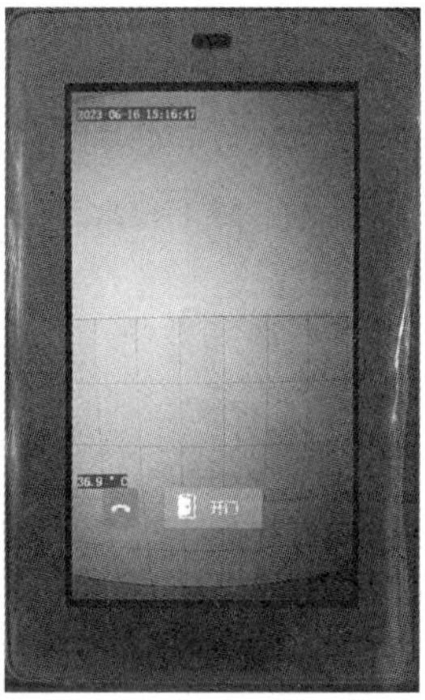

图 3-80　室内机接通界面

单击“挂断”即可挂断对讲。单击“开门”，即可开门，如图 3-81 所示。如不使用室内机开锁，则按下开门按钮，磁力锁打开，如图 3-82 所示。

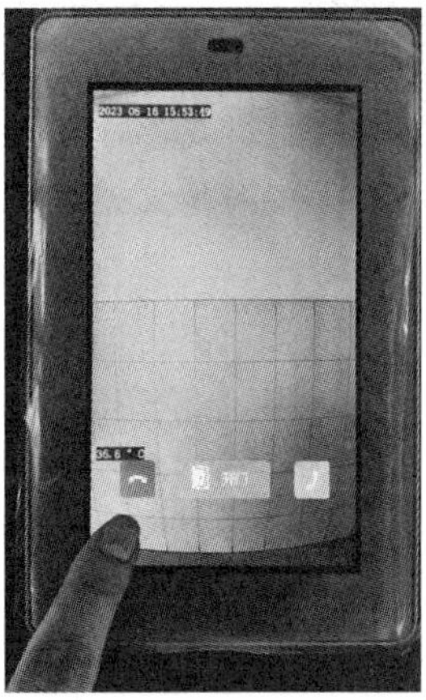

图 3-81　室内机挂断界面

图 3-82　按钮开门界面

技能点 4：人脸门禁一体机人机界面调试

1. 调试要求

修改人脸门禁一体机 IP 地址，开启人脸门禁一体机测温功能，设置人员管理，进行人员添加，修改开门方式为核验通过。

人脸门禁一体机人机界面调试

2. 调试步骤

a. 人机界面网络配置

（1）长按主界面 6s 以上，出现密码输入界面，输入密码登录，如图 3-83 和图 3-84 所示。

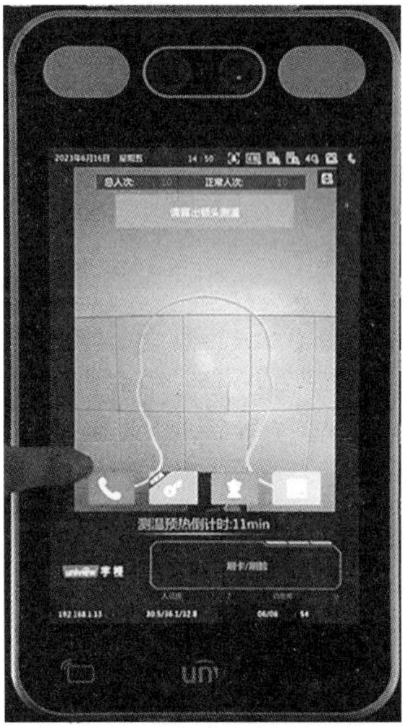

图 3-83　一体机进入工程界面

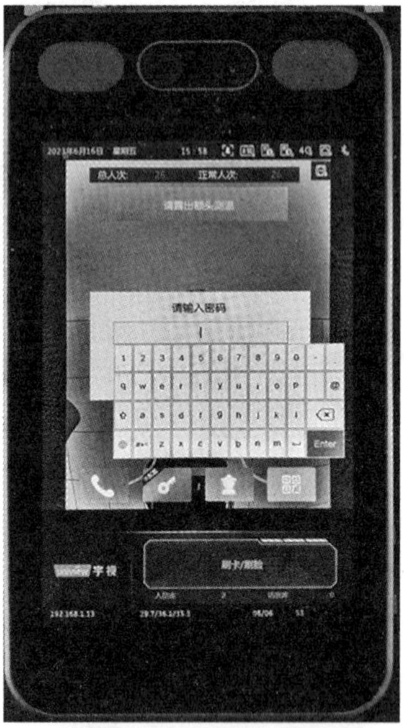

图 3-84　一体机输入密码界面

（2）进入工程配置界面，选择网络配置。

修改网络参数，需要修改 IP 地址与室内机为同一网段，如图 3-85 和图 3-86 所示。

（3）IP 地址修改完成后，单击保存。

弹窗系统提示保存成功，设置完成，如图 3-87 和图 3-88 所示。

注意：网络设置人机界面调整需要在 Web 界面将 IP 地址获取方式由自动获取修改为静态地址。否则，人机界面无法修改网络配置。实际调试过程中显示为设置界面无法触摸，如图 3-89 所示。

图 3-85　一体机工程配置界面

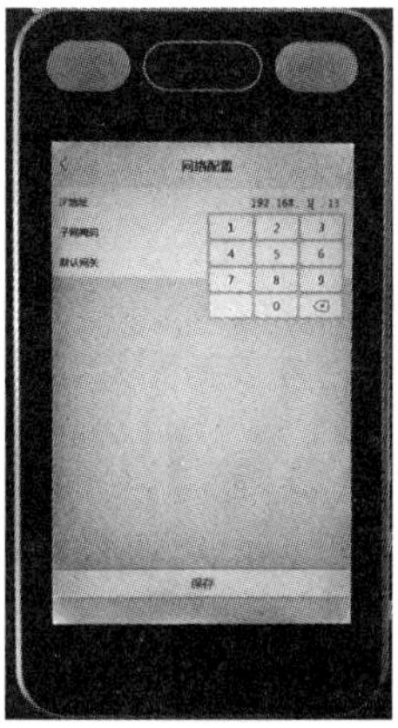

图 3-86　一体机修改 IP 界面

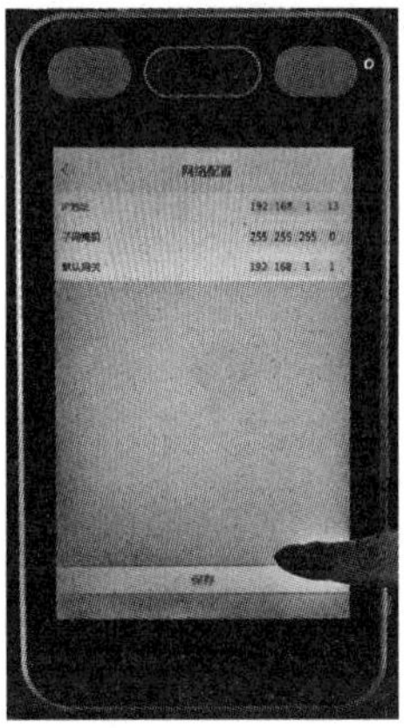

图 3-87　单击保存

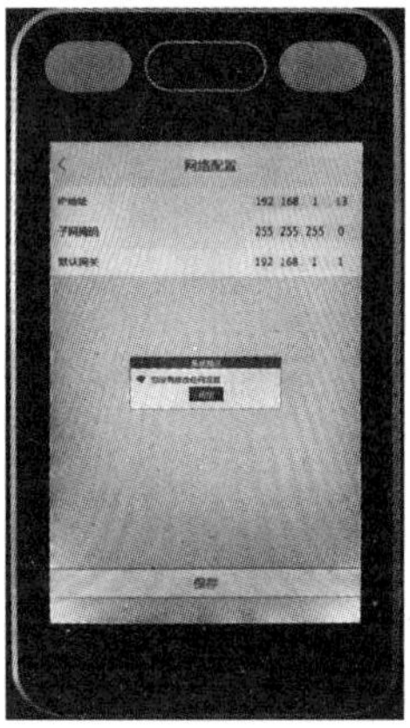

图 3-88　一体机修改保存成功界面

图 3-89　一体机 Web 修改 IP 地址方式界面

b. 人机界面测温功能开启

（1）长按主界面 6s 以上，出现密码输入界面，输入密码登录，如图 3-90 和图 3-91 所示。

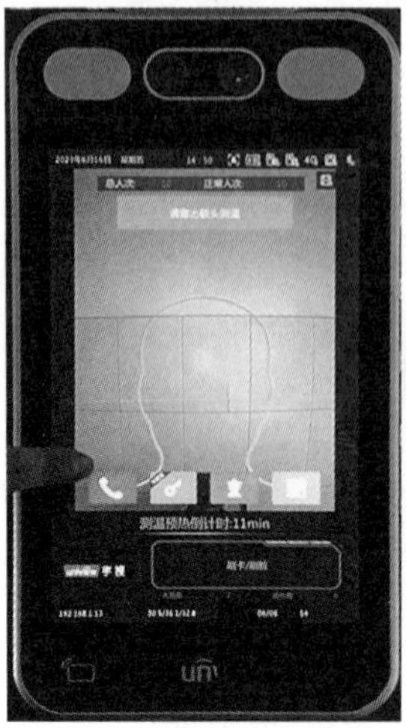

图 3-90　一体机进入工程界面

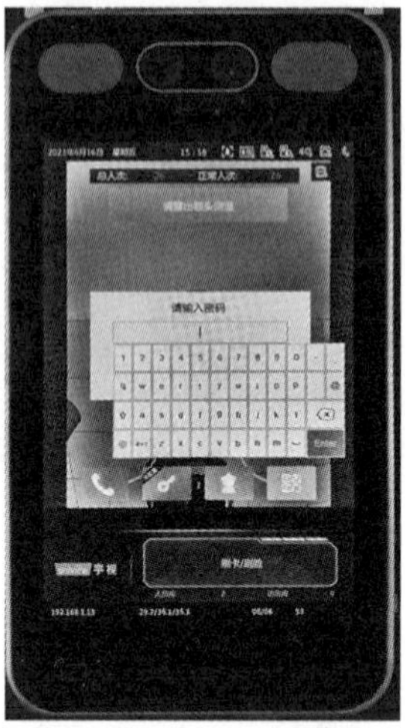

图 3-91　一体机输入密码界面

（2）进入工程配置界面，选择核验场景。

核验功能进行设置，如图 3-92 所示。

开门方式：核验通过，如图 3-93 所示。

核验属性：测温。

核验方式：人脸白名单。

温度单位：摄氏度。

温度范围有效值：按需要设置。

温度告警值：按需要设置。

图 3-92　一体机工程配置界面

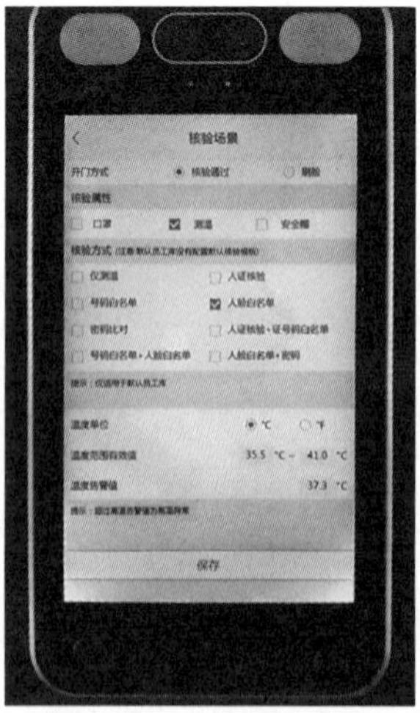

图 3-93　功能设备界面

设置完成后，单击“保存”按钮，提示设置成功，如图 3-94 所示。

返回主界面，进行测温，如图 3-95 所示。

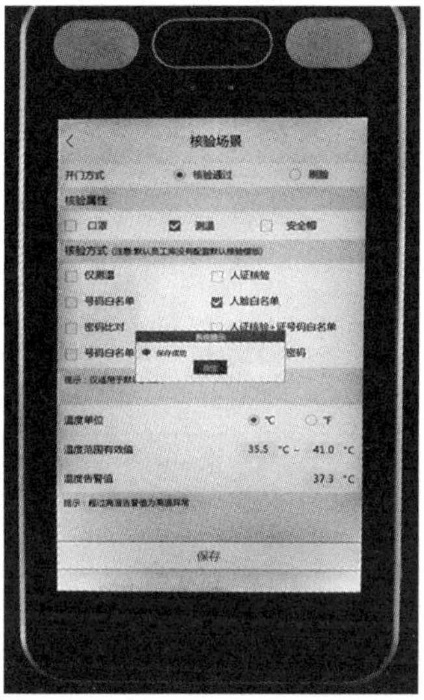

图 3-94　完成设置保存

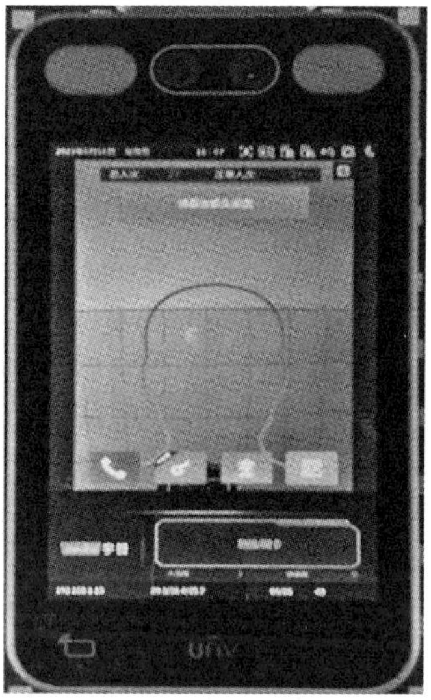

图 3-95　主页测温界面

显示人员温度，提示体温正常，如图 3-96 所示。

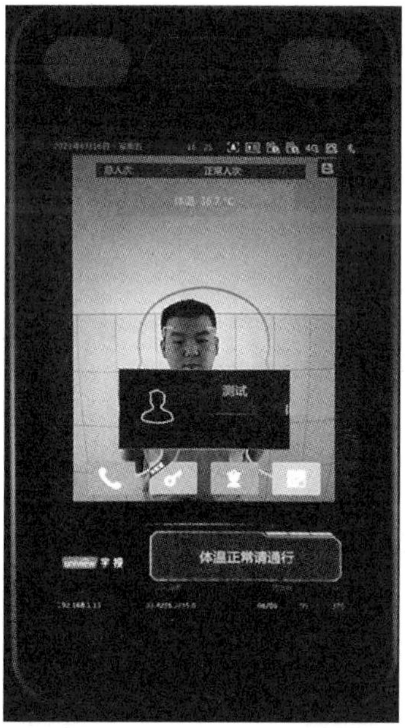

图 3-96　人员测试通过

c. 人机界面人员管理

(1) 长按主界面 6s 以上，出现密码输入界面，输入密码登录，如图 3-97 和图 3-98 所示。

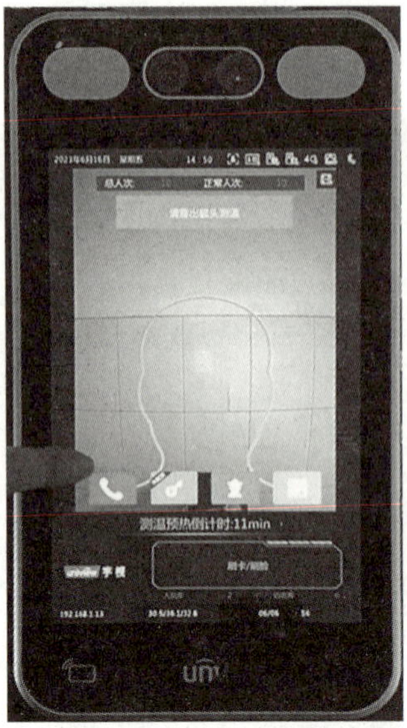

图 3-97　一体机进入工程界面

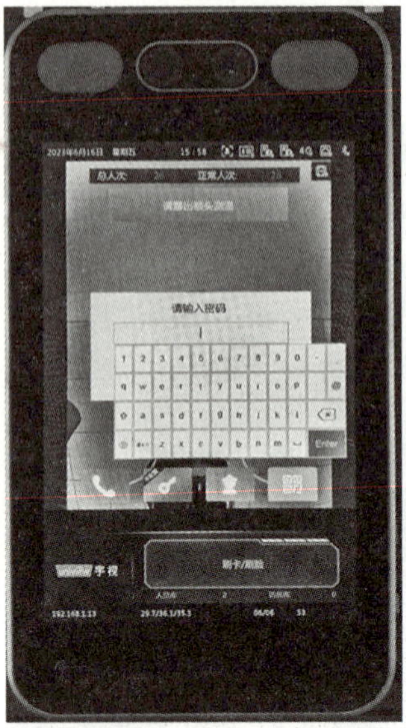

图 3-98　一体机输入密码界面

(2) 进入工程配置界面，选择人员录入，如图 3-99 和图 3-100 所示。

按顺序填写人员信息。

姓名：人员姓名。

人脸库：默认员工库。

卡号：如需使用 IC 卡则录入 IC 卡。

身份证号：非必填项，人员身份证号码。

个人密码：非必填项，开门密码。

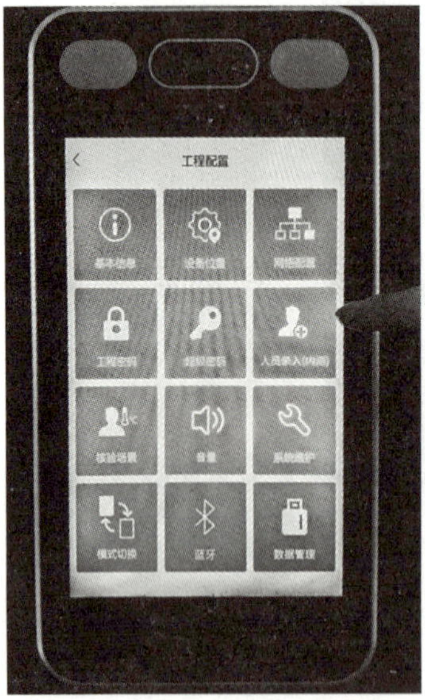

图 3-99　一体机工程配置界面

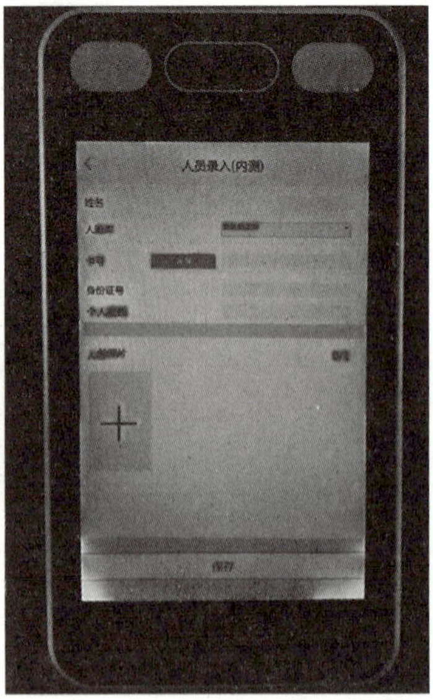

图 3-100　人员录入界面

（3）信息填写完成，单击人脸照片处拍摄照片，如图 3-101 所示。照片按提示完成拍摄，如图 3-102 所示。

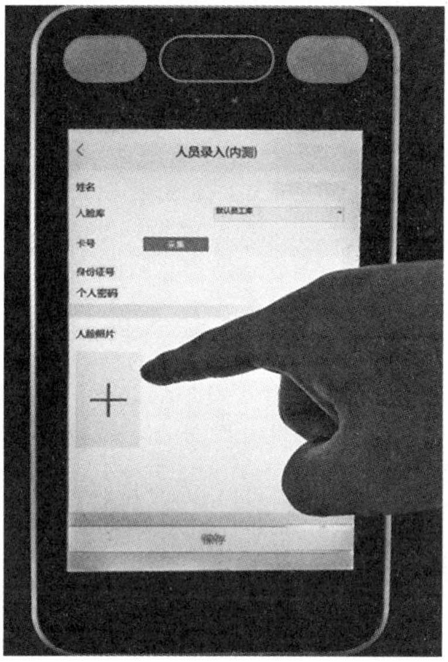

图 3-101　人脸添加

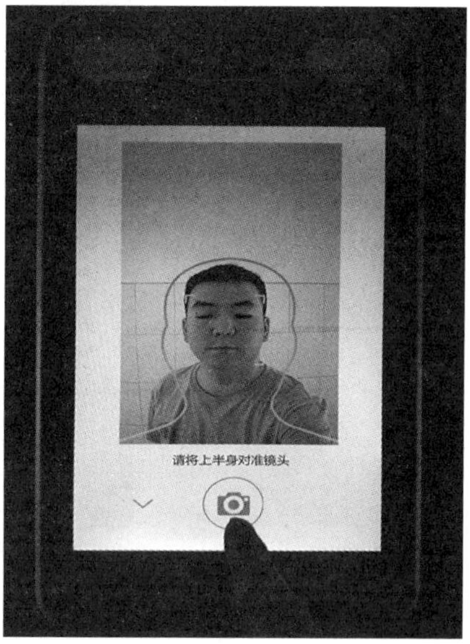

图 3-102　添加人脸信息

（4）弹窗提示人员注册成功，是否需要继续录制；需要继续录制则单击“是”，录制完成则单击“否”，如图 3-103 所示。

录制完成，返回主界面，刷脸核验，显示核验通过，磁力锁开锁，如图 3-104 所示。

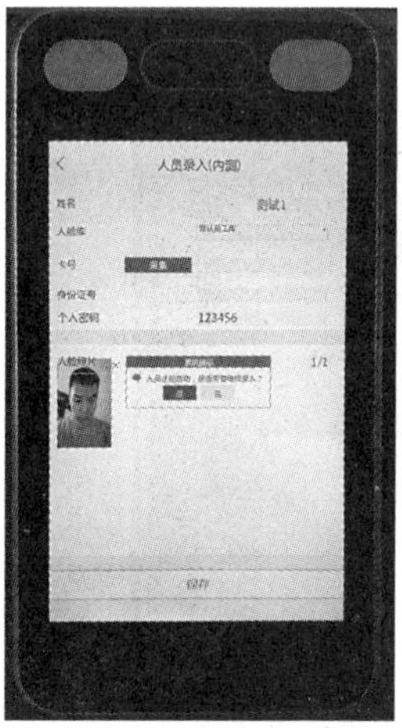

图 3-103　人员录入确认

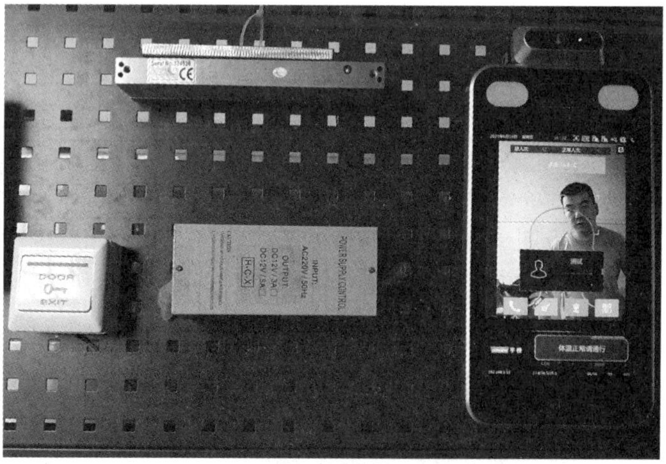

图 3-104　测试人脸

没有人脸录制的人员刷脸，提示体温正常无权限，磁力锁不动作，如图 3-105 所示。

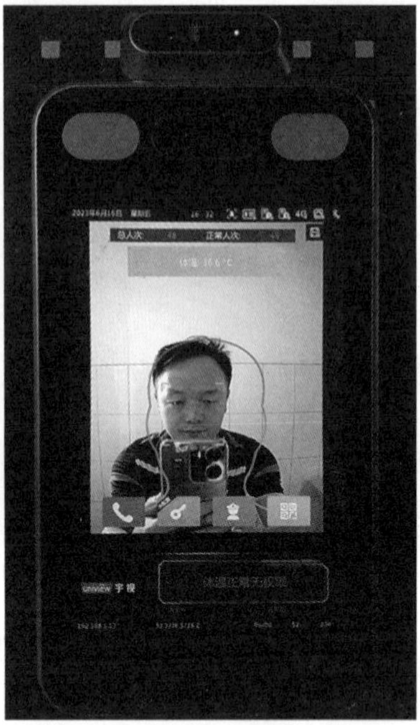

图 3-105　未添加人脸信息核验

d. 人机界面对讲配置

(1) 长按主界面 6s 以上，出现密码输入界面，输入密码登录，如图 3-106 和图 3-107 所示。

(2) 进入工程配置界面，选择设备位置。进入设备位置界面，如图 3-108 和图 3-109 所示。

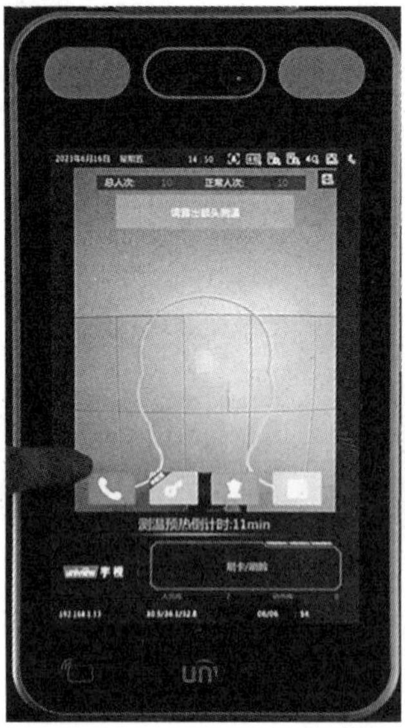

图 3-106　一体机进入工程界面

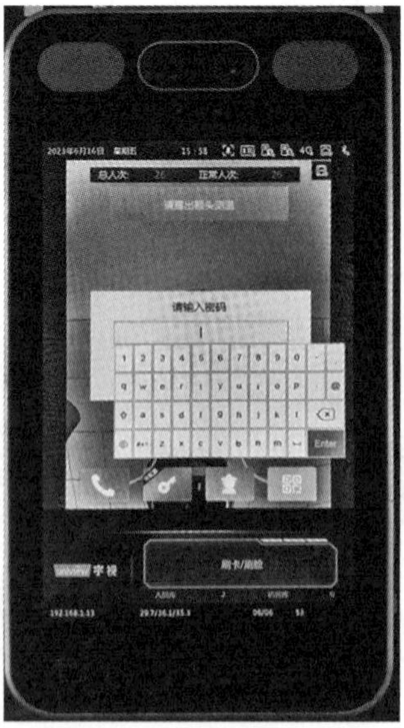

图 3-107　一体机输入密码界面

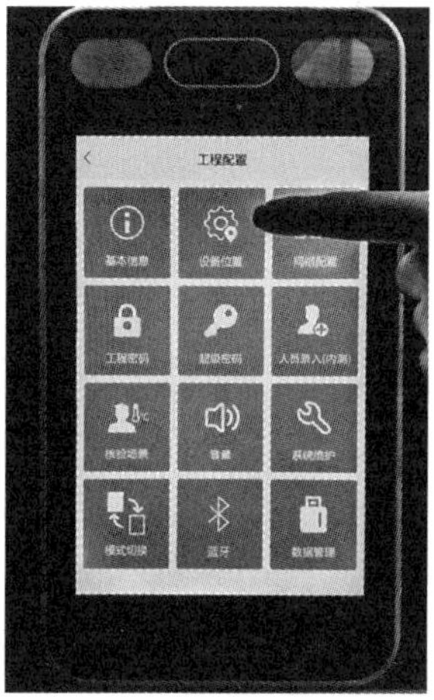

图 3-108　一体机工程配置界面

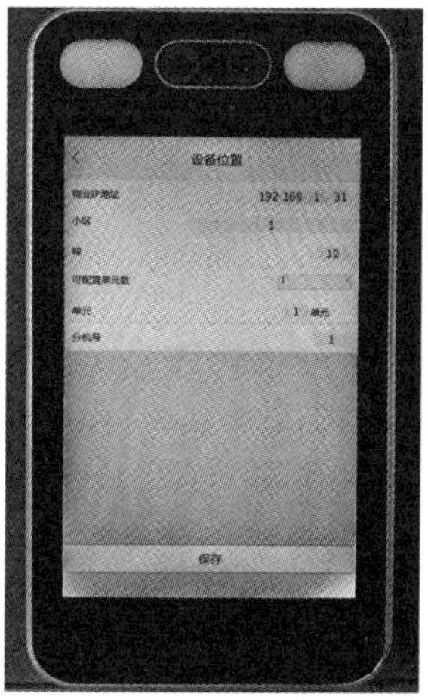

图 3-109　添加设备位置信息

室内机型号：选择对应室内机型号。

物业 IP 地址：室内机 IP 地址。

小区：区间内范围。

幢：对应室内机“楼号”。

可配置单元数：区间内范围。

单元：对应室内机“单元号”。

分机号：默认。

（3）设置完成，单击“保存”按钮，提示保存成功，设置完成，如图 3-110 所示。

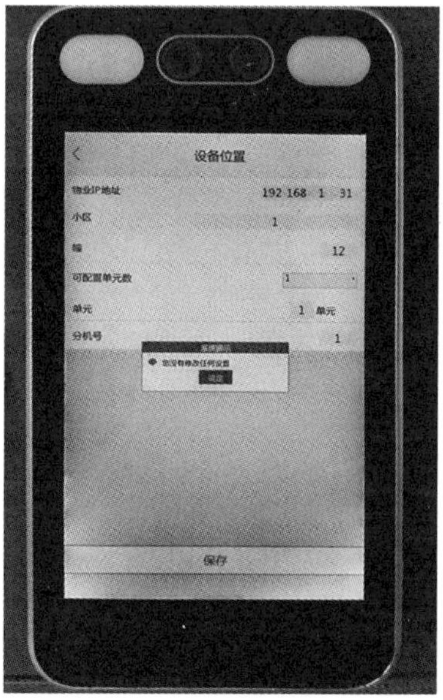

图 3-110　保存位置信息

注意：如果设置完成对讲不通，需要检查人脸门禁一体机 Web 界面配置→安全配置→网络安全→RTSP 鉴权是否为无，否则会导致对讲不通。

技能点 5：人脸门禁一体机 Web 界面的调试

人脸门禁一体机 Web 界面的调试

a. 人脸门禁一体机 IP 地址修改

（1）IE 浏览器输入设备 IP 地址，如图 3-111 所示。

（2）输入默认用户名 admin，密码 123456，单击“登录”按钮，如图 3-112 所示。

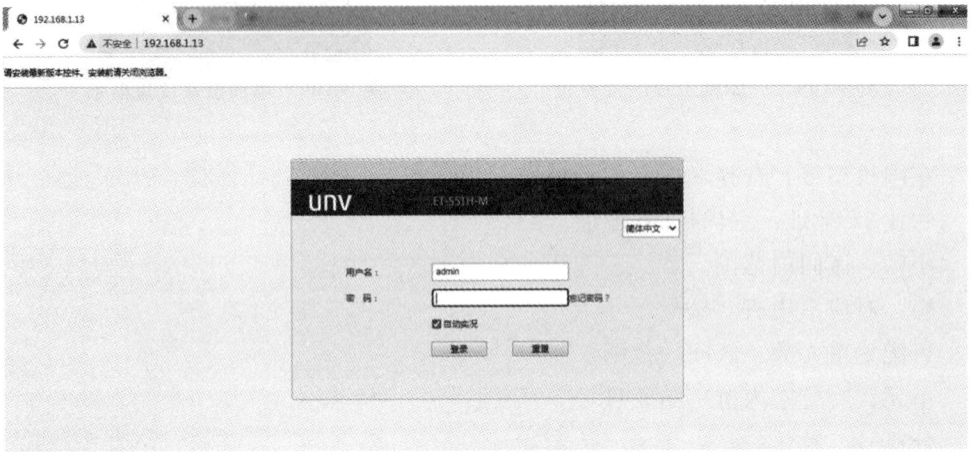

图 3-111　Web 界面登录

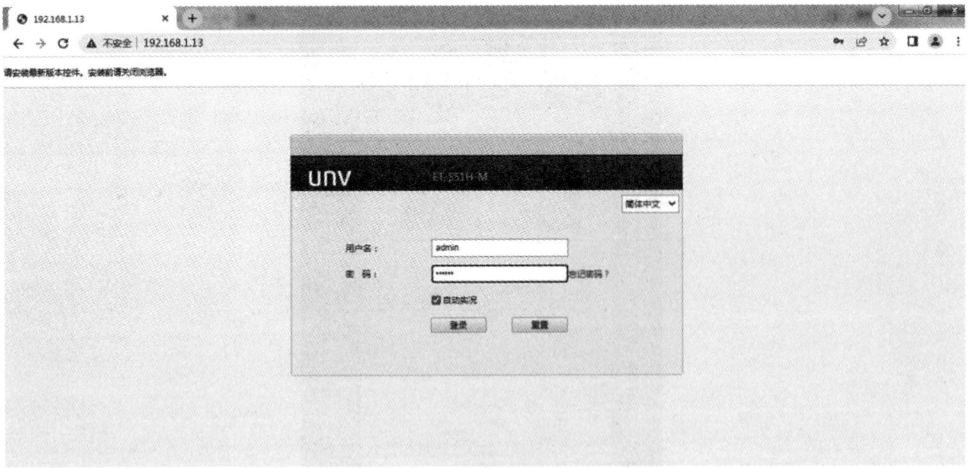

图 3-112　Web 界面输入账号密码

（3）登录成功提示修改密码，强密码为数字字母符号组合，如图 3-113 所示。

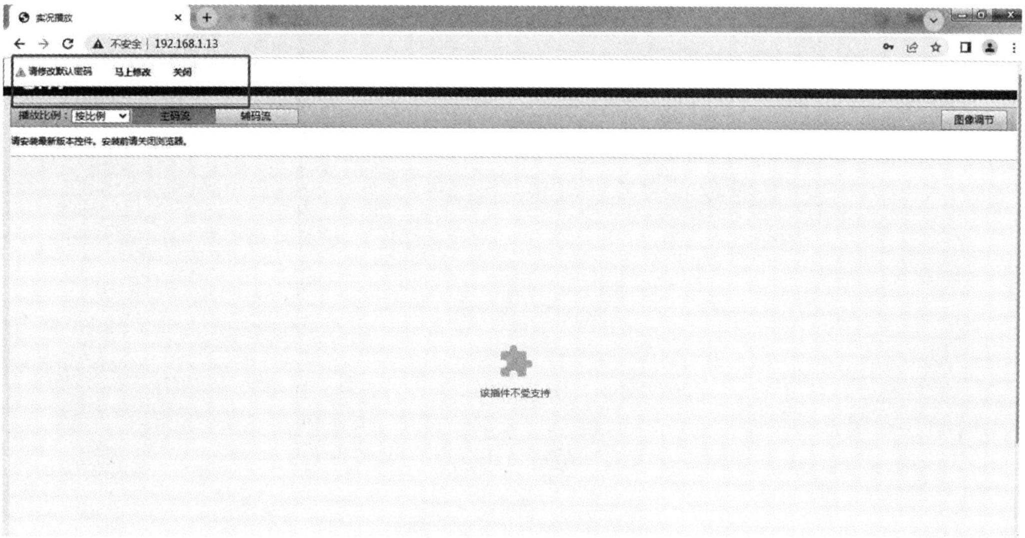

图 3-113　Web 界面密码修改提示

（4）跳过“请修改密码”或“修改密码完成”后。

① 单击“配置”。

② 单击“常用”。

③ 单击“有线网口”。

④ 获取 IP 地址方式由“DHCP”修改为“静态地址”。

⑤ 单击“IP 地址”“子网掩码”“默认网关”修改为和室内机同一网段。

⑥ 单击“保存”按钮，如图 3-114 所示。

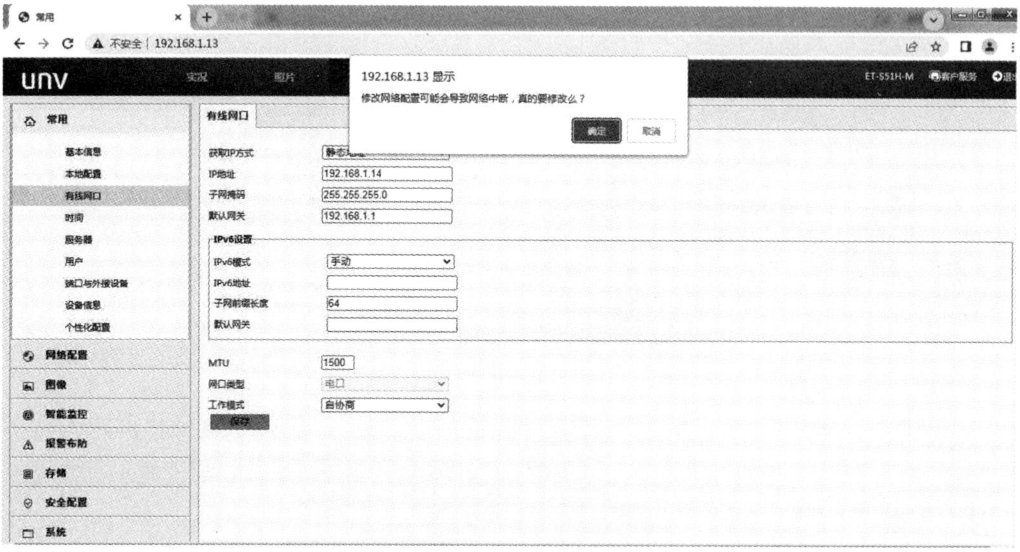

图 3-114　修改 IP

提示修改设备 IP 地址会导致网络中断，单击确定修改，提示设置成功，如图 3-115 所示。

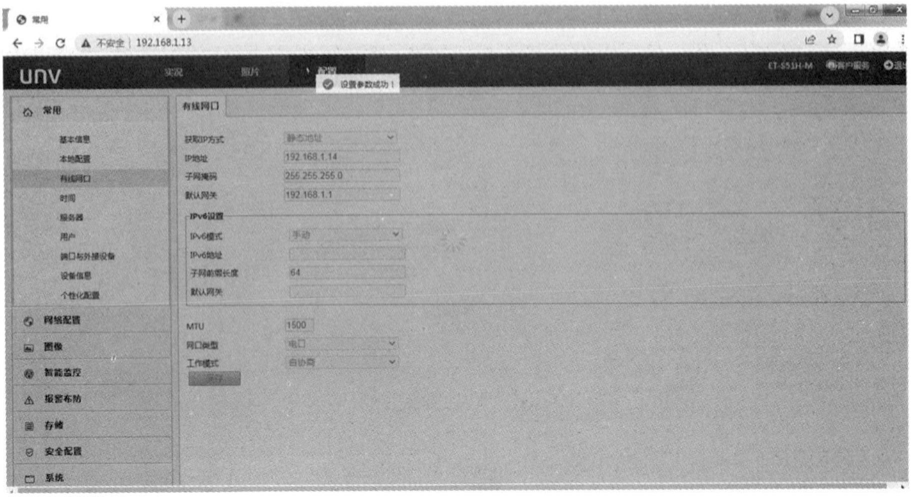

图 3-115　修改 IP 保存

（5）刷新界面，输入修改过的 IP 地址，输入用户名和密码，登录 Web 界面，查看有线网口，IP 地址修改成功，如图 3-116—图 3-118 所示。

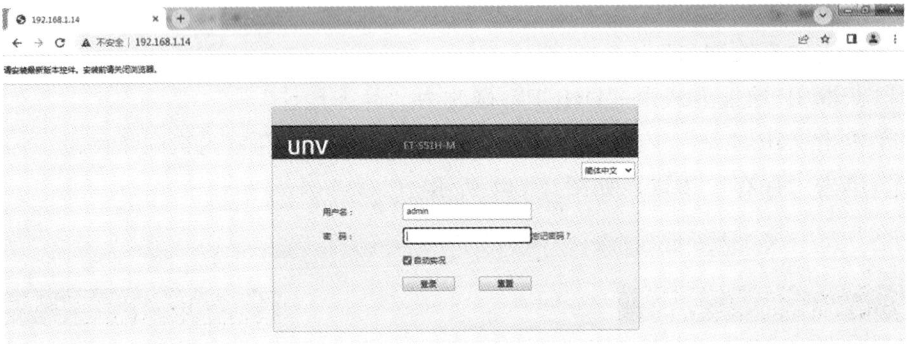

图 3-116　Web 界面登录

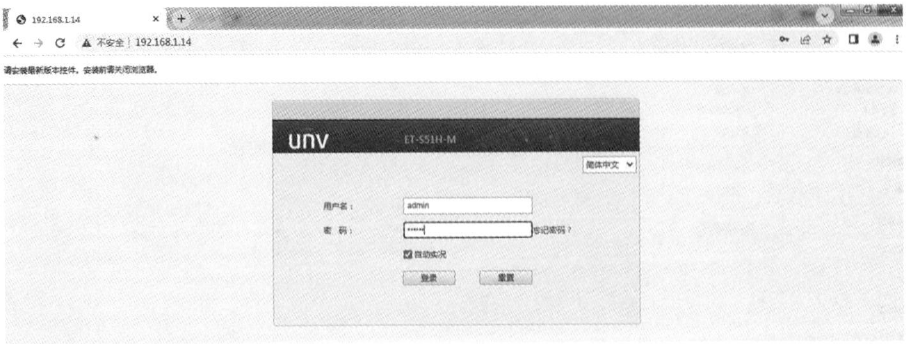

图 3-117　Web 界面输入账号密码

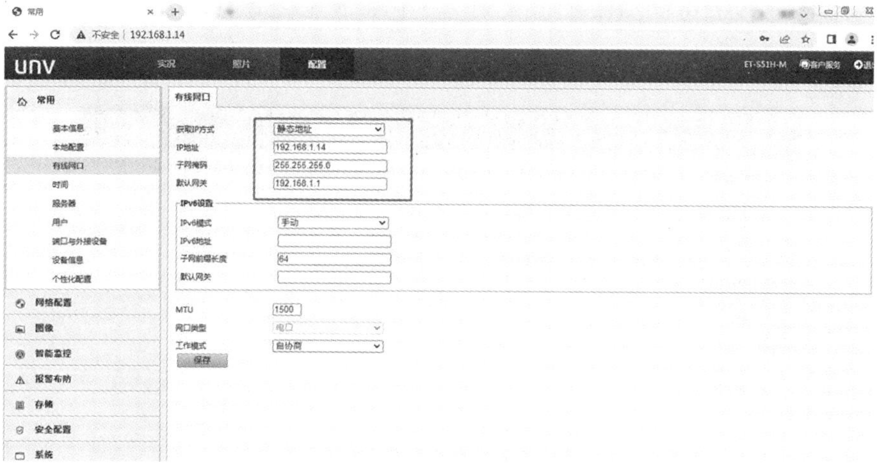

图 3-118　Web 界面 IP 查看

b. 人脸门禁一体机对讲功能设置

(1) 进入 Web 界面→配置→常用→设备信息界面。

模式切换：由“普通门禁模式”切换至“可视对讲门禁模式”。

室内机型号：选择对应室内机型号。

物业 IP 地址：室内机 IP 地址。

小区：区间内范围。

幢：对应室内机“楼号”。

可配置单元数：区间内范围。

单元：对应室内机“单元号”。

分机号：默认。

设置完成后，单击保存，人脸门禁一体机重启，如图 3-119 所示。

图 3-119　Web 界面门禁模式切换

（2）设备重启完成后，登录 Web 界面，检查是否修改完成。修改完成后，检查设备鉴权。需要修改为“无”，如图 3-120 所示。

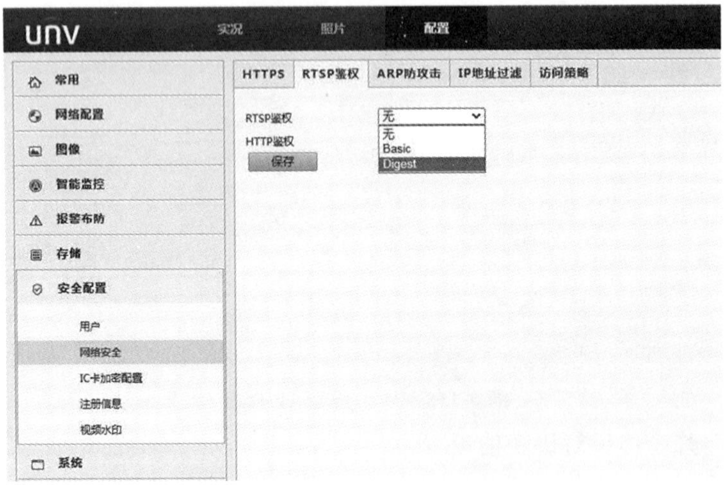

图 3-120　Web 界面 RTSP 修改

注意：需要检查人脸门禁一体机配置→安全配置→网络安全→RTSP 鉴权是否为“无”，否则会导致对讲不通。

c. 人脸门禁一体机测温功能设置

（1）登录至人脸门禁一体机 Web 界面（人脸门禁一体机 Web 界面配图）。

（2）单击配置，智能监控，高级设置，开门模式选择核验通过，如图 3-121 所示。

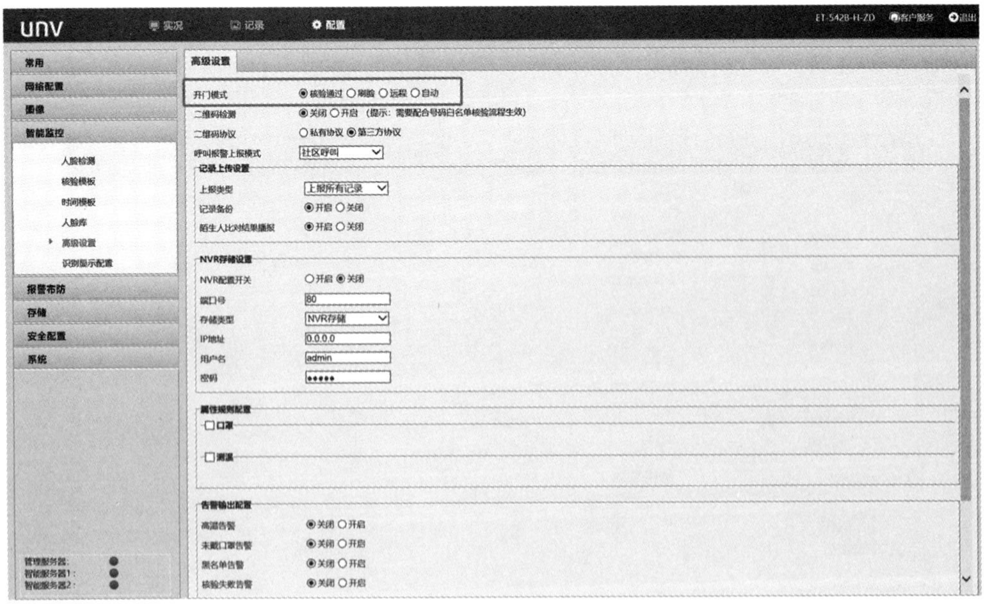

图 3-121　Web 界面核验模式修改

（3）下滑至属性规则配置，按需取下安全帽、口罩检测。打开测温设置界面，如图 3-122 所示。

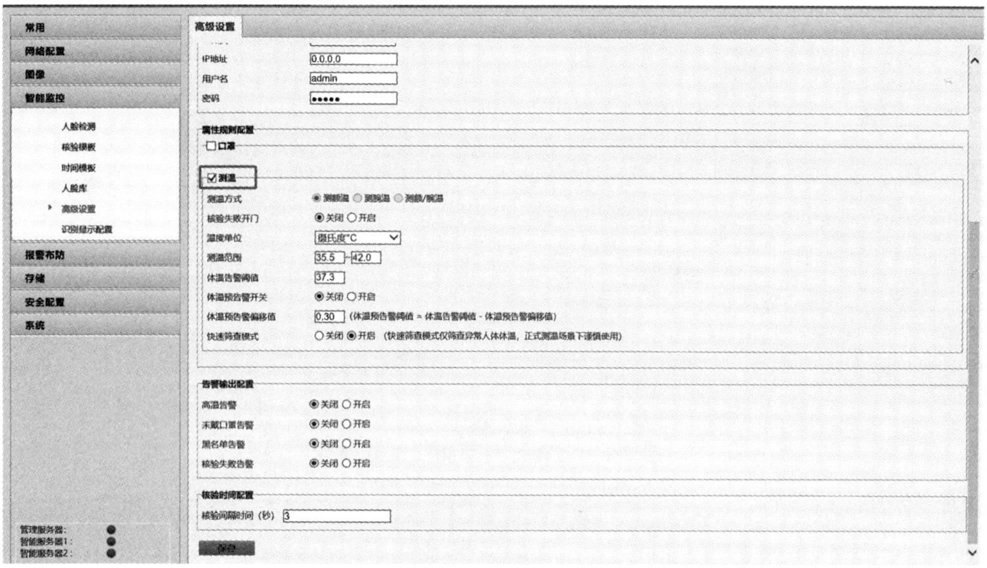

图 3-122　Web 界面测温设置界面

测温方式：设备自动获取测温模块信息。

核验失败开门：关闭。

温度单位：摄氏度℃。

测温范围：按需要设置。

体温告警阈值：按需要设置。

体温预告警开关：按需要设置，开启后接近告警阈值会提示。

体温预告警偏移值：按需要设置。

有效体温最低阈值开关：按需要设置，开启后温度低于最低阈值人脸门禁一体机不再识别。

测温超时策略：开启后，当背景温度未超过告警阈值但又在有效体温范围时，用户刷脸后（人脸一直在实况内）但无法通过模块测得体温，6s 超时后，设备将根据采集的温度数据给出相关提示，如提示体温正常请通行、体温偏低等。

（4）设置完成后，单击保存，提示设置成功，如图 3-123 所示。

d. 人脸门禁一体机人员管理设置

（1）登录至人脸门禁一体机 Web 界面（人脸门禁一体机 Web 界面配图）。

（2）单击配置，智能监控，人脸库。单击人脸库添加创建人脸库名称，如图 3-124 所示。

库类型：按需要设置。

库名称：按需要设置。

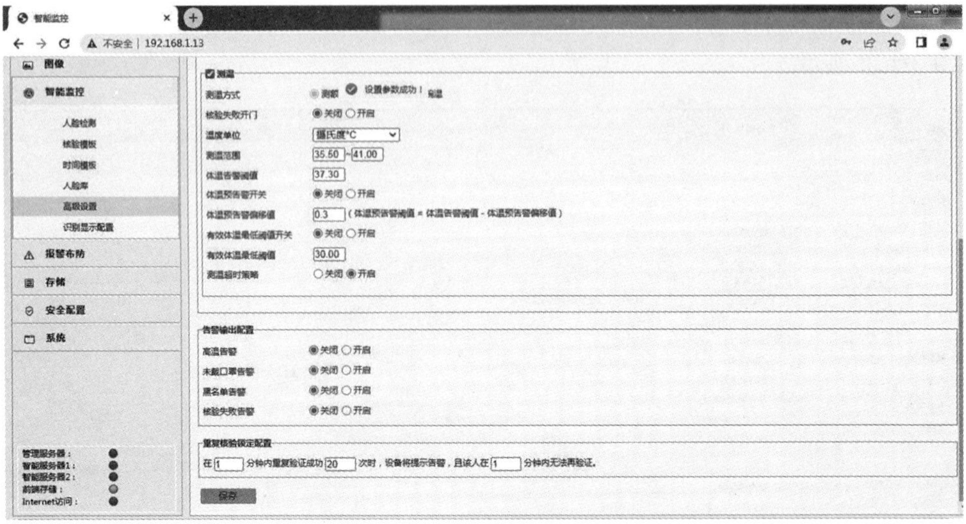

图 3-123 Web 界面测温设置保存

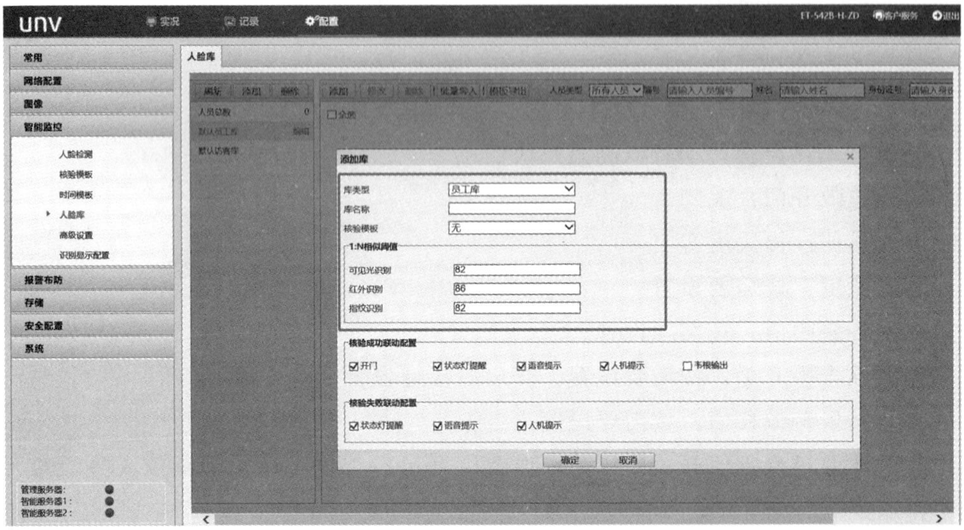

图 3-124 Web 界面人脸库添加

核验模板：设置为 default，打开后设备方能核验，不打开人脸门禁一体机不动作。

1∶N 相似阈值：默认。

单击已创建的人脸库添加人员信息或批量导入，如图 3-125 所示。

编号：按实际情况设置，注意不能重复。

姓名：为必填项。

证卡类型：非必填项，按需要设置。

照片：仅支持 JPG、PNG 格式图片，大小为 10～512K，单人最多上传 6 张。

时间模板：default 打开，即可设置当前库人员权限有效时间。如不开启，则一直有效。

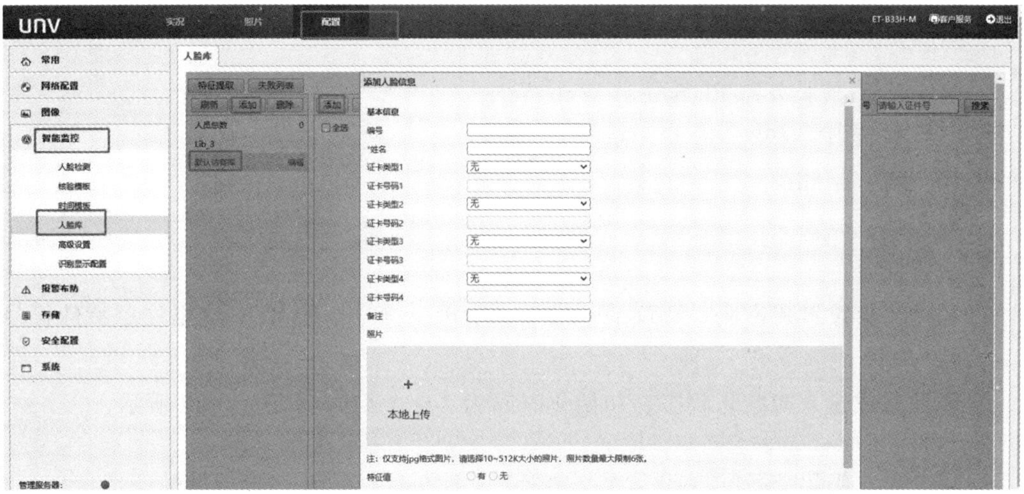

图 3-125 Web 界面人脸库信息填写

输入完成，单击保存，提示设置完成，如图 3-126 所示。

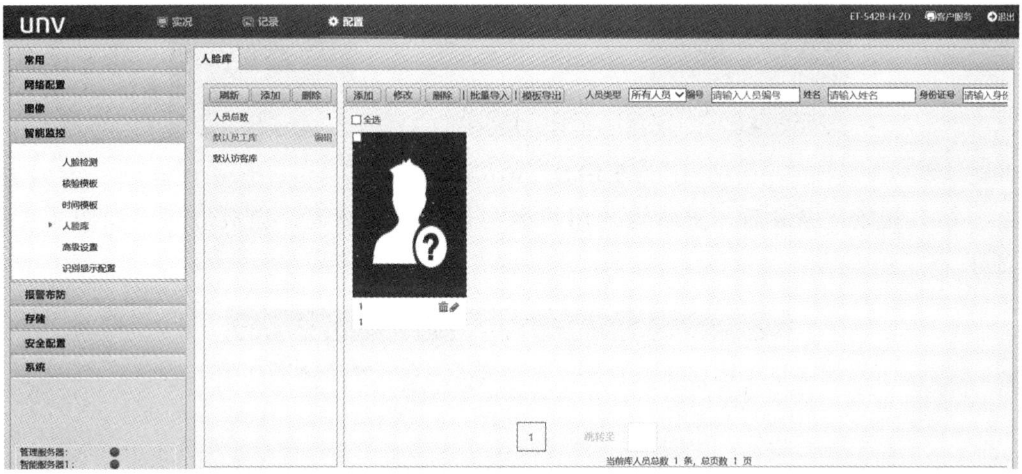

图 3-126 Web 界面人脸设置完成

技能点 6：人脸门禁服务器 EGS 的调试

1. 调试要求

掌握登录 Web 界面、密码修改、修改网络配置、创建新用户名、密码、添加设备、人员管理设置、权限管理设置、人员权限设置、人员下发设置、出入记录查询、出入记录导出。

人脸门禁服务器 EGS 的调试

2. 调试步骤

a. 人脸门禁服务器 EGS 登录 Web 界面

（1）登录 IP：192.168.0.90。

用户名：admin。

密码：123456。

密码修改。

初始化要设置强密码，建议统一设置“字母＋符号＋数字”，这里注意特殊符号只支持“ * ”“-”“ _ ”三种。

设置完成进入初始化状态，初始化时间为 3～5 分钟，如图 3-127 所示。

图 3-127　Web 界面登录

（2）初始化完成后，重新输入用户名与修改过的密码，完成登录，如图 3-128 所示。

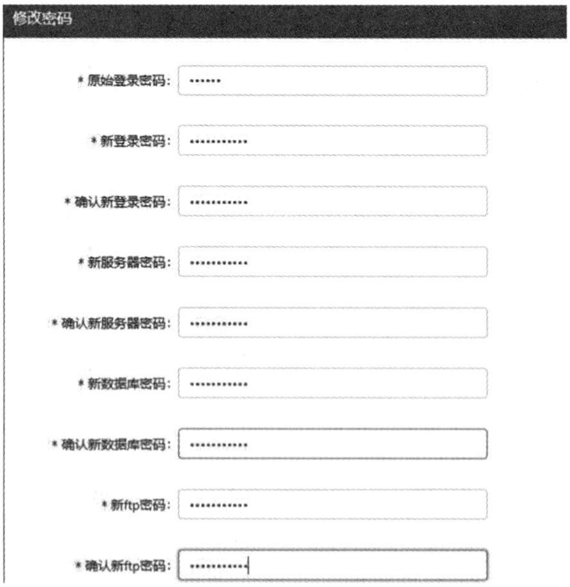

图 3-128　Web 界面修改密码

b. 人脸门禁服务器修改 IP 地址

（1）登录至主界面，单击配置。

（2）单击基本配置、网络配置。调整 IP 地址、子网掩码、网关地址。需要将室内机、人脸门禁一体机、人脸门禁服务器地址设置为同一网段。

（3）单击确定，设置完成，如图 3-129—图 3-131 所示。

图 3-129　Web 初始化状态

图 3-130　EGS 主界面

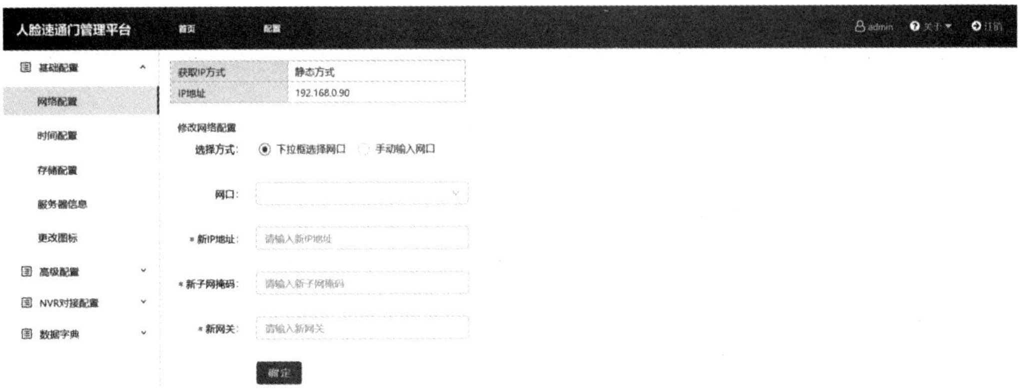

图 3-131　EGS 网络配置

c. 人脸门禁服务器创建新的用户

（1）首页，单击用户权限。

（2）单击“用户管理”“新增”，即可新增用户，可对不同人员设置不同的访问权限，如图 3-132 所示。

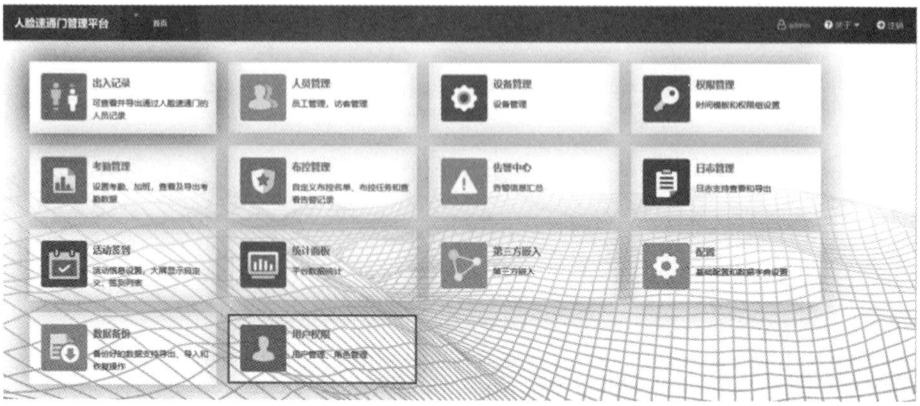

图 3-132　EGS 主界面

（3）设置完成后，用户管理界面出现新增用户名，如图 3-133 所示。

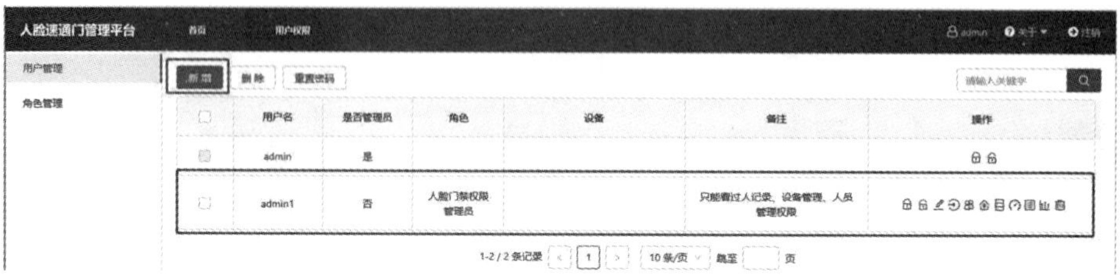

图 3-133　EGS 用户添加

d. 人脸门禁服务器添加设备

（1）首页，单击“设备管理”选项，如图 3-134 所示。

图 3-134　EGS 主界面

（2）选择门口机（人脸门禁一体机）/室内机。单击新增设备，如图 3-135 所示。

图 3-135　EGS 添加门禁设备

序列号：默认（请通过 IP 地址配置获取设备信息）。

IP 地址：输入人脸门禁一体机/室内机 IP 地址。

端口：默认。

用户名：新增设备用户名。

密码：新增设备密码。

获取序列号：单击获取序列号。

获取信息：单击获取信息。

（3）出现设备详细信息后，单击确定，添加完成。

e. 人脸门禁服务器人员管理

（1）部门管理。

① 首页，依次单击“人员管理”“部门管理”“新增部门管理”，如图 3-136 所示。

图 3-136　EGS 添加部门管理图

② 点击“+”，新增部门，输入部门名称、部门编码，可下拉选择部门权限，分配权限后，该部门下所有人员都将拥有此权限（部门编码须唯一，不可重复），如图 3-137 所示。

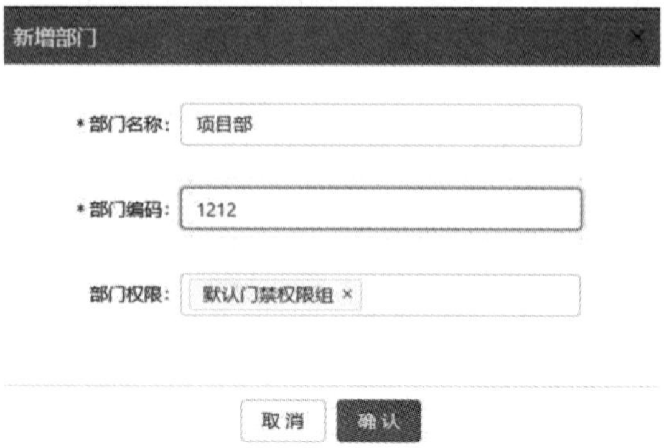

图 3-137　填写部门信息

③ 填写完成后单击“确认”按钮，设置完成。

（2）员工管理。

① 进入“人员管理”→“员工”界面，选择需要添加人员的部门，未选择时则为根部门，单击“新增”，可填写“基本信息”、设置“智能锁权限”“分配宿舍”、设置“考勤班次”。完成设置后，单击确定，保存，如图 3-138 所示。

图 3-138　EGS 新增人员

② 添加完成后即可显示新增人员，单击刷新查询状态，如图 3-139 和图 3-140 所示。

图 3-139 人员添加显示

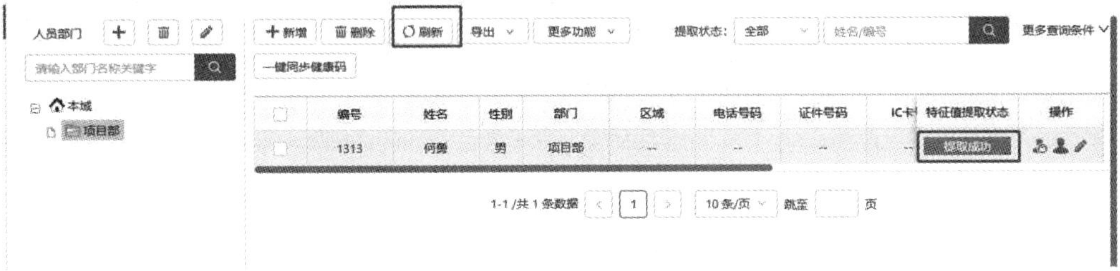

图 3-140　人员添加状态

f. 人脸门禁服务器出入记录

(1) 首页，单击出入记录。

(首页，出入记录配图)

选择查询时间段，单击搜索，如图 3-141 所示。

图 3-141　EGS 出入口记录

（2）出入记录导出。

首页→配置→数据字典→基础数据配置，单击配置。

单击“✎”图标，在“value 值”中输入所需最大导出数量，单击“确定”按钮，如图 3-142 所示。

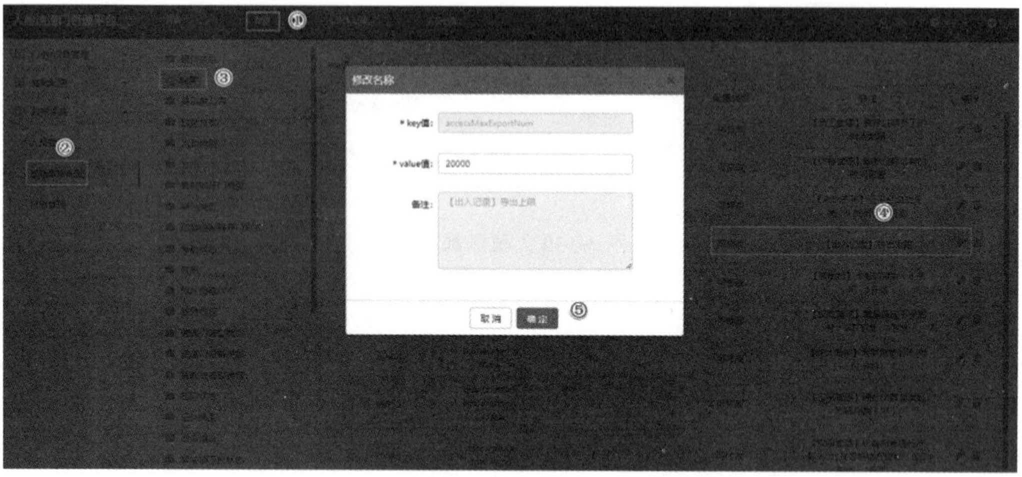

图 3-142　EGS 出入口记录数据导出 1

出入记录导出，如图 3-143 所示。

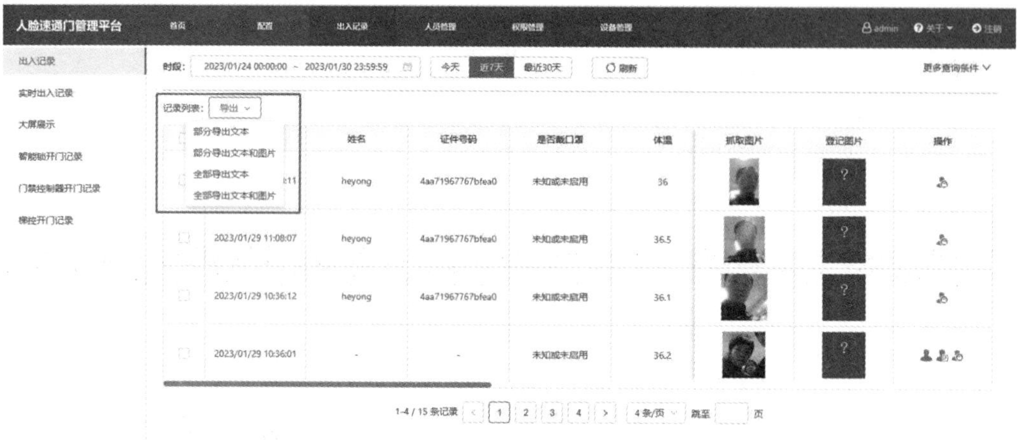

图 3-143　出入口记录数据导出 2

（3）任务收尾。

恢复出厂设置。

五、实训报告及评价

姓名		区队	
组别		岗位	
同组成员		日期	
重点记录			
完成技能操作用到的标准规范、注意事项、工具、流程步骤等			
自评		组长评分	
操作实践			

类型	比例（比例可调）	分值
自评	30%	
组内互评	20%	
组间互评	20%	
教师评价	30%	
总评分（线上线下同步）		

六、课后拓展及应用

人脸门禁一体机钉钉模式

1. 根据设备型号不同有以下三种工作模式切换（钉钉版需要定制版本）。

(1) 普通门禁模式

(2) 可视对讲门禁模式

(3) 钉钉模式

2. 人脸门禁一体机切换到钉钉模式

方法 1：人机界面修改

步骤 1：长按主界面 6s 以上，如图 3-144 所示。

步骤 2：出现密码输入界面，输入密码登录，如图 3-145 所示。

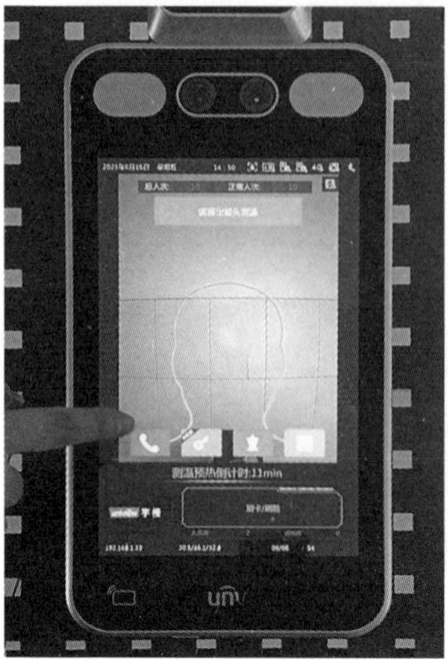

图 3-144　人机界面图

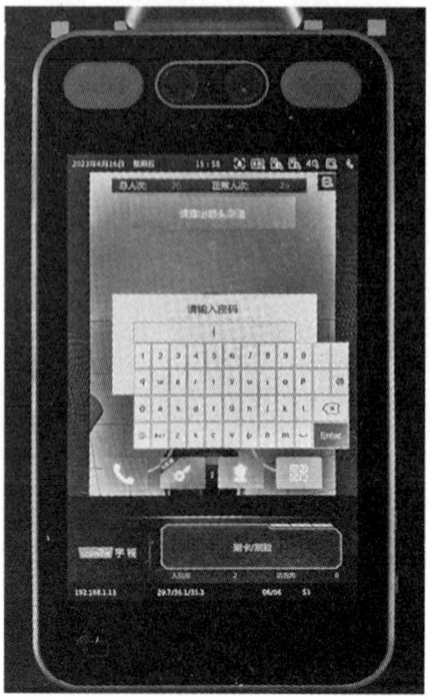

图 3-145　密码输入图

步骤 3：进入工程模式后选择“模式切换”，如图 3-146 所示。

图 3-146　模式切换图

步骤 4：选择钉钉模式，切换到钉钉模式，保存完成钉钉模式切换。

方法 2：WEB 界面切换钉钉模式

步骤 1：电脑端访问设备 IP（默认值为 192.168.1.13），如已修改，请用修改后的 IP 登录，如图 3-147 所示。

步骤 2：输入默认用户名 admin 密码 123456。点击登录，如图 3-148 所示。

步骤 3：点击配置—常用—设备信息，将右边模式切换后的下拉菜单中选着“钉钉模式”后保存，完成钉钉模式切换，如图 3-149 所示。

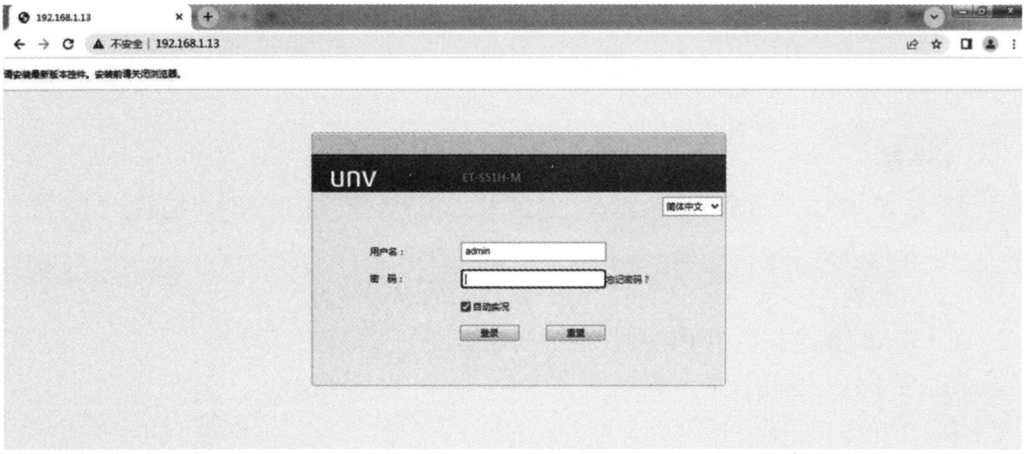

图 3-147 WEB 界面登录

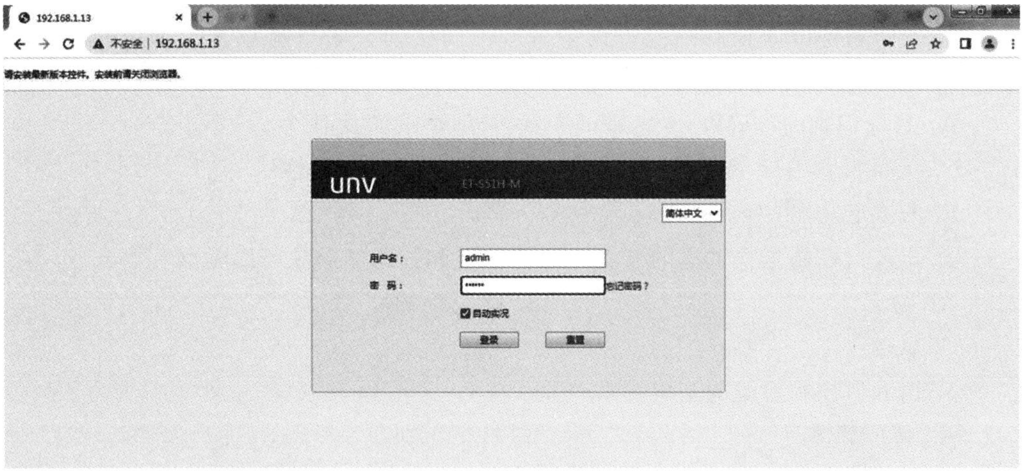

图 3-148 密码输入

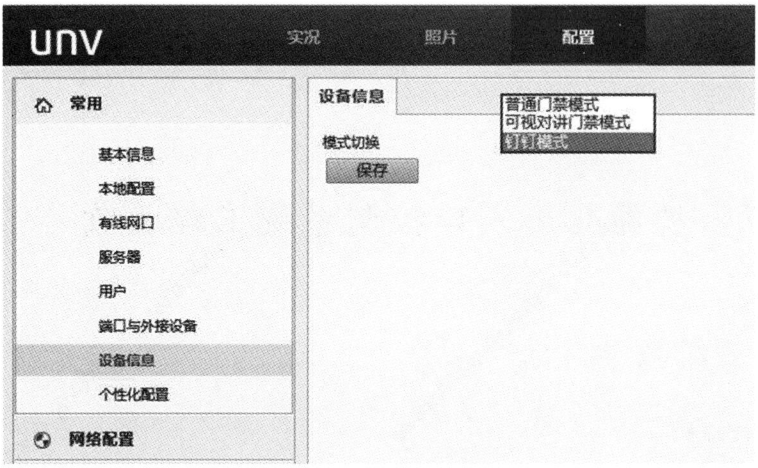

图 3-149 模式切换

七、 1+X 证书考证题库

多选题

1. 出入口系统评价的主要内容有：通过率、系统容量、误识率与误拒率、（　　）。

A. 反应方式　　B. 安全性

C. 友好性　　D. 信息的存储能力

2. 出入口系统在应用中需要注意的问题是（　　）。

A. 安全性与通用性的矛盾

B. 友好性与可靠性的矛盾

C. 系统安全性与系统安全功能的关系

D. 统一的接口标准和统一的通信协议

3. 安防系统出入控制系统识读装置、出门按钮、紧急疏散开关通电检查应保证（　　）、执行机构的可靠性、标准规范的符合性。

A. 目标识别的准确性　　B. 开门请求的及时性

C. 人员操作的保密性　　D. 设备安装的隐蔽性

E. 设备色彩的一致性

4. 出入口控制是很宽泛的概念，系统控制和管理的对象可以是（　　）。

A. 物流　　B. 执行机构

C. 人流　　D. 信息流

5. 出入口控制系统的基本要素有（　　）。

A. 特征载体　　B. 特征识别

C. 锁定机构　　D. 执行机构

6. 出入口控制系统用的特征载体包括（　　）等。

A. IC 卡、ID 卡　　B. 证件、钥匙

C. 条码、磁卡　　D. 密码

任务五　智能化出入口控制系统工程验收

一、三维教学目标

【知识目标】

记住智能化出入口控制系统工程验收流程。

【能力目标】

会识读智能化出入口控制系统验收报告。

【素质目标】

通过对现场工程质量检测，培养学生匠心安防的职业操守。

二、引用标准规范

GB 50348—2018《安全防范工程技术标准》

10.2 施工验收

10.2.1 施工验收应依据设计任务书、深化设计文件、工程合同等竣工文件及国家现行有关标准，按表 10.2.1 列出的检查项目进行现场检查，并做好记录。

10.2.2 隐蔽工程的施工验收均应复核随工验收单或监理报告。

10.2.3 施工验收应根据检查记录，按照表 10.2.1 规定的计算方法统计合格率，给出施工质量验收通过、基本通过或不通过的结论。

三、主要任务

知识点：记住智能化出入口控制系统工程验收流程

[弱电工程质量验收步骤]

1. 隐蔽工程验收

弱电项目施工安装中的线管预埋、直埋电缆、接地极等都属于隐蔽工程，这些工程在下道工序施工前，应由建设单位代表（或监理人员）进行隐蔽工程检查验收，并认真输好隐蔽工程验收手续，纳入技术档案。

2. 分项工程验收

某阶段工程结束，或某一分项工程完工后，由建设单位会同设计单位进行分项验收，有些单项工程则由建设单位申报当地主管部门进行验收。

3. 竣工验收

工程竣工验收是对整个工程建设项目的综合性检查验收。在工程正式验收前，由施工单位进行预验收，检查有关的技术资料、工程质量，发现问题及时解决。再由建设单位会同设计单位和由建设单位申报当地主管部门进行验收。

技能点：会识读智能化出入口控制系统验收报告

出入口控制（门禁）系统分项工程质量验收记录表　　编号：表＊＊1

<table>
<tr><td colspan="2">单位（子单位）工程名称</td><td></td><td>子分部工程</td><td>安全防范系统</td></tr>
<tr><td colspan="2">分项工程名称</td><td>出入口控制（门禁）系统</td><td>验收部位</td><td></td></tr>
<tr><td>施工单位</td><td colspan="2"></td><td>项目经理</td><td></td></tr>
<tr><td colspan="2">施工执行标准名称及编号</td><td colspan="3"></td></tr>
<tr><td colspan="2">分包单位</td><td></td><td>分包项目经理</td><td></td></tr>
<tr><td colspan="3">检测项目（主控项目）
（执行本规范第　条规定）</td><td>检查评定记录</td><td>备注</td></tr>
<tr><td rowspan="3">1</td><td rowspan="3">控制器
独立工作时</td><td>准确性</td><td rowspan="3"></td><td rowspan="21">控制器抽检数量不低于20%且不少于3台，合格率100%为合格；各项系统功能和软件功能全部检测，功能符合设计要求时为合格，合格率100%时系统检测合格。</td></tr>
<tr><td>实时性</td></tr>
<tr><td>信息存储</td></tr>
<tr><td rowspan="2">2</td><td rowspan="2">系统主机
接入时</td><td>控制器工作情况</td><td rowspan="2"></td></tr>
<tr><td>信息传输功能</td></tr>
<tr><td rowspan="3">3</td><td rowspan="3">备用
电源启动</td><td>准确性</td><td rowspan="3"></td></tr>
<tr><td>实时性</td></tr>
<tr><td>信息的存储和恢复</td></tr>
<tr><td>4</td><td>系统报警功能</td><td>非法强行入侵报警</td><td></td></tr>
<tr><td rowspan="2">5</td><td rowspan="2">现场设备状态</td><td>接入率</td><td rowspan="2"></td></tr>
<tr><td>完好率</td></tr>
<tr><td rowspan="2">6</td><td rowspan="2">出入口
管理系统</td><td>软件功能</td><td rowspan="2"></td></tr>
<tr><td>数据存储记录</td></tr>
<tr><td rowspan="3">7</td><td rowspan="3">系统性能要求</td><td>实时性</td><td rowspan="3"></td></tr>
<tr><td>稳定性</td></tr>
<tr><td>图形化界面</td></tr>
<tr><td rowspan="2">8</td><td rowspan="2">系统安全性</td><td>分级授权</td><td rowspan="2"></td></tr>
<tr><td>操作信息记录</td></tr>
<tr><td rowspan="2">9</td><td rowspan="2">软件综合评审</td><td>需求一致性</td><td rowspan="2"></td></tr>
<tr><td>文档资料标准化</td></tr>
<tr><td>10</td><td>联动功能</td><td>是否符合设计要求</td><td></td></tr>
</table>

续表

检测意见：   监理工程师签字：　　　　　　　　　　　　检测机构负责人签字： （建设单位项目专业技术负责人） 日期：　　　　　　　　　　　　　　　　　日期：

四、实训报告及评价

姓名		区队	
组别		岗位	
同组成员		日期	
重点记录			
填写出入口控制（门禁）系统分项工程质量验收记录表			
自评		组长评分	

五、课后拓展及应用

隐蔽工程验收记录表识读。

隐蔽工程验收记录

<table>
<tr><td>项目名称</td><td></td><td>文档编号</td><td></td></tr>
<tr><td>承建单位</td><td></td><td>承建单位代表</td><td></td></tr>
<tr><td colspan="4">致：（监理公司）

完成隐蔽工程项目，我单位已于　年　月　日自检完成以上内容，请验收。
附件：
1. 相关照片
2.（列明分项、分部工程名称、位置、建议验收时间）

（签名）
承建单位代表
日期</td></tr>
<tr><td colspan="4">监理单位审查意见：

（签名）
监理员
日期</td></tr>
<tr><td colspan="4">建设单位审批意见：

（签名）
建设方代表
日期</td></tr>
</table>

注：本表一式三份，送建设单位、监理单位审核后，建设单位、监理单位、承建单位各一份。

智能化出入口控制系统施工现场完工图，如图 3-150 所示。

图 3-150 智能化出入口控制系统施工现场完工

图 3-150 为施工现场大门出入口闸机。集成人员管理，考勤打卡、进出人数统计等功能。实时掌握施工现场人数。适用于单向或双向控制人流，具有通行速度快等特点。主要用于人行通道管理。具有快速打开、安全、方便等特点，是行人高频率出入通道的理想管理疏导设备，可以达到人员进出的无人值守管理。

六、 1+X 证书考证题库

简述题

1. 出入口设备的主要技术指标有哪些?

2. IC 卡的分类有哪些?

工作情境四

智能化综合安防管理平台的调试

任务　智能化视频监控系统与管理平台的调试

任务导学

一、三维教学目标

【知识目标】

了解管理平台的平台介绍；认识管理平台的开局流程。

【能力目标】

会登录管理平台的 BC 端；会修改平台的 IP 地址；会添加一个新用户并赋予权限；会设置联动报警；会配置摄像机存储计划。

【素质目标】

通过平台调试的规范流程学习，培养学生国家安全观；通过平台调试的实践训练，培养学生严守法纪的警务素养。

二、岗证赛相融通

【智能安防实施与运维 1+X 证书】

会操作 VMS 平台进行摄像机管理，并给摄像机配置存储计划。

【全国安防职业技能竞赛】

会操作 VMS 平台进行摄像机管理，并给摄像机配置存储计划，会给摄像机配置报警。

三、引用标准规范

GB 50348—2018《安全防范工程技术标准》

7.3　系统调试

7.3.4　系统调试准备应符合下列规定

(4) 应对各种有源设备逐个进行通电检查，工作正常后方可进行系统调试。

(5) 应根据业务特点对网络、系统的配置进行合理规划，确保交换传输、安防管理系统的功能、性能符合设计要求，并可承载各项业务应用。

四、主要任务

知识点 1：了解管理平台的平台介绍

VMS-B200-A16@R（下面简称 VMS-B200）是浙江宇视科技有限公司针对全数字监控推出的集视频接入、存储、转发、解码、设备管理于一体的智能综合监控一体化平台。它融合了多项专利技术，采用了多项 IT 高新技术，如视音频编解码技术、嵌入式系统技术、存储技术、网络技术和智能技术等，可广泛应用于金融、公安、军队、电信、交通、能源、电力、教育、水利、园区、楼宇、商超等领域的安全防范，如图 4-1 所示。

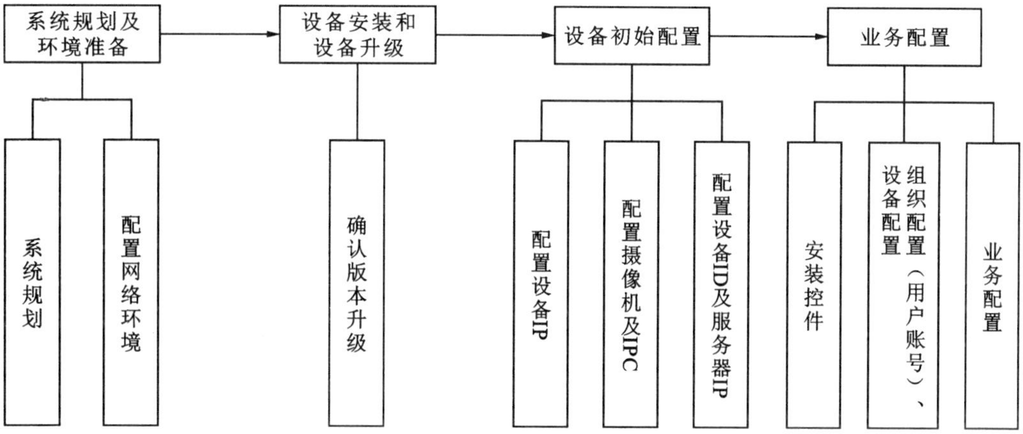

图 4-1　管理平台开局流程

知识点 2：认识管理平台的开局流程

认识管理平台的开局流程

技能点 1：会登录管理平台的 BC 端并修改网卡 1 的地址

要求：

操作计算机通过网线接入平台后使用初始 IP 登录到 VMS-B200 的 BS 端界面（见表 4-1）。

表 4-1　VMS IP 规划表

名称	初始 IP	初始账号	初始密码	修改后 IP	修改后密码	子网掩码	网关
网卡 1	192.168.1.60	admin	123456	192.168.1.151	Admin123@	255.255.255.0	192.168.1.1
网卡 2	192.168.2.60	admin	123456				

续表

名称	初始 IP	初始账号	初始密码	修改后 IP	修改后密码	子网掩码	网关
网卡 3	192.168.3.60	admin	123456				
网卡 4	192.168.4.60	admin	123456				
调试要点	调试时应该注意修改 IP 和密码，过后笔记本进行记录，或用表格进行记录。调试完成后记得恢复出厂设置	每个网口的初始 IP 都不相同					

实训步骤：

步骤 1：打开浏览器，在地址栏处输入 VMS-B200 的设备 IP 地址，如 192.168.1.60，进入 Web 客户端页面。注意：VMS-B200 后面的板上有 4 个电口、2 个光口，其中 4 个电口和 2 个光口共用一个网卡地址。4 个电口的出厂默认 IP 地址分别是 192.168.1.60/192.168.2.60/192.168.3.60/192.168.4.60，选择其中一个电口接入交换机，如图 4-2 所示。

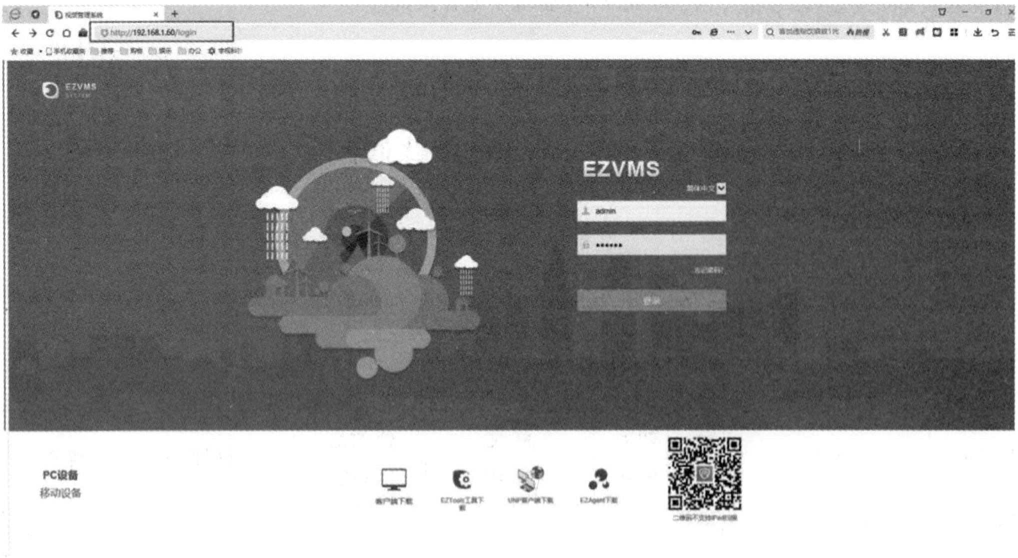

图 4-2　登录界面

步骤 2：输入初始用户名和密码后单击登录即可进入 Web 客户端，如图 4-3 所示。

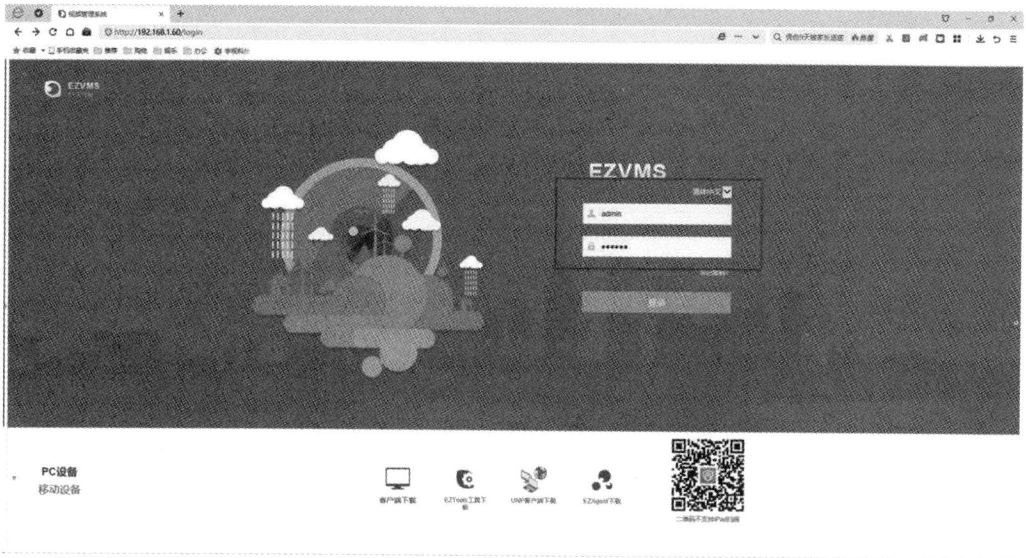

图 4-3　输入用户名和密码

步骤 3：进入“系统配置”页面，再进入“网络配置”页面，进行 IP 地址的相关配置，如把网卡 1 的 Ipv4 地址修改为 192.168.1.151，子网掩码为 255.255.255.0，默认网关为 192.168.1.1。

注意：修改成功后，服务器会自动重启，重启后使用新 IP 登录即可，如图 4-4 和图 4-5 所示。

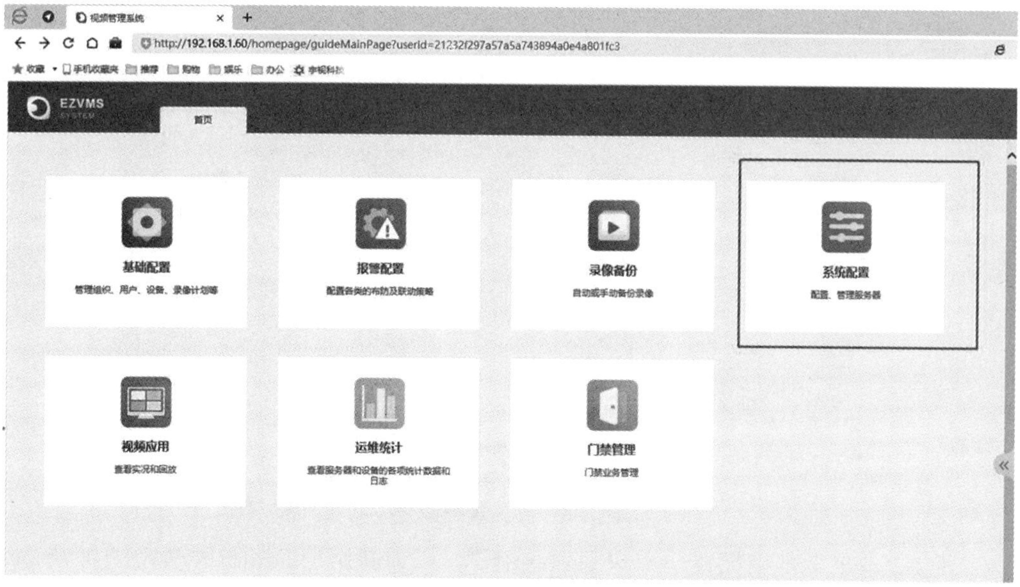

图 4-4　进入系统配置

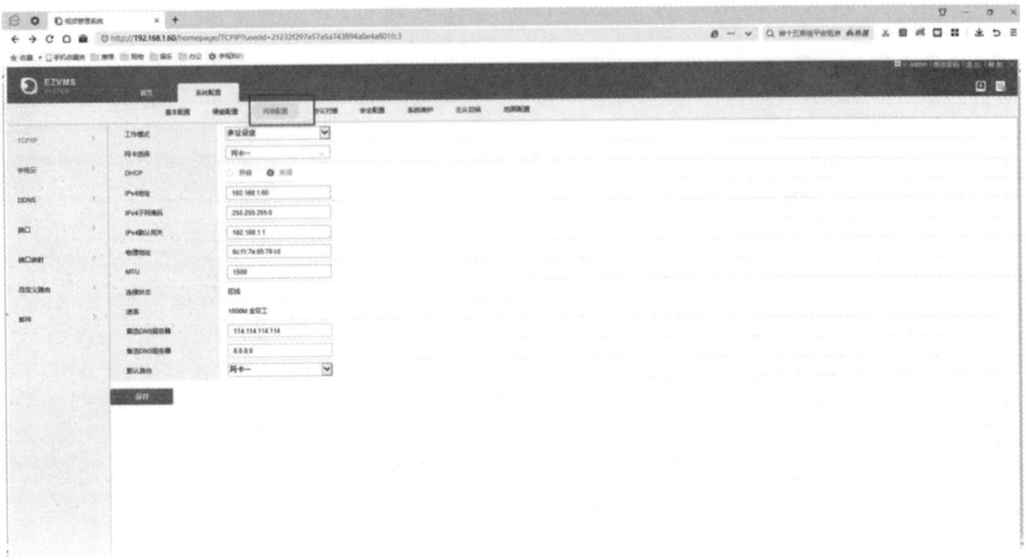

图 4-5　进入网络配置

技能点 2：会添加一个新用户并赋予权限

要求：

添加一个新用户 admin1 并赋予只能观看实况的权限。

实训步骤：

步骤 1：首先创建一个只能观看实况的角色，单击基础配置→用户管理→角色，如图 4-6 和图 4-7 所示。

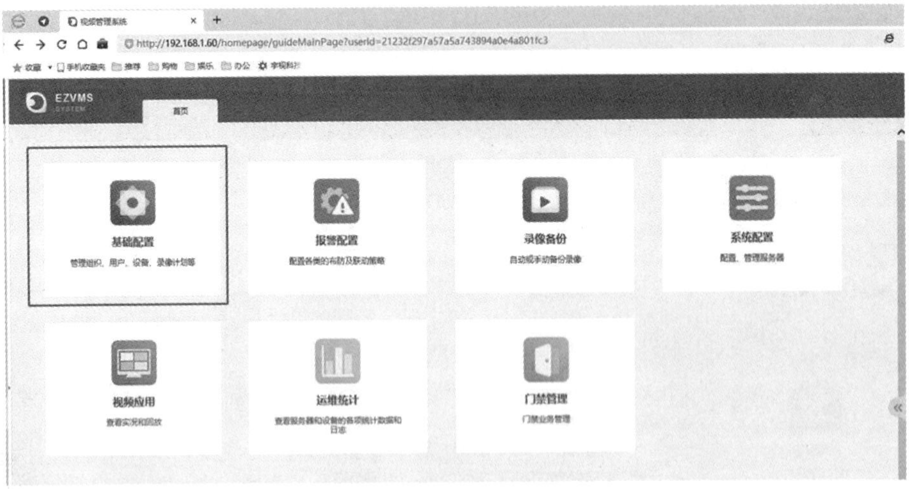

图 4-6　进入基础配置

步骤 2：单击基础配置→用户管理→用户，添加新用户 admin1，如图 4-8 所示。

步骤 3：填写用户名、角色、密码、有效日期，如图 4-9 所示。

步骤 4：使用新用户登录平台，如图 4-10 所示。

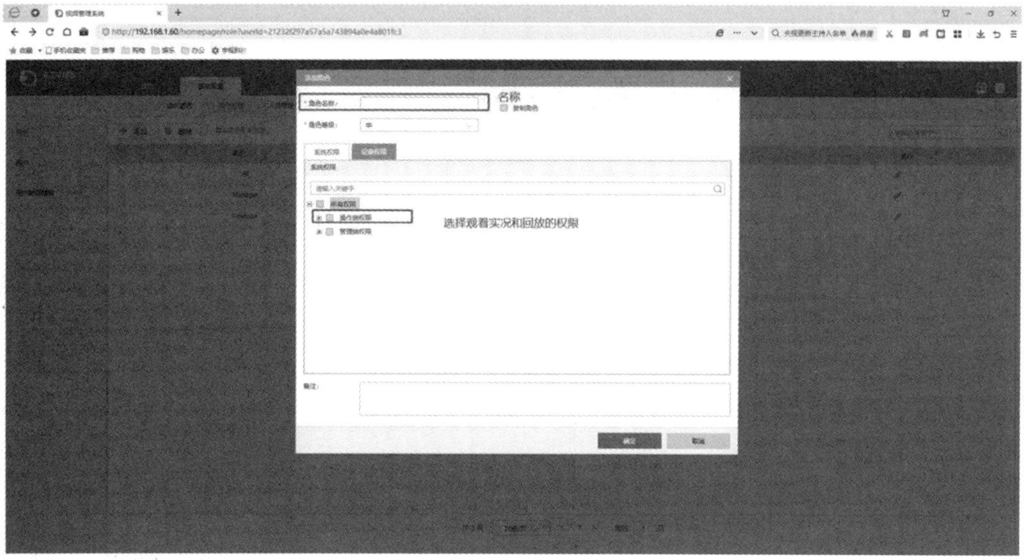

图 4-7　创建新角色

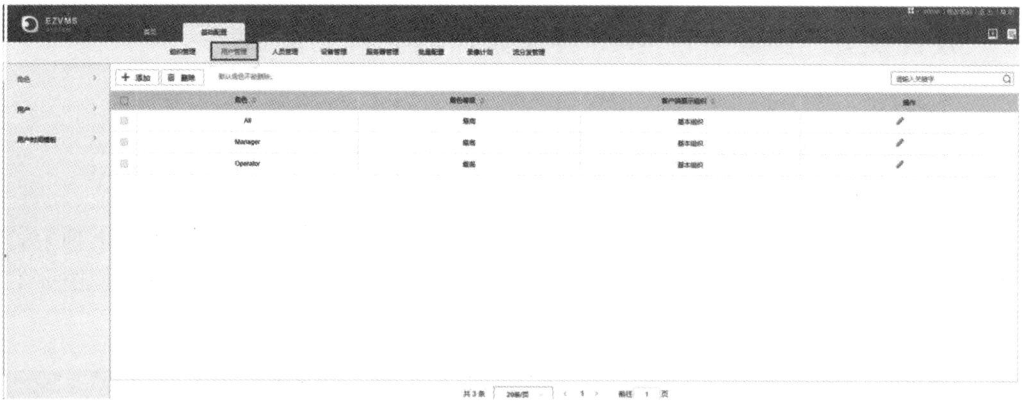

图 4-8　进入用户配置

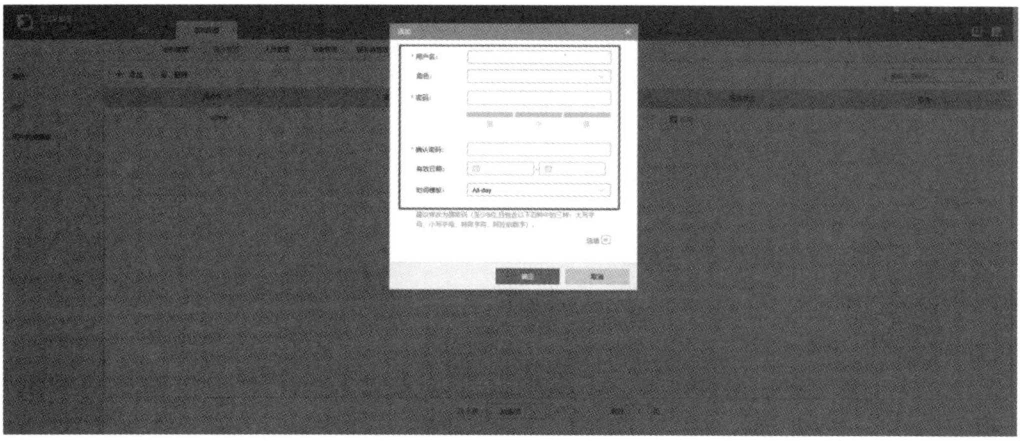

图 4-9　创建新用户

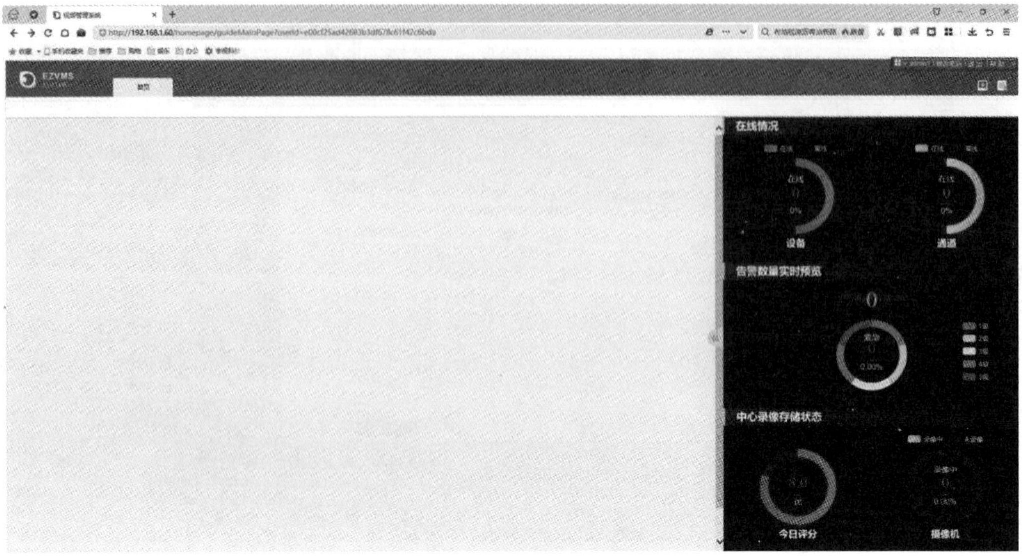

图 4-10　使用新账号登录

技能点 3：管理平台 Web 界面添加摄像机的调试

要求：

在 VMS-B200 上使用自动搜索和精确添加两种方式添加设备在线。

实训步骤：

步骤 1：在基础配置→设备管理→设备界面中进行设备添加的操作，下面以添加编码设备为例进行说明。自动搜索添加设备，单击“自动搜索”按钮，如图 4-11 所示。

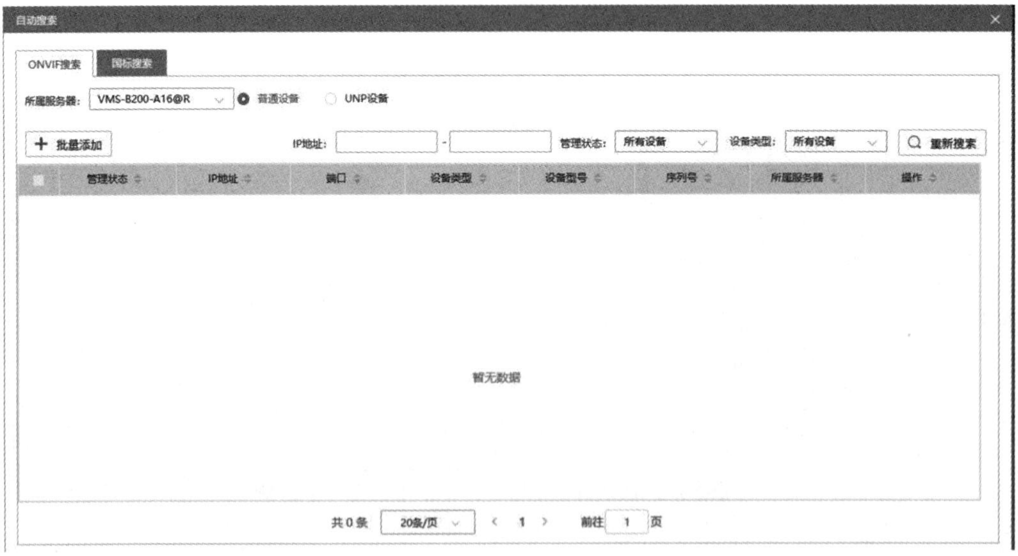

图 4-11　自动搜索设备

步骤 2：搜索到局域网内的大量编码设备，勾选需要添加的设备，选择宇视协议，选择相应的组织，输入正确的用户名和密码，单击“确定”按钮。如果未搜索到想添加的设备，则在 IP 地址框中输入一个网段，缩小搜索区域，单击“重新搜索”按钮，搜索出想要的设备并添加，如图 4-12 所示。

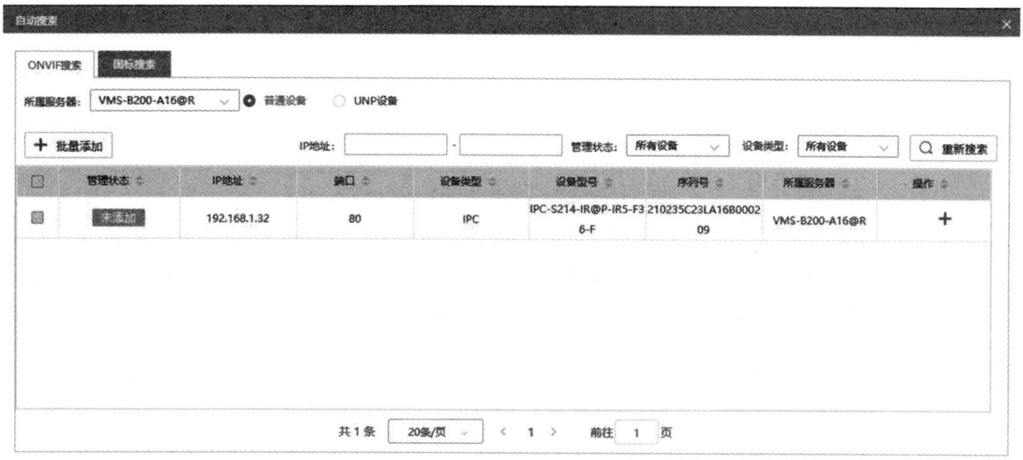

图 4-12　添加搜到的设备

步骤 3：在知道设备 IP 地址的情况下，使用精确添加设备方式更加方便，单击“精确添加”按钮，出现图 4-13 所示界面，选择私有协议，输入设备名称，选择相应的组织，端口输入 80，输入正确的用户名和密码，单击“确定”按钮即可添加。

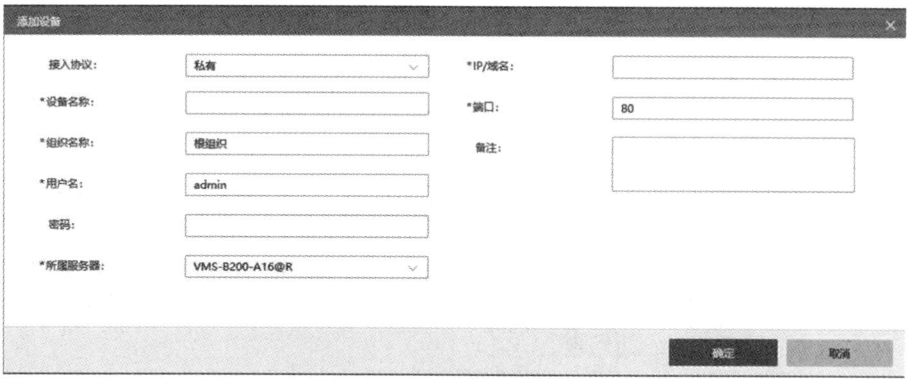

图 4-13　精确添加设备

步骤 4：设备添加完成后，设备状态显示在线和离线两种，用户名和密码填写错误、端口号填写不准确都会导致设备离线，如图 4-14 所示。

图 4-14　设备添加成功

技能点 4: VMS 回放配置

要求:

会使用 VMS-B200 回放录像，会下载录像到指定路径。

实训步骤:

步骤 1：录像查询打开 VMS-B200 客户端界面，在控制面板中选择“回放”选项卡，如图 4-15 所示。

图 4-15　选择回放录像

步骤 2：进入回放界面根据要查询的 IPC 录像存储位置，选择中心录像或设备录像。选择需要查询录像的 IPC，可以选择多个，选择查询日期，单击“查询”按钮，查询录像。选择一个分屏，在播放速度滑条上选择播放速度，进行快进和慢放，实际应用中通常开始是快进回放，有事件发生时的时间段选择慢放，详细了解当时事件发生的情况。选择一个分屏，单击同步回放按钮，则以该分屏内的录像时间为准，同步其他分频的录像时间，实际应用中便于事件的查询，如图 4-16 所示。

图 4-16　录像回放查询

技能点 5：会配置摄像机存储计划

要求：根据需求选择通道，相应分配录像计划以限定录像的进行时间和触发条件。

实训步骤：

步骤 1：单击基础配置→录像计划，如图 4-17 所示。

图 4-17　进入基础配置

步骤 2：单击“添加”新增录像计划，如图 4-18 和图 4-19 所示。

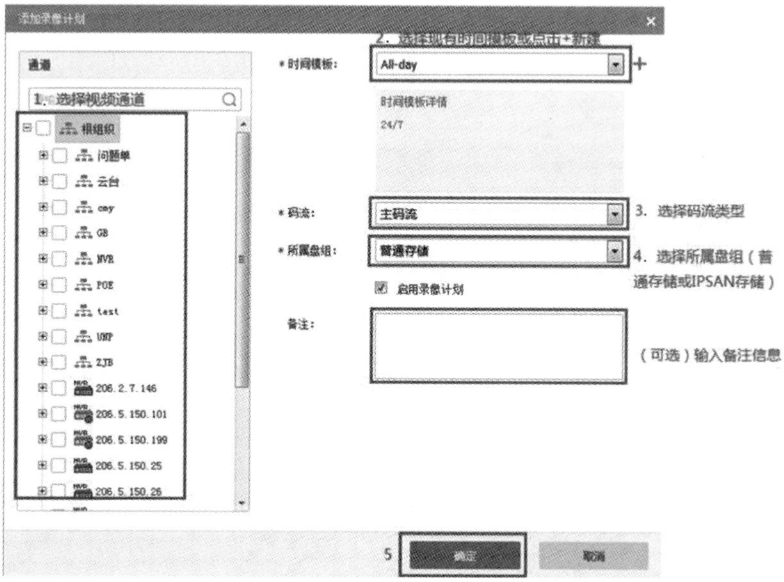

图 4-18　配置录像计划

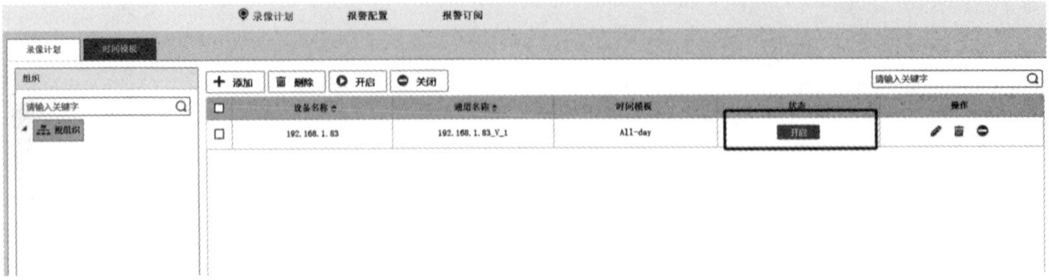

图 4-19　开启录像计划

技能点 6：会设置联动报警

要求：

给摄像机设置 ipc 离线报警并启用。

实训步骤：

步骤 1：单击报警配置→添加，如图 4-20 和图 4-21 所示。

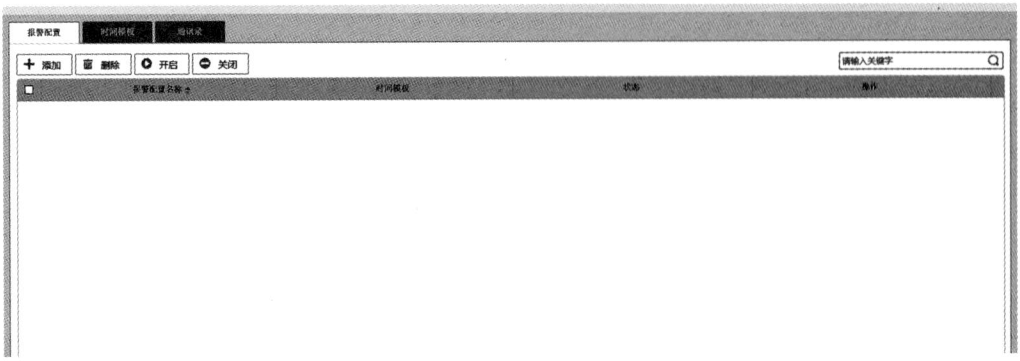

图 4-20　进入报警配置

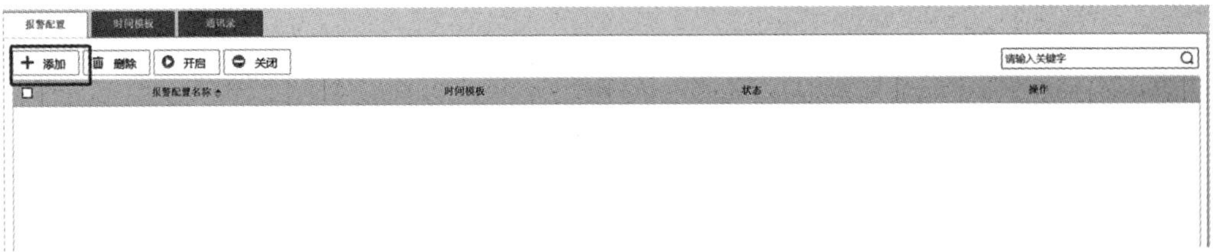

图 4-21　单击添加

步骤 2：输入报警名称，选择需要配置的摄像机，选择报警类型，如图 4-22 和图 4-23 所示。

步骤 3：查看报警配置是否启用，如图 4-24 所示。

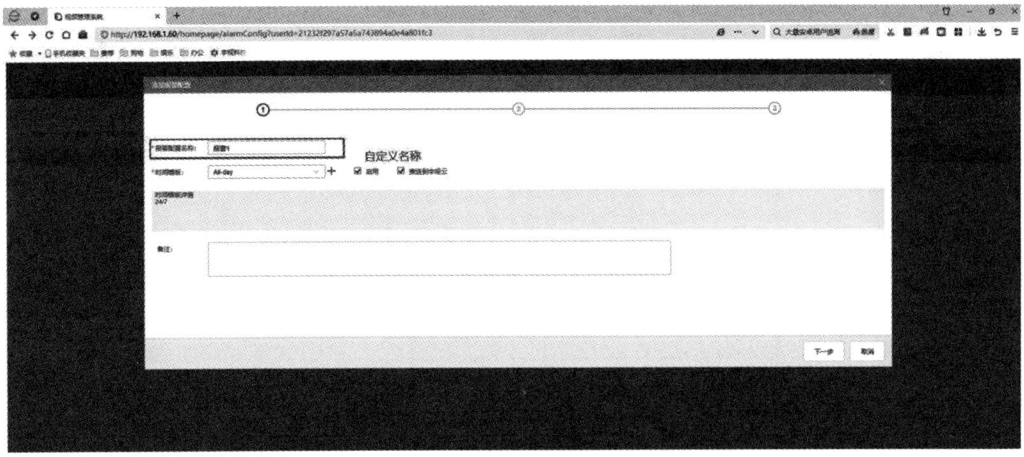

图 4-22　设置报警名称

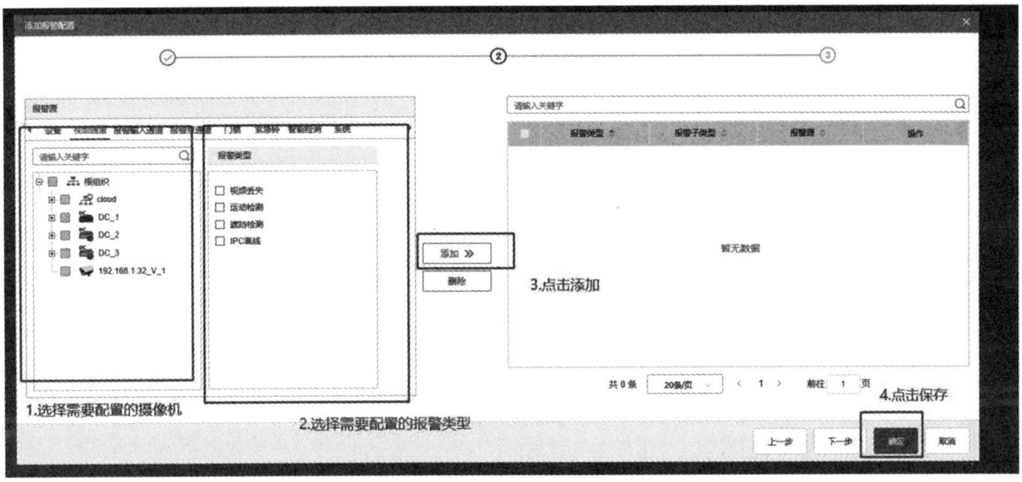

图 4-23　设置报警配置

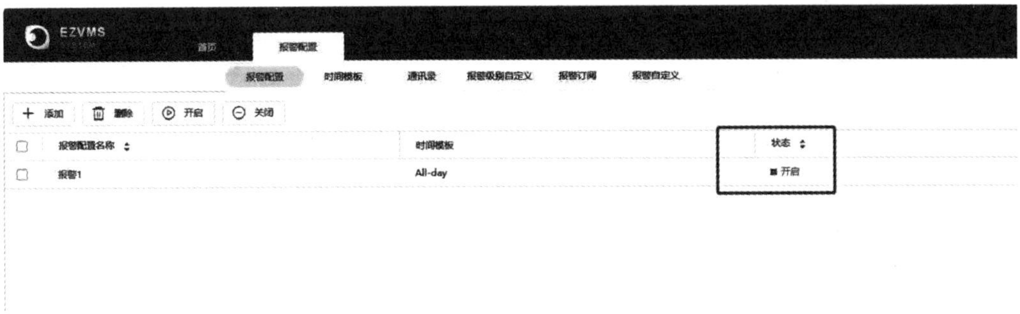

图 4-24　查看报警配置

五、实训报告及评价

姓名：

角色：

小组成员：

实训环节	实训内容	学生自评（30%）	小组互评（30%）	教师评学（40%）	备注
施工前准备					
施工流程					
实训收尾					
总结安装要点及注意事项					
总评					

六、课后拓展及应用

1. 编辑地图，图片管理

在“地图配置”页面下，单击[图片管理]图标，可添加/删除热区图片，设置热区和热点的默认图标，如图 4-25 所示。

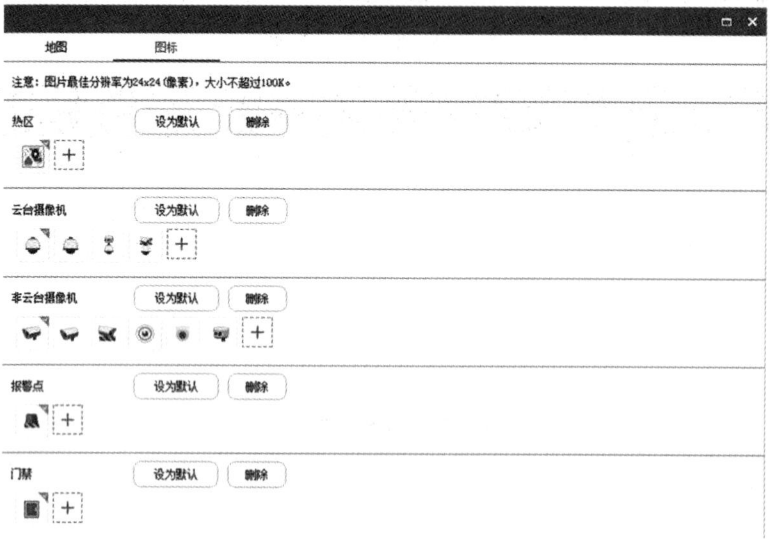

图 4-25　图片管理

2. 创建地图

在“地图配置”页面下，在线地图已存在根地图，图片地图需单击 +添加地图 图标需要上传的地图图片（支持 JPG、PNG 和 BMP 格式）。添加完成后地图会显示在右侧。

3. 添加热点

在地图上添加热点和通道进行关联。当关联的通道报警时，该热点以及包含该热点的上层地图都会报警闪烁。

在“地图配置”页面下，首先选择需要添加的热点类型（包括视频、报警输入和门禁），再选择通道拖入地图相应位置。对地图上已存在的通道，可以单击右上角工具栏按钮进行编辑，如图 4-26 所示。

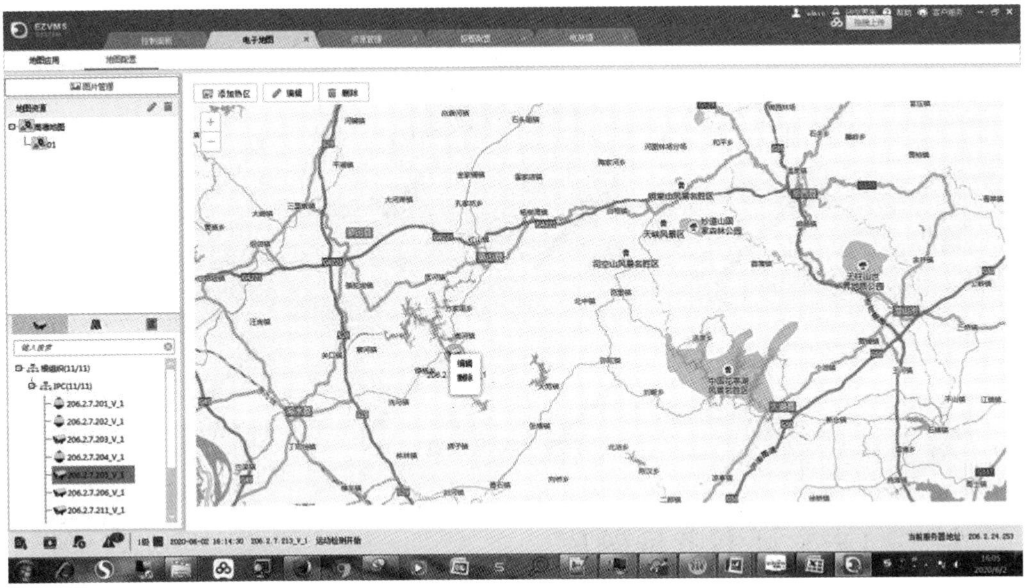

图 4-26　电子地图

在“地图应用”页面下，可以选择视频通道热点查看实况和回放。

使用右上角的选择工具选中热点，在弹出窗口中选择实况或回放。

右键单击地图上的热点，从右键菜单中选择实况、回放、显示报警信息、清除报警等，或者鼠标左键双击播放实况。

4. 添加热区

在“地图配置”页面下，单击右上角工具栏中的 添加热区 图标。在弹出的对话框中选定相应图片后输入名称并单击“添加”完成。添加成功后，在预览状态下，地图面板中显示当前地图中所包含的热区，并提供定位功能。

5. 预览电子地图

完成电子地图编辑后，可在“地图应用”页面下对电子地图进行业务操作。通过右上角的工具栏可以对地图上的热点按类型进行筛选；可单击定位按钮在地图上定位热点。如果热点被当前类型过滤没有显示在地图上，单击定位之后将自动显示同一类型的所有热点，并定位到该热点。如果该热点在地图视野以外，单击定位后将显示位置定位到附近。

单击热区或热点后，可以选择相应的通道启动实况预览，如图 4-27 所示。

图 4-27　实况预览

七、 1+X 证书考证题库

单选题

1. VMS-B200-A16@R 出厂配置有（　　）电口和（　　）光口。

A. 4、4

B. 2、4

C. 4、2

D. 2、2

2. VMS-B200-A16@R 网口 1 默认 IP 地址为（　　）。

A. 192. 168. 1. 60

B. 192. 168. 1. 30

C. 192.168.1.10

D. 192.168.1.50

多选题

VMS-B200-A16@R 具备哪些功能？（　　）

A. 集视频接入

B. 存储

C. 转发

D. 解码

E. 设备管理